AF360870

LE MUSÉUM

DES SCIENCES ET DES ARTS

PARIS. — TYPOGRAPHIE DE J. BEST,
rue Saint-Maur-Saint-Germain, 15.

LE MUSÉUM

DES SCIENCES ET DES ARTS

CHOIX DE TRAITÉS INSTRUCTIFS

SUR LES SCIENCES PHYSIQUES ET LEURS APPLICATIONS AUX USAGES DE LA VIE

PAR

LE Dr DIONYSIUS LARDNER

PROFESSEUR DE PHYSIQUE ET D'ASTRONOMIE A L'UNIVERSITÉ DE LONDRES;
MEMBRE DES SOCIÉTÉS ROYALES DE LONDRES ET D'ÉDIMBOURG,
DE LA SOCIÉTÉ ROYALE ASTRONOMIQUE DE LONDRES, DE L'ACADÉMIE ROYALE D'IRLANDE,
DE LA SOCIÉTÉ ZOOLOGIQUE, DE LA SOCIÉTÉ LINNÉENNE,
&c., &c., &c.

TRADUIT DE L'ANGLAIS ET ANNOTÉ

Par Ach. GENTY

AVEC L'AUTORISATION ET LE CONCOURS DE L'AUTEUR.

Ouvrage illustré de plus de 600 Gravures sur cuivre.

TOME DEUXIÈME.

PARIS

AUX BUREAUX DE *LA SCIENCE POUR TOUS*,

RUE SAINT-SULPICE, 22,

ET CHEZ LES PRINCIPAUX LIBRAIRES.

1857

LE MUSÉUM

DES SCIENCES ET DES ARTS.

LA LUMIÈRE.

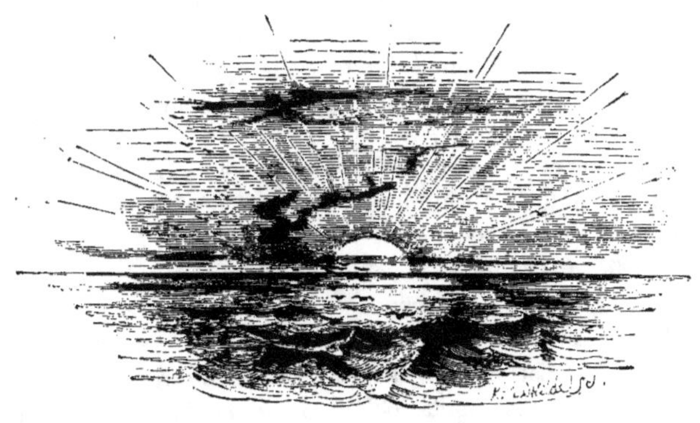

I. Description de l'œil et mode de transmission de la lumière. — II. Analogie entre l'œil et l'odorat.— III. Analogie entre l'œil et l'oreille. — IV. Éther luminifère. — V. Théorie corpusculaire; théorie ondulatoire. — VI. Examen et application de la théorie ondulatoire. Découverte de la vitesse de la lumière par Rœmer. Amplitude des ondes lumineuses, d'après Newton. Altitude des ondes lumineuses. Tableau des grandeurs des ondes lumineuses de chaque couleur. — VII. Considérations sur les deux théories de la lumière. — VIII. Idées de Descartes, de Hooke, etc., sur la théorie ondulatoire. Huyghens la confirme. Démonstration du docteur Young. — IX. Malus découvre la polarisation de la lumière par réflexion. Travaux de Fresnel, Arago, Poisson, Herschel et autres. — X. Rapport de la lumière avec la chaleur. Découverte d'Herschel qui semble établir l'indépendance de la chaleur et de la lumière des rayons solaires. Expériences de Bérard. — XI. Corps lumineux et non lumineux. — XII. Transparence et opacité.

I.

Des résultats merveilleux que l'esprit humain, en quête des lois de la création physique, est parvenu à atteindre, aucun peut-être n'excite à un plus haut degré l'étonnement que la découverte des qualités et des lois de la *lumière*. Je parlerai d'abord des faits relatifs à sa nature physique, à son mouvement dans l'espace, et enfin de la manière dont elle affecte l'organe de la vision et détermine la perception des objets extérieurs.

Entre l'œil et les objets extérieurs, il existe un espace plus ou moins considérable, et souvent, — par exemple, quand il s'agit des étoiles, — cet espace est tel qu'on ne peut l'exprimer clairement par nos mesures ordinaires de grandeur. Cependant ces objets, si éloignés qu'ils soient, nous les voyons, grâce aux effets physiques qu'ils produisent sur nos organes de vision.

Il a été établi que l'intérieur du globe de l'œil est doublé par une membrane susceptible d'une vibration mécanique, et reliée au cerveau par une série de nerfs continus; la lumière accède à cette membrane par une ouverture située à la partie antérieure de l'œil et nommée la *pupille*. On doit donc supposer que la lumière qui vient d'un objet éloigné quelconque traverse l'espace compris entre l'œil et cet objet; qu'elle franchit la pupille et produit sur la membrane, à l'intérieur de l'œil, un effet mécanique particulier, qui, propagé jusqu'au cerveau, donne ainsi à l'esprit la perception de l'objet éloigné.

Comment concevoir qu'un objet placé à telle ou telle distance, — 100 millions de milles (40 millions de lieues), par exemple, — de l'œil d'une personne, puisse, sur l'œil de cette personne et à travers l'espace, produire un effet mécanique? Pour le concevoir, il n'y a que deux hypothèses possibles, et deux seulement :

1° Ou l'objet éloigné, visible à l'œil, peut émettre de sa surface des particules de matière, particules douées du pouvoir de traverser l'espace interposé, d'entrer dans la pupille de l'œil, de frapper la membrane nerveuse et de l'affecter de manière à déterminer la vision ;

2° Ou bien il existe dans l'espace, entre l'œil et l'objet éloigné visible, *un milieu doué d'élasticité* et susceptible, par suite, de recevoir et de transmettre des pulsations ou ondulations analogues à celles qu'imprime à l'air un corps sonore. Dans cette hypothèse, l'objet éloigné visible pourrait, sans émettre de sa surface des particules de matière, affecter le milieu qui l'environne de pulsations ou d'ondulations, ni plus ni moins qu'une cloche affecte d'ondulations ou de vibrations l'air ambiant. Ces ondulations traverseraient l'espace d'entre l'œil et l'objet visible, comme les vibrations produites par une cloche traversent l'air interposé entre l'oreille et cette cloche. De cette façon, les ondulations émanant de l'objet visible et propagées par le milieu dont on a parlé gagneraient l'œil, et agiraient sur la membrane qui le tapisse exactement comme les ondulations qui se manifestent dans l'air agissent sur le tympan de l'oreille.

Tels sont les deux seuls modes de transmission qui puissent expliquer la visibilité des objets éloignés. Jamais, du moins, on n'en a trouvé d'autres.

<h2 style="text-align:center">II.</h2>

Dans la première de ces théories, on remarque une analogie entre l'œil et les organes de l'odorat. Les objets odorants émettent, en réalité, des effluves matérielles qui ne sont autre chose qu'une portion de leur propre substance. Ces effluves, parvenant à l'odorat, y produisent un effet particulier qui donne à l'esprit une perception correspondante. Un objet visible, situé à une distance quelconque, agirait donc de la même façon et lancerait incessamment des particules de lumière, particules qui, frappant l'œil, produiraient la vision. L'action serait toute mécanique. Ces particules frapperaient la membrane de l'œil comme les effluves d'une rose frappent les organes de l'odorat.

<h2 style="text-align:center">III.</h2>

La seconde théorie établit une analogie entre l'œil et l'oreille. Cette analogie est si étroite que toutes les formules mathématiques par lesquelles on exprime, en acoustique, les effets du son, pourront, sauf quelques modifications très-légères, exprimer les effets de la vision.

<h2 style="text-align:center">IV.</h2>

Cependant, si la première hypothèse oblige d'admettre que les objets éloignés visibles lancent incessamment de la matière de leurs surfaces pour produire la vision, la seconde exige non moins impérieusement l'admission d'un certain milieu physique répandu de toutes parts dans l'univers; elle suppose l'existence d'une sorte de fluide, d'éther subtil, doué de la propriété de propager les pulsations ou ondulations des objets éloignés visibles, et de transmettre ces ondulations jusqu'à l'œil. Ce fluide hypothétique a reçu le nom d'*éther luminifère* (porte-lumière).

<h2 style="text-align:center">V.</h2>

La première de ces deux célèbres théories a été appelée *théorie corpusculaire ;* la seconde, *théorie ondulatoire.*

La théorie corpusculaire fut admise par Newton, et c'est sans doute par respect pour un si grand homme que les savants d'Angleterre ont, en général, donné la préférence à cette théorie jusqu'à notre époque. — La théorie ondulatoire fut adoptée par Huyghens, et, après lui, par la plupart des savants du continent.

Durant les cent dernières années, on a fait en optique des recherches suivies de succès. Un grand nombre de phénomènes, inconnus auparavant, ont été soigneusement étudiés, de nouvelles lois ont été établies, et il en

est résulté que le système ondulatoire (ou des ondulations) a prévalu sur
le système corpusculaire (ou de l'émission). Ce qui a donné la prééminence
au premier, c'est ce fait que, si par le système de l'émission on peut expliquer les phénomènes optiques ordinaires anciens, on ne peut, par lui,
expliquer les phénomènes récemment découverts. D'un autre côté, comme
ces phénomènes s'expliquent parfaitement au moyen du système des vibrations ou ondulations, il s'en est suivi que ce système a été adopté par la
plupart des savants de notre époque.

Quoique les principaux faits dont on va parler soient, au fond, indépendants de l'un comme de l'autre système, et incontestablement vrais,
quel que soit celui qu'on adopte, cependant il est nécessaire, dans l'exposition de ces faits, de recourir à l'un ou à l'autre. On se servira, par la
raison ci-dessus dite, de la nomenclature du système ondulatoire.

Qu'on se figure donc que la lumière consiste dans des ondulations qui
se répandent et se propagent dans l'éther universel, comme les ondes ou
ondulations sonores se répandent à travers les airs.

VI.

La première question qu'on s'adresse est celle-ci : Quelle est la vitesse
avec laquelle se meuvent ces ondes sonores? Quelle est la vitesse de la
lumière qui se rend d'une étoile éloignée à notre œil? Cette lumière se
propage-t-elle instantanément? Un feu, soudainement allumé en un lieu
distant de notre œil de 100 millions de milles, s'apercevrait-il au moment
même où la lumière serait produite, ou bien s'écoulerait-il un intervalle
de temps avant que cette lumière pût gagner notre œil? Et, dans ce cas,
quel serait le laps de temps par rapport à la distance de l'objet lumineux?

En traçant l'histoire du progrès des connaissances humaines, on a souvent l'occasion de constater, non sans surprise, non sans un sentiment
d'humilité profonde, le rôle important que joue le hasard dans l'avancement des sciences. Souvent, en cherchant avec le zèle le plus ardent des
choses qui, trouvées, n'auraient aucune conséquence et ne seraient que
bagatelles pures, on met la main sur d'inestimables trésors. La fréquence
du fait imprime dans l'esprit cette idée qu'il existe un pouvoir, une force,
— secrètement, mais sans cesse en action, — qui veut que la science et
l'intelligence humaine soient constamment en progrès, en marche. Il en
est en physique comme en morale. Dans notre ignorance, et semblables à
ce quadrupède dont parle le fabuliste, lequel, voyant dans l'eau l'ombre
de sa proie, lâcha celle-ci pour courir après celle-là, nous nous mettons
en quête de futilités :

> Chacun se trompe ici-bas :
> On voit courir après l'ombre

> Tant de fous qu'on n'en sait pas,
> La plupart du temps, le nombre.
>
> (La Fontaine, liv. VI, fabl. 17.)

Mais, plus heureux que l'animal dont il s'agit, souvent l'ombre que nous cherchions se transforme en une riche proie. On peut dire que la puissance qui gouverne le progrès connaît mieux que nous nos besoins, sait mieux que nous ce qu'il nous faut, et nous accorde, au lieu de ce que nous demandions, ce que nous eussions dû demander. On en trouvera la preuve sensible dans l'histoire de la découverte du mouvement de la lumière.

Peu de temps après l'invention du télescope et la découverte des satellites de Jupiter, qui en fut la conséquence, Rœmer, célèbre astronome danois, s'engagea dans une série d'observations dont l'objet était la découverte du temps exact de la révolution d'un de ces satellites autour de sa planète. Le procédé de Rœmer consistait à observer les éclipses successives du satellite, et à noter l'intervalle qui s'écoulait entre chacune d'elles.

Soit S (fig. 1) le soleil, et A, B, C, D, E, F, G, H les positions relatives successivement occupées par la terre. Soit J la planète Jupiter, projetant derrière elle son ombre conique, et MN l'orbite de l'un de ses satellites. Après chaque révolution, le satellite entrera dans l'ombre au point M, et en sortira au point N.

Si maintenant on pouvait savoir le moment précis où le satellite, après chaque révolution, entre dans l'ombre ou en sort, l'intervalle de temps entre l'entrée et la sortie nous permettrait de calculer exactement la vitesse et le mouvement du satellite. Mais, en l'observant attentivement, on peut noter le moment où le satellite entre dans l'ombre, puisqu'en ce moment il n'est plus éclairé par les rayons solaires et devient invisible. On peut aussi noter le moment de son émersion, car alors, en sortant du bord de l'ombre, il reçoit de nouveau les rayons solaires et devient visible. Tel fut le procédé suivi par Rœmer pour déterminer le mouvement du satellite. Mais afin d'arriver à un résultat précis, il voulut poursuivre ses observations pendant plusieurs mois.

Supposons que nous avons bien observé le temps écoulé entre deux éclipses successives du satellite, et que ce temps est, par exemple, de 43 heures. Nous devons compter dès lors que l'éclipse se reproduira après chaque période de 43 heures. — Ayons un tableau où nous calculerons et noterons à l'avance le moment où chaque éclipse successive du satellite pour les douze mois à venir se produira ; nous observerons alors, comme Rœmer, les moments où les éclipses auront lieu, et les comparerons avec les moments enregistrés dans le tableau.

Supposons qu'au début de ces observations la terre soit en A, point où elle est le plus rapprochée de Jupiter. Quand elle sera en B, c'est-à-dire au bout de six semaines environ, on trouvera que l'éclipse se produit *un peu en retard* sur l'époque enregistrée dans le tableau. Quand la terre sera en C, c'est-à-dire au bout de trois mois, l'éclipse se produira *avec retard plus considérable encore*. A ce point C, les éclipses seront réellement d'environ 8 minutes en retard sur le temps enregistré. En D, il y aura un retard de 12 minutes, et en E un retard de 16.

C'est par des observations telles que celles-là que Rœmer s'aperçut de la fausseté de ses prédictions des éclipses. Il crut d'abord que la contradiction provenait de quelque erreur d'observation; mais ayant remarqué que, dans un espace de six mois, temps que la terre mettait à passer du point A au point E, le moment où l'éclipse s'accomplissait était continuellement en retard sur le temps prédit par le calcul, et que ce retard augmentait régulièrement, constamment, alors il ne put attribuer un effet si régulier, si constant, à une erreur accidentelle dans ses observations; il lui fallut admettre que son erreur avait pour point de départ quelque cause physique agissant régulièrement.

Son attention ainsi éveillée, Rœmer se décida à poursuivre ses investigations et à observer les éclipses pendant six autres mois. La terre, sur ces entrefaites, accomplissait sa révolution accoutumée et, en emportant l'astronome avec elle, passait du point E au point F. Au point F, Rœmer, comparant l'éclipse observée avec l'éclipse prédite, trouva que l'époque observée n'était plus que de 12 minutes en retard sur le temps prédit. Après l'expiration du neuvième mois, lorsque la terre arriva en G, le temps observé n'avait plus qu'un retard de 8 minutes; en H, plus que de 4 minutes, et finalement, quand la terre revint à sa position première par rapport à Jupiter, le temps observé correspondit exactement au temps prédit.

De cette suite d'observations, il résultait évidemment que le retard de l'éclipse dépendait complétement de la distance où se trouvait la terre de Jupiter au moment où les satellites de cette planète s'éclipsaient. Plus était grande cette distance, plus l'éclipse paraissait en retard aux observateurs; en calculant le changement de distance, on trouva que le retard

Fig. 1.

de l'éclipse était exactement proportionnel à l'accroissement de distance de la terre au lieu où se produisait l'éclipse. Ainsi, quand la terre était en E, l'éclipse était de 16 minutes, ou d'environ 960 secondes plus en retard que quand la terre se trouvait en A. Le diamètre de l'orbite terrestre (AE) mesurant environ 190 millions de milles, cette distance semblait produire un retard de 960 secondes, ou de 198 000 milles par seconde. Par chaque 198 000 milles dont s'augmentait la distance d'entre la terre et Jupiter, l'observation de l'éclipse semblait donc retardée d'une seconde.

Tels furent les faits qui se présentèrent à Rœmer. Comment les expliquer? — Il serait absurde de supposer que les éclipses fussent retardées par l'augmentation de la distance de la terre à Jupiter. Ces phénomènes dépendent uniquement du mouvement du satellite et de la position de l'ombre de Jupiter; ils ne dépendent nullement du mouvement ou de la position de la terre, encore que le temps où, pour l'observateur terrestre, ils *semblent* s'accomplir, dépende incontestablement de la distance de la terre à Jupiter.

Rœmer eut une idée heureuse : il soupçonna de suite que le moment où l'on remarque la disparition du satellite par son entrée dans l'ombre n'est pas toujours le moment réel où le fait a lieu, mais qu'il a lieu quelquefois plus tard, c'est-à-dire après un intervalle de temps assez considérable pour que la lumière qui a quitté le satellite immédiatement avant sa disparition puisse gagner l'œil de l'observateur. Dès lors il devient évident que plus la terre est éloignée du satellite, plus est long l'intervalle de temps entre la disparition du satellite et l'arrivée sur la terre de la dernière portion de lumière abandonnée par lui ; mais que le moment de la disparition du satellite est celui du commencement de l'éclipse, et le moment où arrive à la terre la dernière portion de lumière, celui où le commencement de l'éclipse est observé.

C'est ainsi que Rœmer expliqua la différence d'entre le temps calculé et le temps observé des éclipses; il vit, de plus, qu'il était sur la voie d'une grande découverte. En un mot, il vit que la lumière se propage dans l'espace avec une vitesse certaine, définie, et que les faits dont il a été parlé fournissaient précisément les moyens de mesurer cette vitesse.

On a dit que l'éclipse du satellite est retardée d'une seconde par chaque 198 000 milles dont s'accroît la distance de la terre à Jupiter. La raison de ce phénomène est que la lumière met une seconde à franchir cet espace. Il s'ensuit évidemment que la vitesse de translation de la lumière est, en nombres ronds, de 200 000 milles (80 000 lieues) par seconde.

Telle est la découverte qui a rendu le nom de Rœmer immortel ; découverte, avons-nous vu, à laquelle il fut accidentellement conduit en cherchant à déterminer la vitesse d'une des lunes de Jupiter. — Dans la théorie corpusculaire, la vitesse de la lumière serait la vitesse suivant laquelle les particules de cette lumière, émanant de la surface du corps visible, se répandraient dans l'espace. Dans la théorie ondulatoire, qui est la plus généralement adoptée, cette vitesse est celle suivant laquelle les ondes lumineuses se propagent dans l'espace. Le mouvement qui s'opère à la surface de l'eau, lorsqu'on y lance un caillou pour former un centre autour duquel les ondes liquides se propagent, donne une idée du mouvement des ondes lumineuses.

Il est bon de rappeler que, dans n'importe quel système d'ondulations ou vibrations, à travers n'importe quel milieu elles se propagent, leur mouvement n'est que de forme, non de matière. Les ondes qui se propagent autour d'un centre, quand on lance un caillou dans une eau tranquille, paraissent à l'œil comme si l'eau qui formait l'onde se mouvait réellement hors du centre des ondulations. Mais il n'en est pas ainsi. Aucune particule du fluide n'a de mouvement progressif quelconque; on en peu fournir un grand nombre de preuves. Si l'on place à la surface de l'eau un corps flottant, il ne sera pas emporté par les ondes; si l'on donne naissance à des ondes, en imprimant un mouvement particulier à une feuille ou à un linge, elles auront la même apparence de mouvement progressif que plus haut, quoique la feuille ou le linge n'ait évidemment aucun autre mouvement que celui de bas en haut que forment les ondulations apparentes. Les ondes de la mer semblent, à l'œil, douées d'un mouvement progressif. Un instant de réflexion, cependant, sur les conséquences d'un tel mouvement, nous convaincra qu'il n'a pas de réalité. Le vaisseau qui flotte sur les ondes (les vagues) n'est pas emporté avec elles; elles passent au-dessous de lui, tantôt le portant sur leur crête, tantôt le laissant retomber dans les abîmes qui les séparent. Observez un fou ou un argonaute flottant sur l'eau, et le même effet se produira. Cependant, si l'eau elle-même partageait le mouvement de ses ondes, le vaisseau, le fou et l'argonaute seraient emportés dans la direction de ce mouvement. Une fois au sommet d'une vague, ils y resteraient continuellement, et leur mouvement serait aussi égal que s'ils étaient portés sur la surface tranquille d'un lac.

Rappelons-nous donc que, quand la lumière se répand à travers l'espace avec une vitesse de 200 000 milles (80 000 lieues) par seconde, ce n'est point une substance matérielle qui a réellement cette vitesse de mouvement; elle n'appartient qu'à la forme des pulsations ou ondulations. La même observation s'applique exactement à la transmission des ondes sonores à travers l'air.

Mais ce n'est pas assez de mesurer le mouvement des ondes de la lumière; on veut encore connaître leur amplitude ou leur largeur, de même qu'on voudrait savoir, s'il s'agissait des ondes ou vagues de la mer, non-seulement quelle est la vitesse suivant laquelle elles se transmettent à la surface de l'eau, mais aussi quel espace existe entre la base ou le sommet de l'une et la base ou le sommet de l'autre qui la suit.

On doit à Newton lui-même la solution du problème. Pour faire comprendre comment il y parvint, supposons un plateau de verre, tel que DE (fig. 2), placé sur une lentille convexe, de verre également; cette lentille,

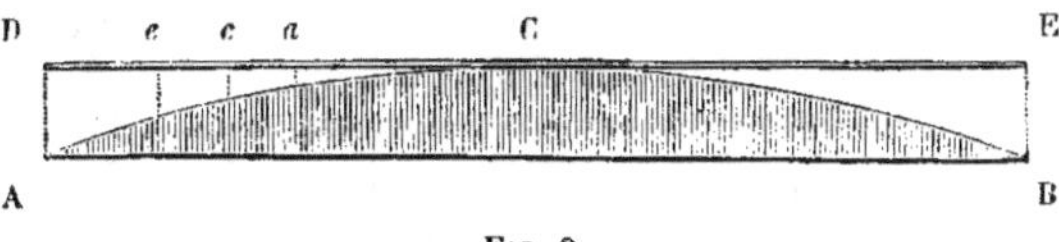

Fig. 2.

dont la surface est représentée par AB, on doit supposer qu'elle a infiniment moins de courbure que dans la figure.

La surface inférieure du plateau touchera le sommet de la convexité de la lentille en C, et plus un point quelconque de la surface est éloigné de C, plus la distance est grande qui sépare les surfaces des deux verres. Ainsi, la distance entre elles est moins considérable en *a* qu'en *c;* en *c,* elle est moins considérable qu'en *e,* et ainsi de suite. En un mot, la distance entre les surfaces augmente graduellement depuis le point C et en dehors de lui.

Si l'on considère le point C de la surface plane DE comme un centre, et qu'on décrive un cercle autour, les surfaces des deux verres auront entre elles, sur tous les points du cercle, les mêmes intervalles, les mêmes distances, et plus le cercle sera grand, plus sera grande la distance entre les surfaces des verres.

Newton, après avoir ainsi disposé les verres, fit tomber un rayon lumineux d'une couleur particulière quelconque, produit par un prisme, — un rayon rouge, par exemple, — sur la surface du verre DE. Il en résulta ceci : une tache noire se produisit au centre C, où les deux verres se touchaient ; immédiatement autour de cette tache apparut un cercle de lumière rouge, et au delà du cercle un anneau obscur ; en dehors de cet anneau obscur apparut un autre cercle de lumière rouge ayant aussi pour centre le point C ; puis, en dehors de ce second cercle, un autre anneau obscur, puis encore un autre cercle de lumière rouge, et ainsi de suite ; en un mot, une série de cercles de lumière rouge, alternant avec des anneaux obscurs, se montra ; anneaux et cercles avaient le point C pour centre commun.

Les distances, entre les surfaces de verre, auxquelles se trouvaient les cercles successifs de lumière rouge, étaient trop faibles pour être directement mesurées ; mais elles furent aisément calculées en mesurant les diamètres des cercles de lumière. Les diamètres de la surface convexe ACB étant connus, il n'y avait qu'un simple problème de géométrie à résoudre.

Newton trouva, dans les calculs qu'il fit, que la distance entre les surfaces de verre, là où le second cercle rouge se montrait, était double de la distance correspondante au premier ; que pour le troisième cercle rouge, la distance était triple de la distance du premier, et ainsi de suite. Il suivait de là, par conséquent, que, partout où il y avait des anneaux obscurs, les distances entre les surfaces de verre n'étaient pas un nombre exact de fois l'espace correspondant au premier cercle rouge.

Ainsi, en exprimant par 1 l'espace entre les verres pour le premier cercle rouge, l'espace entre eux, dans ce cercle et au centre C, serait une fraction. L'espace correspondant au premier anneau obscur, en dehors du premier cercle rouge, serait exprimé par 1 plus une fraction ; pour le second cercle rouge, l'espace serait exprimé par 2 ; l'espace, pour le second anneau obscur, serait exprimé par 2 plus une fraction, et ainsi de suite.

Newton ne tarda pas à voir que ces phénomènes étaient la manifestation directe des effets qui, dans la théorie corpusculaire, dont il employa la nomenclature, correspondaient à l'amplitude des ondes lumineuses dans la théorie des ondulations. L'espace entre les surfaces de verre, au premier anneau rouge, était l'amplitude d'une seule onde ; l'espace, au second cercle rouge, l'amplitude de deux ondes, et ainsi de suite. Dans le premier cercle rouge, l'espace entre les verres étant moindre que l'amplitude d'une onde, la propagation de l'ondulation était arrêtée et l'obscurité s'ensuivait ; de même, dans l'espace correspondant au second anneau obscur, la distance entre les verres étant plus grande que l'amplitude d'une onde, mais moins grande que l'amplitude de deux, la propagation de l'ondulation se trouvait encore arrêtée, et l'obscurité en résultait. Mais au second cercle rouge, l'espace étant égal à l'amplitude de deux ondes, les ondulations étaient réfléchies et l'anneau rouge produit, et ainsi de suite.

Évidemment donc, pour mesurer l'amplitude des ondes lumineuses, il n'y avait qu'à calculer la distance entre les verres au premier anneau rouge.

Lorsque la lumière des autres couleurs était amenée sur le verre, il se produisait un pareil système de rayons lumineux ; mais il fut trouvé toujours que le premier anneau variait dans son diamètre selon la couleur de la lumière, et par suite que l'amplitude des ondes lumineuses de couleurs différentes est différente elle-même. On remarqua que les ondes de la lumière rouge étaient les plus étendues, celles de la lumière orange ensuite, puis celles de la jaune, de la verte, de la bleue, de la lumière indigo et de la violette ; les ondes de la lumière suivante semblèrent, en un mot, moins grandes que celles de la lumière précédente. Mais ce qu'il y eut de plus merveilleux dans cette expérience célèbre, ce fut la petitesse des ondes qu'on étudiait. Les ondes de la lumière rouge étaient si petites que 40 000 d'entre elles eussent pu tenir dans un pouce, tandis que les ondes de la lumière violette, formant l'autre extrême de la série, étaient petites, au point qu'un pouce en eût pu contenir 60 000. Quant aux ondes lumineuses des autres couleurs, elles avaient des grandeurs intermédiaires.

Ainsi fut découverte la cause physique de l'éclat et de la variété des couleurs ; ainsi se révéla la singulière et mystérieuse parenté de la couleur et du son. Les rayons lumineux ont des teintes différentes, suivant la grandeur des pulsations qui les produisent, de même que les sons musicaux varient leur ton, selon la grandeur des pulsations ou vibrations dont ils sont le résultat.

Ce n'est pas tout. La parenté entre le son et la lumière ne se borne pas à cela. On n'a parlé que de l'amplitude des ondes lumineuses, et montré seulement qu'elle détermine les teintes des couleurs. Mais que dire des altitudes ou hauteurs des ondes ? Ici encore se trouve un autre rapport entre l'œil et l'oreille. De même que l'altitude des ondes sonores détermine la force des sons, ainsi l'altitude des ondes lumineuses détermine l'intensité ou l'éclat de la couleur.

La perception du son est produite par le tympan de l'oreille, tympan qui vibre sympathiquement et en accord avec les pulsations de l'air auxquelles donne lieu le corps sonore ; de même, la perception de la lumière et de la couleur est produite par des pulsations pareilles de la membrane de l'œil, membrane qui vibre en accord avec les pulsations éthérées émises de l'objet visible. Comme, lorsqu'il s'agit de l'oreille, la rigueur de l'investigation scientifique exige qu'on évalue la pulsation du tympan correspondante à chaque note particulière, de même, lorsqu'il s'agit de la lumière, on a à compter les vibrations de la rétine correspondantes à chaque teinte, à chaque couleur. Peut-être est-il beaucoup de personnes qui croient impossible la solution d'un pareil problème ; cependant, on va le voir, rien de plus simple, rien de plus évident.

Regardons un objet quelconque, une étoile rouge, par exemple. De l'étoile à l'œil s'échappe une ligne continue d'ondes lumineuses ; ces ondes entrent dans la pupille et se peignent sur la rétine ; pour chaque onde qui frappe ainsi la rétine, il y aura une pulsation particulière, séparée, de cette membrane. Le nombre de pulsations qu'elle reçoit ou qu'elle fournit par seconde sera donc connu, si l'on détermine le chiffre des ondes lumineuses qui pénètrent dans l'œil par seconde.

On a vu précédemment que la vitesse de la lumière est d'environ 200 000 milles ou 80 000 lieues par seconde ; il suit de là qu'une longueur de rayon égale à 200 000 milles doit entrer dans la pupille par seconde. Par suite, le nombre de fois que la rétine vibrera par seconde sera égal au nombre d'ondes lumineuses contenues dans un rayon long de 200 000 milles.

Prenons l'espèce de la lumière rouge. En 200 000 milles, il se trouve, en nombres ronds, 1 milliard de pieds anglais, et, par conséquent, 12 milliards de pouces. Dans chacun de ces 12 milliards de pouces, il y a 4 000 ondes de lumière rouge. La longueur totale du rayon possède donc 480 trillions (480 000 000 000 000) d'ondes. Cependant, comme chaque rayon pénètre dans l'œil en une seconde, et que la rétine doit battre une fois pour chacune de ces ondes, on arrive à cette conclusion stupéfiante que, lorsqu'on voit un objet rouge, la membrane de l'œil fournit 480 trillions de pulsations entre chaque deux battements d'une pendule.

Le chiffre des pulsations de la rétine correspondant aux autres teintes de couleurs est déterminé de la même manière ; et l'on trouve que, quand la lumière violette est perçue, la rétine a 720 trillions de pulsations par seconde.

Dans le tableau ci-joint, on présente les grandeurs des ondes lumineuses de chaque couleur, le nombre de celles qui mesurent un pouce, et le nombre d'ondulations qui frappent l'œil par seconde.

COULEURS.	LONGUEUR DE L'ONDULATION en fractions du pouce.	NOMBRE DES ONDULATIONS par pouce.	NOMBRE DES ONDULATIONS par seconde.
Extrême rouge	0.0000266	37 640	458 000 000 000 000
Rouge..................	0.0000256	39 180	477 000 000 000 000
Orangé.	0.0000240	41 610	506 000 000 000 000
Jaune..................	0.0000227	44 000	535 000 000 000 000
Vert	0.0000211	47 460	577 000 000 000 000
Bleu	0.0000196	51 110	622 000 000 000 000
Indigo.................	0.0000185	54 070	658 000 000 000 000
Violet.................	0.0000174	57 490	699 000 000 000 000
Extrême violet...........	0.0000167	59 750	727 000 000 000 000

Les calculs précédents n'offrent, on l'aura facilement compris, que des chiffres ronds, afin de rendre intelligibles les principes de l'investigation. Mais dans le tableau, on donne des chiffres exacts.

VII.

Quelque théorie qu'on adopte pour expliquer les phénomènes de la lumière, on arrive à des conclusions qui frappent l'esprit d'étonnement. Dans la théorie corpusculaire, on suppose que les molécules de lumière sont douées d'une force attractive et d'une force répulsive, qu'elles ont des pôles pour se balancer autour de leurs centres de gravité, et qu'elles possèdent d'autres propriétés physiques qu'on ne peut accorder qu'à la matière pondérable. En parlant de ces propriétés, il est difficile de se dépouiller de l'idée de grandeur sensible, ou de concevoir, dans un. élan de l'imagination, que les particules auxquelles elles appartiennent puissent être aussi prodigieusement petites que le sont évidemment celles de la lumière. Si une molécule de lumière pesait un simple grain, elle produirait, à raison de l'immense vitesse avec laquelle elle se meut, un effet égal à celui d'un boulet de canon de 150 *pounds* ($67^k,950$), lancé avec une vitesse de 1 000 *feet* (300 mètres) par seconde. Quelle doit donc être leur infinie petitesse, puisque des millions de molécules, rassemblées par des lentilles ou des miroirs, n'ont jamais produit le plus minime effet sur les instruments les plus délicats construits expressément dans le but de rendre leur matérialité sensible !

Si la théorie corpusculaire nous étonne par l'extrême petitesse et la prodigieuse rapidité des molécules lumineuses, les résultats numériques déduits de la théorie ondulatoire ne sont pas moins écrasants. L'extrême petitesse de l'amplitude des vibrations, la vitesse presque inconcevable, mais mesurable, toutefois, avec laquelle elles se succèdent l'une à l'autre, ont été calculées par le docteur Young et présentées dans le tableau qui précède.

VIII.

Cette idée, que la sensation de lumière est le résultat des vibrations d'un fluide extrêmement rare et subtil, fut soutenue par Descartes, Hooke et quelques autres ; mais à Huyghens seul revient l'honneur d'avoir donné à l'hypothèse une forme définie. Le bonheur avec lequel Newton appliqua la théorie corpusculaire à ses magnifiques découvertes fit longtemps négliger les idées de Huyghens ; bref, sa théorie resta dans l'état où il l'avait laissée, jusqu'à ce qu'elle fût reprise par notre compatriote, feu le docteur Young. Par un enchaînement de raisonnements mécaniques, dont la simplicité fut rarement égalée, Young fut conduit à quelques rapports très-remarquables entre quelques-uns des phénomènes d'optique en apparence les plus dissemblables des lois générales de diffraction, et aux deux principes de coloration des corps cristallisés.

IX.

En 1810, Malus découvrit la polarisation de la lumière par réflexion, et expliqua heureusement le phénomène par l'hypothèse de la propagation ondulatoire. Cette théorie reçut ensuite une grande extension des ingénieux travaux de Fresnel ; enfin, les travaux plus récents encore d'Arago, de Poisson, d'Herschel, d'Airy, et de quelques autres, lui ont donné un tel degré de probabilité qu'on la peut désormais ranger parmi les vérités démontrées. « Cette théorie, dit Herschel, si elle n'est pas fondée en fait, est certainement une des plus heureuses fictions que le génie de l'homme ait encore inventées pour grouper les phénomènes naturels ; c'est aussi la plus fortunée, car tous les phénomènes nouveaux qui, au moment de leur découverte, paraissaient en opposition complète avec elle, sont venus lui donner aide et main-forte. Dans ses applications, dans ses détails, elle a joué de bonheur et n'a eu qu'une succession de *félicités;* on ne peut vraiment s'empêcher de dire : si elle n'est pas vraie, elle mérite de l'être. »

X.

La lumière et la chaleur ont de tels rapports que les savants ont douté si elles sont des principes identiques ou si elles coexistent simplement dans les rayons lumineux. Elles possèdent en commun de nombreuses propriétés : elles sont réfléchies, réfractées, polarisées, suivant les mêmes lois, et montrent jusqu'aux mêmes phénomènes d'interférence. La plupart des substances, pendant la combustion, donnent à la fois de la lumière et de la chaleur ; et tous les corps, sauf les gaz, élevés à une haute température, deviennent incandescents. Néanmoins, il y a des circonstances nombreuses où elles paraissent différer.

Une plaque mince de verre transparent, interposée entre le visage et un feu éclatant, n'intercepte aucune portion sensible de lumière, mais diminue très-sensiblement la chaleur. La lumière et la chaleur ne sont donc pas pareillement interceptées par les mêmes substances. La chaleur se combine aussi dans des degrés différents avec les différents rayons du spectre solaire. Sir William Herschel a fait sur ce sujet une découverte fort remarquable, qui semblerait établir l'indépendance des effets éclairants et calorifiques des rayons solaires. Il plaça des thermomètres dans les différentes couleurs prismatiques du spectre solaire, et trouva que le pouvoir calorifique des rayons augmentait graduellement depuis le violet (où il était le plus faible) jusqu'à l'extrême rouge, et que la température maximum était à quelque distance au delà du rouge, hors de la partie visible du spectre. L'expérience fut bientôt après répétée par Bérard, qui confirma les conclusions d'Herschel relatives à l'augmentation du pouvoir calorifique depuis le violet jusqu'au rouge, et même au delà du spectre. Cette découverte de l'inégalité du pouvoir calorifique des différents rayons porta à chercher si l'action chimique produite par la lumière sur certains corps était uniquement due à la chaleur qui l'accompagnait ou à quelque autre cause. Par une série d'expériences délicates, Bérard trouva que cette action est non-seulement indépendante du pouvoir calorifique, mais qu'elle suit une loi tout à fait différente : son intensité est, en effet, plus grande dans le rayon violet, où le pouvoir calorifique est le plus faible, et faible dans le rayon rouge, où ce pouvoir est le plus grand. On est ainsi conduit à cette conclusion, que les rayons solaires possèdent au moins trois pouvoirs distincts, — calorifique, éclairant et chimique, — et que ces pouvoirs sont distribués parmi les différents rayons réfrangibles, de manière à montrer leur parfaite indépendance vis-à-vis l'un de l'autre.

XI.

Au point de vue de la production de la lumière, les corps sont considérés comme lumineux et non lumineux.

On appelle corps lumineux ceux qui sont des sources originelles de chaleur ; ainsi le soleil, la flamme d'une lampe ou d'une bougie, un métal porté à la chaleur rouge, l'étincelle électrique, l'éclair, etc.

Les corps lumineux sont nécessairement toujours visibles, quand ils sont présents, pourvu que la lumière qu'ils émettent soit assez forte pour exciter l'œil.

Les corps non lumineux sont ceux qui, par eux-mêmes, ne produisent aucune lumière, mais qui peuvent devenir temporairement lumineux, quand ils se trouvent en présence de corps lumineux. Ils cessent toutefois d'être lumineux, et, par conséquent, d'être visibles, du moment où le corps lumineux dont ils empruntaient leur lumière disparaît. Ainsi, le soleil placé au milieu des planètes, des satellites et des comètes, rend ces corps lumineux et visibles ; mais lorsque l'un d'eux est soustrait à l'influence solaire par l'interposition d'un objet imperméable à la lumière, il devient invisible, comme il arrive dans les éclipses de lune, lorsque le globe terrestre se trouve entre le soleil et la lune, et cette dernière est, en conséquence, privée de lumière. Une bougie ou une lampe placée dans une chambre rend les murs, les meubles et les objets environnants temporairement lumineux, et par suite visibles ; mais que la bougie rencontre un corps interposé imperméable à la lumière, les parties de la pièce où la lumière n'arrivera plus deviendront invisibles, si elles ne reçoivent quelque lumière des autres points de la pièce éclairés encore. Mais si la bougie ou la lampe est complétement couverte, tous les objets de la chambre seront invisibles.

XII.

Au point de vue de la propagation de la lumière, les corps sont considérés comme transparents et opaques. Les corps à travers lesquels la lumière passe librement sont appelés transparents, parce que l'œil placé derrière eux verra cette lumière au travers. Les corps, au contraire, qui ne se laissent pas traverser par la lumière, sont appelés opaques : ces corps, en conséquence, rendent un corps lumineux invisible, s'ils sont interposés entre l'œil et lui.

La transparence et l'opacité existent, dans les divers corps, à des degrés différents. Le verre, l'air et l'eau sont des spécimens de corps très-transparents. Les métaux, la pierre, la terre, le bois, etc., sont des exemples de corps opaques.

Rigoureusement parlant, aucun corps n'est parfaitement transparent ni parfaitement opaque.

Pas de substance, quelle que soit sa transparence, qui n'intercepte quelque partie de lumière, si faible qu'elle soit. La lumière est ainsi interceptée de deux manières : d'abord, lorsque la lumière tombe sur la surface d'un corps ou médium, une partie est arrêtée et absorbée sur la surface, ou réfléchie; le reste passe à travers le corps ou médium : mais au passage, une partie plus ou moins considérable est absorbée, et l'absorption est d'autant plus grande que le milieu ou médium traversé est plus étendu. L'analogie, en conséquence, justifie cette conclusion qu'il n'est pas de médium transparent qui, si son étendue est suffisamment grande, ne puisse absorber toute la lumière dont il est traversé.

L'ART DU POTIER.

FIG. 11. La célèbre coupe d'Arcésilas, œuvre des potiers cyrénéens contemporains de Pindare, 500 ans av. J.-C.

CHAPITRE PREMIER.

I. Antiquité de cet art; prix qu'on y attache. — II. Matières premières et mise en œuvre. — III. Roue de potier. — IV. Allusions à cet art dans les vieux écrivains. — V. Dessins antiques des catacombes de Thèbes. — VI. Procédés des potiers 1900 ans avant Jésus-Christ. — VII. Homère et les potiers de Samos. — VIII. Tombeaux antiques renfermant des poteries, près de Naples. — IX. Preuves de leur antiquité. — X. Vue d'un tombeau campanien avec ses poteries. — XI. Sépulcres germains. — XII. Coupe d'Arcésilas. — XIII. Les anciens potiers grecs. — XIV. Traditions chinoises sur la poterie. — XV. Poterie chinoise trouvée à Thèbes. — XVI. Porcelaines du roi Te-Tching. — XVII. Procédés chinois à cette époque.

I.

Après la fabrication des armes nécessaires pour se défendre et se procurer sa nourriture, après la fabrication de quelques vêtements grossiers,

II.

La race humaine n'a pas d'industrie plus ancienne que celle des vases d'argile cuite; et il est digne de remarque que, tout simples qu'étaient ses procédés originels, toutes grossières ses productions primitives, aucun art n'a davantage contribué au luxe, aucun n'a produit de plus magnifiques spécimens d'ornementation; dans aucun la main-d'œuvre n'a dans une telle proportion ajouté à la valeur des matières brutes; aucun n'a progressé plus constamment avec les connaissances humaines; aucun n'est plus redevable aux découvertes, aux ressources de la science; enfin, aucun art n'a été entouré de plus nombreux et de plus constants hommages, d'une admiration plus complète dans tous les pays, et spécialement dans ceux qui ont atteint le plus haut degré de civilisation et de politesse.

II.

Les matières premières du potier sont de certaines espèces d'argile qui, humectées d'eau, ont la propriété de prendre la consistance de la pâte. Cette pâte une fois modelée suivant la forme voulue, on fait évaporer l'eau qui lui donnait sa souplesse et sa plasticité en la soumettant à la chaleur intense des fours. L'objet est ainsi rendu ferme et dur, peut conserver la forme qui lui a été donnée et résister aux chocs légers auxquels il est exposé.

Dans cet état, toutefois, la surface est rugueuse et la matière poreuse, de sorte que l'objet pourrait s'imbiber du liquide dans lequel on le plongerait ou qu'on verserait dans son intérieur. Pour lui donner une surface plus brillante et le rendre imperméable aux liquides, on le couvre donc d'une légère couche de matière vitrifiable qui, exposée à l'action du feu, se convertit en une *peau* de verre. Cette opération communique à l'objet une beauté qu'il n'avait pas, en même temps qu'elle le rend imperméable aux liquides et lui permet de résister à leur action chimique.

L'ornementation des poteries consiste, soit dans la beauté de la forme qu'on leur donne, soit dans des figures en relief qu'on produit au moyen de moules appliqués sur la matière pendant qu'elle est encore molle et avant la cuite; soit enfin dans des dessins coloriés tracés sur la surface des objets avant la couverte ou sur la couverte même. Dans l'un comme dans l'autre cas, la matière colorante est soumise à l'action du feu et l'émaillure est plus ou moins prononcée.

L'argile plastique du potier n'existe pas d'ordinaire à l'état de pureté dans la terre. On la trouve, au contraire, comme les métaux, mêlée ou chimiquement combinée avec beaucoup de substances étrangères, dont on la sépare par un certain nombre de procédés compliqués.

Lorsqu'elle est réduite à un degré de pureté suffisant, il faut la mêler avec une certaine quantité d'eau pour la convertir en une pâte d'une consistance convenable. C'est un travail de quelque difficulté, car l'eau ne se dissémine pas également d'abord dans la masse entière; une partie est trop plastique, l'autre pas assez. On obtient une consistance uniforme par le pétrissage; la pâte d'argile est absolument traitée comme la pâte de farine lorsqu'on fait du pain, et, comme dans ce dernier cas, le procédé le plus ordinaire consiste à fouler la pâte avec les pieds. C'est là une des opérations les plus caractéristiques du potier, une opération tout à fait inhérente à son art, à quelque objet qu'il s'applique, depuis la fabrication de la brique commune jusqu'à celle de la porcelaine la plus magnifique.

La masse de pâte est étendue sur une surface plate de pierre ou de bois; le potier marche dessus, pieds nus, en partant du centre du gâteau et en décrivant une spirale jusqu'à la circonférence; après quoi, il revient au centre en suivant la même spirale.

Quand la consistance et l'homogénéité convenables ont été ainsi données à la pâte, il s'agit alors de lui imprimer la forme des objets qu'on veut fabriquer. On a recours à des procédés différents, suivant la forme qu'on veut obtenir; mais comme le plus grand nombre des articles de poterie sont ronds dans leurs dimensions horizontales, le procédé le plus usité est le suivant :

On place une boule de pâte, d'une grosseur suffisante pour l'objet qu'on souhaite, sur le centre d'un petit disque horizontal et circulaire de plâtre de Paris; ce disque est supporté par un établi ou table circulaire qui repose sur un pilier central fixé sur pivot, de façon à pouvoir recevoir un mouvement de rotation rapide. Ce mouvement étant communiqué à la boule de pâte placée sur la table, le potier y applique les mains et lui donne la forme voulue en la pressant délicatement de la paume et des doigts. Ce procédé est semblable, à tous égards, à celui du tour ; seulement l'aire tournant est vertical au lieu d'être horizontal. La masse de pâte molle et grossière prend, sous les doigts habiles du potier, les formes les plus belles, les plus symétriques, avec une facilité, une promptitude merveilleuses.

III.

Cet appareil, qu'on appelle la *roue de potier,* est d'une haute antiquité. Il est réellement contemporain de l'art et a toujours eu la même forme, la même disposition, dans les temps les plus anciens comme dans les plus modernes, dans les contrées de la terre les plus distantes entre elles, et souvent même chez des peuples qui n'ont jamais eu de rapports ensemble.

La coutume qui régna, dans les temps les plus reculés et dans tous les pays, de consacrer certains articles de poterie aux usages religieux, et de les déposer dans des sarcophages, dans des tombeaux, parfois ornés de dessins représentant leurs procédés de fabrication, prouve le culte qu'on professait pour l'art et a heureusement fourni aux temps modernes le moyen d'apprendre son histoire.

L'antiquité de l'art est encore attestée par les fréquentes allusions qu'on y fait dans les ouvrages des poëtes anciens. Ces allusions, dans beaucoup de cas, révèlent accessoirement les procédés employés alors et prouvent leur identité presque complète avec les procédés de l'époque actuelle.

IV.

Tout le monde sait combien on rencontre souvent dans les Écritures hébraïques des métaphores et des comparaisons tirées des procédés et des productions du potier :

Le Seigneur dit à Jérémie : « Lève-toi et descends à la maison du potier; là, je te ferai entendre mes paroles. » — Je descendis donc et vis que le potier façonnait un travail sur les roues. — Et le vase qu'il faisait avec de l'argile fut gâté dans la main du potier, et il en fit un autre à l'instant, et le Seigneur dit : « O maison d'Israël ! est-ce que je ne puis en agir avec vous comme ce potier avec son argile ! Voyez comme l'argile est dans la main du potier, ainsi êtes-vous dans la mienne. » (*Jérémie*, chap. XVIII, vers. 1 à 6.)

« Je briserai ce peuple et cette ville comme on brise un vase de potier. » (*Jérémie*, chap. XIX, vers. 11.)

L'antiquité du procédé par lequel on pétrit la pâte avec les pieds ressort d'un grand nombre d'allusions qu'on trouve dans les vieux écrivains :

« J'ai suscité quelqu'un du septentrion, et il viendra : depuis le soleil levant, il fera retentir mon nom, et il marchera sur les princes comme sur mortier et les foulera aux pieds *comme le potier foule l'argile.* » (*Esaïe*, chap. XLI, vers. 257.)

Dans les anciens auteurs grecs et latins, les allusions sont fréquentes. Ainsi, Homère, dans sa description du bouclier d'Achille, compare les évolutions des danseurs qui y sont figurés aux évolutions rapides et précises de la roue qu'un potier met en mouvement avec ses mains. (*Iliade*, chant XVIII, vers 599-600.)

Dans la confection des objets les plus communs, le potier imprime encore, dans beaucoup de cas, le mouvement à la roue avec ses mains.

La roue, cependant, est le plus souvent mise en action à l'aide des pieds, et souvent par un auxiliaire, ou même par la vapeur ou quelque autre moteur, quand il faut faire mouvoir plusieurs roues.

On trouve ce vers dans Plaute :

> Vorsutior es quàm rota figularis.   (PLAUTE, 3 *Epid.*, 11, 35.)
> (Tu tournes plus vite qu'une roue de potier.)

Celui-ci dans Horace :

> . . . . Amphora cœpit
> Institui : *currente rotâ*, cur urceus exit?   (HORACE, *Art poét.*, v. 21.)

(On a commencé une amphore; pourquoi, *à mesure que tourne la roue*, est-ce une petite cruche qui se produit?)

Ceux-ci dans Juvénal :

> . . . . Testa alta paretur
> Quæ tenui muro spatiosum colligat orbem :

Debetur magnus patinæ, subitusque Prometheus.
Argillam, atque rotam citius properate : sed ex hoc
Tempore jam, Cæsar, figuli tua castra sequantur.

(JUVÉNAL, sat. IV, 132.)

No, let a pot be formed, of amplest size,
Within whose slender sides the fish, dread sire.
May spread his vast circumference entire !
Bring, bring the tempered clay, and let it feel
The quick gyrations of the plastic wheel :
But, Cæsar, thus forewarned, make no campaign,
Unless your potters follow in your train. »   (GIFFORD.)

(Il faut à ce poisson un plat profond, où il puisse étaler à l'aise l'immensité de son corps ; *qu'on prépare à la hâte l'argile nécessaire ; qu'on mette vite la roue en mouvement.* Mais à l'avenir, ô César! ne manquez pas de vous faire suivre en campagne par des potiers.)

V.

Dans les catacombes de Thèbes et de Beni-Hassan, qui existaient dix-neuf siècles avant Jésus-Christ, c'est-à-dire 3 700 ou 3 800 ans avant

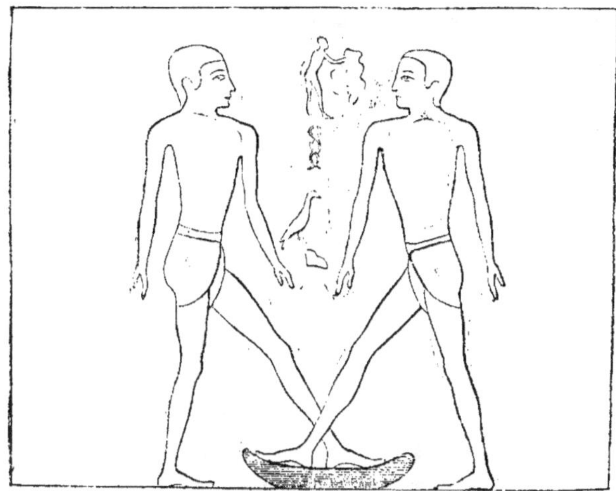

FIG. 1.

l'époque présente, on a trouvé des dessins représentant les procédés mis en usage par les potiers de ces temps-là. Les gravures ci-jointes (fig. 1 à 5) ont été copiées sur des peintures découvertes dans les catacombes de Thèbes, et décrites par Champollion. Elles montrent les opérations du potier, depuis le pétrissage de la pâte avec les pieds jusqu'à l'enlèvement du four de l'objet cuit.

VI.

La figure 1 représente deux potiers pétrissant la pâte en la foulant, en l'écrasant. L'hiéroglyphe signifie : *Il foule aux pieds*.

Fig. 2 et 3.

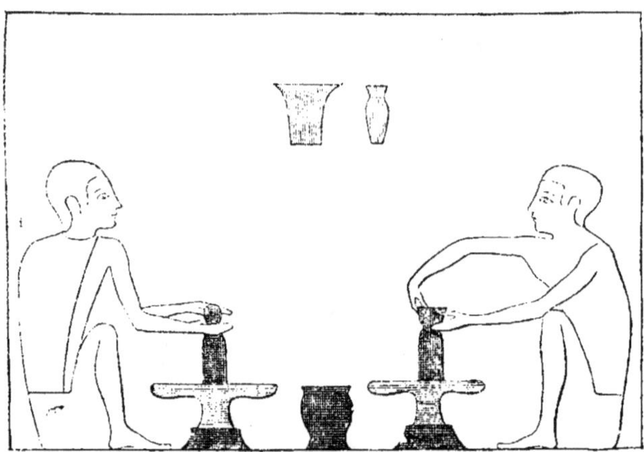

Fig. 4 et 5.

La figure 2 représente un homme qui saisit la pâte pour en former une masse destinée à la roue. L'hiéroglyphe exprime cette action.

La figure 3 représente le même homme qui prend la boule de pâte et l'apporte au potier qui travaille à la roue.

Les figures 4 et 5 montrent deux potiers façonnant un objet sur la roue. Le vase posé entre les roues, et qu'on voit aussi dans la figure 5, est un pot à eau dans lequel les potiers trempent de temps à autre leurs doigts, pour donner une humidité uniforme à la pâte.

Ce dessin n'indique pas comment se tourne la roue, mais dans un autre on représente le potier imprimant à celle-ci le mouvement de rotation avec la main gauche. Lorsque ce mouvement, par l'action répétée de la main, possède une rapidité suffisante pour se poursuivre sans impulsion nouvelle, l'ouvrier applique les deux mains à la pâte, comme le montrent les figures.

Dans la figure 4, le potier forme une boule de la grosseur nécessaire pour faire une coupe. Dans la figure 5, il façonne l'extérieur de la coupe en exerçant une pression avec son premier doigt, et l'intérieur avec son pouce. Quiconque a vu un potier travailler à la roue reconnaîtra la position particulière, arrondie, du bras dans la figure 5. Si les potiers modernes avaient été en apprentissage chez leurs confrères d'il y a 3 700 ans, la ressemblance ne serait pas plus parfaite.

Fig. 6 et 7.

Un four cylindrique C est représenté dans la figure 6. L'aide A alimente le foyer au-dessous du four avec un morceau de bois ; les flammes D, qui s'élèvent autour des casses renfermant les objets à cuire, sortent par le haut du four.

La figure 7 représente le four après que la cuite a été achevée et le feu éteint ; la porte du foyer est de l'autre côté. Le potier B prend les objets cuits et les remet à un autre **A**, qui les empile. On voit à ses pieds l'une des piles ; l'hiéroglyphe signifie : *Il les retire.*

Dans les peintures originales d'après lesquelles ces dessins ont été copiés, les masses de pâte des figures 2 à 6 ont une couleur gris-brun. Les objets de poterie cuite de la figure **8** ont la couleur rougeâtre qui caractérise les anciennes poteries égyptiennes.

On voit par là que, dans ses procédés essentiels, principaux, l'art du potier était, il y a quatre mille ans, à peu près ce qu'il est aujourd'hui.

VII.

Dans une Vie d'Homère, attribuée à Hérodote, on rapporte que le poëte, devenu aveugle, vint un jour à passer près des célèbres poteries de Samos. Les potiers le vinrent trouver et le prièrent de composer un poëme sur leur art, en lui offrant pour récompense un choix de leurs vases. Homère accepta l'offre et fit pour eux l'hymne intitulé : *le Fourneau,* qui existe encore. Il décrit avec un singulier bonheur, avec une exactitude parfaite, les qualités et la supériorité des vases fabriqués par ces hommes, comme aussi les accidents auxquels ils sont exposés pendant la cuite. Ces incidents du four et leurs effets sont tellement semblables à ce qui se passe de nos jours, qu'en lisant les vers d'Homère on croirait que le poëte a visité une poterie du Staffordshire (Angleterre).

Ainsi il paraît qu'au temps d'Homère, qui vivait environ neuf ou dix siècles avant Jésus-Christ, les potiers de Samos avaient déjà conquis une certaine célébrité. D'après quelques antiquaires, toutefois, — lesquels s'appuient sur des découvertes faites près de Naples, dans des lieux qu'on sait avoir été habités par d'anciennes colonies grecques, — l'art du potier aurait été cultivé en Grèce longtemps avant l'âge homérique.

VIII.

L'abbé Mazzola a décrit et dessiné, avec une minutieuse exactitude, la position des tombes et des squelettes trouvés dans les fouilles pratiquées en Campanie. Au-dessous d'une strate de terre végétale ayant une profondeur d'environ quarante pouces et composant le sol d'une fertilité puissante qui rend la contrée si célèbre, on rencontre une strate de sable blanc mêlé à de la pierre ponce, dur et imperméable. Cette strate, qu'on appelle *terra maschia,* est épaisse d'environ vingt pouces et repose sur une troisième strate dont l'épaisseur est d'environ trente pouces, et composée d'un terreau noir excellent. C'est au-dessous de cette dernière strate que les squelettes, les sarcophages et les vases qui les accompagnaient, ont été trouvés.

La figure 8 représente une section verticale des strates ; on y voit la position et la disposition des squelettes et des vases, dans une partie de la

Campanie, près de Nola : c'est du Traité de Dubois-Maisonneuve sur les vases antiques, feuille 1817, qu'elle est tirée.

Les vases et les squelettes ont été trouvés à des profondeurs différentes

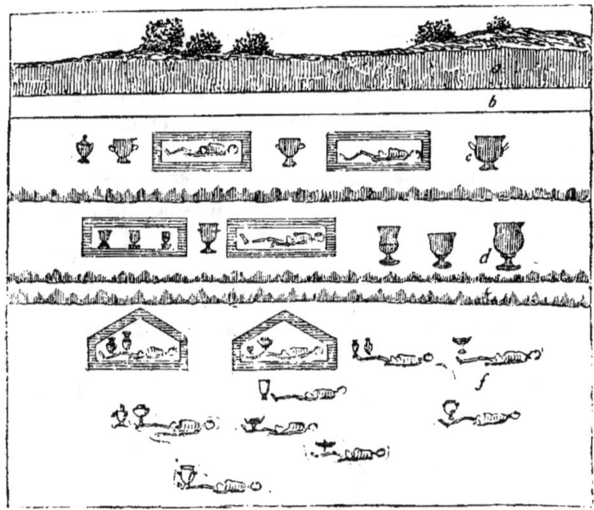

Fɪɢ. 8.

et diversement disposés. Ici, on n'a trouvé que des vases (comme on voit en *d*) ; là, on a trouvé les **squelettes** sans sarcophages, et plus loin on les a trouvés dans des sarcophages ; mais partout il s'est trouvé des vases auprès des squelettes.

IX.

L'abbé Mazzola soutient que, malgré la présence de la pierre ponce dans la seconde strate, on ne la peut considérer comme le résultat direct d'une action volcanique. Sa conclusion est que la strate superficielle de terre fertile est de formation comparativement récente, et qu'à une époque éloignée, la seconde strate de *terra maschia* doit avoir été superficielle. Mais, comme le dépôt des corps et des vases sous la *terra maschia* doit avoir précédé le commencement de la formation de la strate superficielle de terre végétale actuelle, comme la formation de cette strate doit avoir pris une longue suite d'années, l'abbé Mazzola en conclut que les vases trouvés au-dessous de la *terra maschia* doivent avoir une date fort antérieure à celle d'Homère. Il ajoute, à l'appui de cette déduction, que ces vases représentent des scènes auxquelles il n'a jamais été fait allusion et qui n'ont jamais été décrites, ni par Homère, ni par les poëtes qui sont venus après lui, telles que le combat de Neptune et d'Ephialtes ; que ces squelettes trouvés à Nola sont toujours immédiatement enterrés dans le sol, tandis que partout ailleurs, comme à Avila, ils sont renfermés dans des sépulcres ; que les inscriptions des vases sont écrites en grec primitif, qu'il faut lire de droite à gauche, comme les ouvrages hébraïques et orientaux ; et qu'enfin la tardiveté de leur découverte doit s'expliquer par ce fait, que les strates au-dessous desquelles ils furent déposés se composaient de pierres non employées par les Romains dans leurs constructions, mais employées dans ce but à notre époque.

On aura une idée plus nette de la disposition des vases renfermés dans les anciens tombeaux, en se reportant aux dessins plus étendus et plus scrupuleux de d'Hancarville et autres antiquaires.

X.

Comme spécimen d'une chambre sépulcrale de la Campanie, on donne ici la figure 9. Elle représente une tombe découverte dans les environs de Naples et indique la position relative occupée par le corps et les vases.

FIG. 9.

XI.

Dans la figure 10, on voit la tombe d'une famille germaine renfermant deux squelettes avec des urnes, et trouvée dans un tumulus d'Unterwalden, près d'Oberfarrenstadt.

XII.

La plus grande partie des nombreux vases grecs que les fouilles modernes ont fait trouver appartiennent au sixième ou au septième siècle

Fig. 10.

avant l'ère chrét'enne et à des époques postérieures. Les spécimens de
ces vases éta'ent déjà rares et fort estimés au temps de Jules César.

Au nombre des plus curieux et des plus admirés, il faut mentionner

Fig. 12.

la célèbre coupe d'Arcésilas. Ce vase est représenté en plan dans la
figure 11 (p. 17), et en hauteur dans la figure 12. Il fait partie de la collection de la Bibliothèque impériale de Paris (novembre 1853). Sa hauteur est de 25 centimètres et son diamètre de 27.

Cette coupe, qui fut trouvée à Vulci (Camino), en Étrurie, représente
Arcésilas, roi de Cyrène, assis sur le pont d'un vaisseau, dont l'équipage

est occupé, sous ses yeux, à peser des corbeilles d'*Assa fœtida* et à les déposer dans la cale.

On croit que ce vase est l'œuvre des potiers cyrénéens contemporains de Pindare.

XIII.

Les ouvrages des philosophes, des historiens et des poëtes font mention d'environ quarante des plus célèbres potiers de la Grèce. On doit citer :

DIBUTADES, de Sicyone, dont les œuvres, transportées à Corinthe, ont été conservées. On ignore l'époque où ce potier florissait.

COROEBE, d'Athènes, florissait au temps de Cécrops, quinze siècles avant Jésus-Christ. On le considérait comme l'inventeur de la poterie. On verra plus loin que cet art était cultivé en Orient au moins mille ans auparavant.

TALOS, fils de **Perdix, sœur de Dédale. On lui attribue l'invention** de la roue à potier et d'autres **inventions mécaniques, telles que la scie**, le ciseau et le compas. On dit que l'arête **dorsale d'un poisson lui** donna l'idée de la scie. Son habileté, à ce qu'on prétend, éveilla une telle jalousie dans l'âme de Dédale, son oncle, que celui-ci, l'ayant attiré au temple d'Athéné, sur l'Acropole, le précipita du sommet, la tête la première. La déesse du lieu, cependant, le retint dans sa chute et le métamorphosa en un oiseau auquel elle donna le nom de *Perdix*, perdrix.

THÉRICLÈS, de Corinthe. Suivant Théophraste, ce célèbre artiste inventa une composition consistant en une pâte noire susceptible d'un beau poli, qui fut très-prisée. Il donna son nom à **une certaine** espèce de vases nommés *théricléens*.

Plusieurs érudits, toutefois, ont révoqué **en doute son existence**, en prétendant que le nom des **vases dérivait de leur** style propre, qui comportait la représentation d'animaux, **Théria** (mot grec qui signifie *animaux*).

Comme dans les temps modernes, les plus éminents sculpteurs donnaient des modèles et des dessins aux potiers grecs. On peut nommer, entre autres, Phidias, Polyclète et **Myron**.

XIV.

Les traditions chinoises font remonter l'art du potier à une époque fort éloignée. Le père Entrecolles, missionnaire français, résidait en Chine au commencement du siècle dernier, et ses lettres, publiées à Paris en 1741, fournissent plusieurs renseignements pleins d'intérêt sur ce sujet. Il écrivait en 1712 que, à cette date, les porcelaines anciennes étaient très-estimées et atteignaient un prix fort élevé. Il y avait encore des objets qui passaient pour avoir appartenu aux empereurs Yao et Chun, deux des plus anciens dont les annales chinoises fassent mention. Yao régnait 2357 et Chun 2255 ans avant l'ère chrétienne. D'autres autorités font régner Chun 2600 ans avant Jésus-Christ. M. Stanislas Julien, le savant sinologue, pense qu'à partir de l'empereur Hoang-ti, qui régnait 2698 à 2599 ans avant notre ère, il a toujours existé un officier public ayant le titre d'*intendant de la poterie,* et que ce fut sous le règne de Hoang-ti que l'art du potier fut inventé par Kouen-ou. Il est certain que la porcelaine, ou poterie fine, était répandue en Chine au temps des empereurs Han, 163 ans avant Jésus-Christ.

En creusant les fondations des palais érigés par les dynasties de Han et de Thang (de 163 ans avant Jésus-Christ à l'an 903 après Jésus-Christ), on trouve un grand nombre de vases anciens d'une blancheur parfaite, mais d'une forme peu attrayante. Ce ne fut que sous la dynastie de Song, c'est-à-dire de l'an 960 à l'an 1278 après Jésus-Christ, que la porcelaine commença d'atteindre ce haut degré de perfection qui la caractérise.

XV.

Une autre preuve de l'antiquité de l'art du potier en Chine, comme aussi de l'existence d'intercommunications entre ce pays et l'Égypte, ressort des découvertes de Rossellini, de Wilkinson, etc., qui trouvèrent beaucoup de vases chinois, portant des inscriptions chinoises, dans les tombeaux de Thèbes. Le professeur Rossellini trouva un petit vase de porcelaine chinoise ayant une fleur peinte d'un côté, et de l'autre ayant des caractères chinois qui différaient fort peu de ceux d'aujourd'hui. Le tombeau remontait au temps des Pharaons, et était un peu postérieur à la dix-huitième dynastie.

Ce vase est représenté, avec son inscription chinoise, dans la figure 13, d'après un moule bien réussi de M. Francis Davis.

Un autre des vases chinois trouvés dans les tombes de Thèbes est représenté dans la figure 14. On le conserve au Musée du Louvre. Sa forme est celle d'une bouteille à côtés plats. La figure 15 le représente vu de côté.

Ces bouteilles sont fort petites. Leurs dimensions sont celles des gravures. Il est probable, d'après M. Wilkinson, qu'elles furent apportées de l'Inde en Égypte, les Égyptiens ayant eu quelques relations commerciales avec cette contrée à une époque très-reculée ; elles furent apportées, non comme articles de porcelaine, mais en qualité de vases renfermant quelque article d'importation.

XVI.

Parmi les objets qu'on voyait à l'Exposition universelle, dans la galerie du palais de cristal consacrée aux produits chinois, il y avait une collection complète des matériaux divers employés dans les grandes fabriques de porcelaine de King-te-Tching. Cette collection se composait de l'argile plastique dont est formée la porcelaine chinoise, et des différentes matières colorantes dont elle est ornée.

Le lieu d'où ces spécimens ont été envoyés possède l'une des plus anciennes et des plus célèbres manufactures encore existantes en Chine. Le

 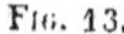  

FIG. 13.   FIG. 14.   FIG. 15.

père Entrecolles, déjà cité, qui y résidait en 1712, constatait qu'à cette époque, il n'y avait pas moins de 3 000 fours en travail, lesquels donnaient à la ville, pendant la nuit, l'aspect d'une vaste fournaise surmontée de nombreuses cheminées. Il dit que les terres dont on faisait la porcelaine étaient au nombre de deux, l'une nommée *Kaolin* et l'autre *Petung-tse*. On les transportait en briques des carrières où se trouve la matière brute, à King-te-Tching.

Les procédés par lesquels ces matériaux bruts du potier chinois étaient, à l'époque dont il s'agit, préparés dans les carrières, différaient fort peu de ceux par lesquels on les prépare aujourd'hui, et certaines combinaisons, qu'on a qualifiées d'inventions modernes, ne sont que des reproductions de ce qui se faisait, depuis des siècles, en Orient.

XVII.

Quelques détails sur ces procédés, tels qu'on les pratiquait en Chine il y a près de deux siècles, ne seront pas moins instructifs qu'amusants.

La figure 16 représente le mode d'extraction du petung-tse. On détache le minéral en morceaux, à l'aide du maillet et de la pioche. Deux mineurs sont à l'œuvre aux bords de la carrière, tandis qu'un troisième arrache le minéral de la voûte, qui est soutenue par un certain nombre de piliers verticaux. Un quatrième ouvrier porte le produit du travail des autres au pilage ou à la machine à broyer qu'on voit figure 17. La roue hydraulique,

Fig. 16.

Fig. 17.

agissant sur les rayons rectangulaires qui sortent de l'arbre, tient celui-ci en révolution constante. Ces rayons ou bras agissent sur une série de le-

viers, aux extrémités opposées desquels sont fixés des marteaux de pierre
à face de fer. Par l'action de la roue sur les petits bras des leviers, les
grands bras munis de marteaux de pierre plaqués de fer s'élèvent et retombent alternativement. Au-dessous de chaque marteau se trouve une
auge remplie de morceaux grossiers de petung-tse, qui sont ainsi broyés
jusqu'à ce qu'ils soient réduits en poudre. Un ouvrier se tient auprès, re-
cueille le contenu des auges, et le porte, au moyen de seaux, dans un
grand réservoir d'eau représenté dans la figure 18. Il l'y jette, et l'on
agite l'eau avec force jusqu'à ce que le petung-tse se mélange avec elle.
Le mélange ainsi produit, on le laisse en repos quelques instants ; les parties les plus grosses et les plus pesantes du minéral vont au fond, et un
liquide crémeux demeure à la surface. Ce liquide est recueilli dans des
seaux et transporté dans un autre réservoir, qu'on voit également figure 18.
On l'y jette et l'on agite comme précédemment.

Fig. 18. Ancien dessin chinois représentant la manière de préparer l'argile à porcelaine.

CHAPITRE II.

I. Procédés chinois. — II. Matières employées. — III. Le Petung-tse et le Kaolin. — IV. Pétrissage et tournage. — V. Fours. — VI. La *Majolica* en Espagne. — VII. L'Italien Lucca della Robbia. — VIII. Écran d'autel de cet artiste. — IX. Fabrication. — X. Procédés des potiers italiens. — XI. Présents royaux. — XII. Décadence de l'art en Italie. — XIII. Poterie en France; Bernard de Palissy. — XIV. Son caractère; persécutions qu'il endure; sa mort. — XV. Palissy et Henri III à la Bastille. — XVI. Style de ses ouvrages. — XVII. La Belle Jardinière. — XVIII. Origine des poteries du Staffordshire. — XIX. Découverte du vernis de sel. — XX. Les frères Elers, de Nuremberg. — XXI. Astbury découvre l'usage de la silice. — XXII. Origine et caractère de Josias Wedgwood.

I.

Les parties plus grossières du minéral qui vont au fond du premier réservoir sont alors rapportées à la machine à broyer (fig. 17), soumises de nouveau à l'action des marteaux, et l'on répète le même procédé au creuset (fig. 18).

Le liquide crémeux transporté dans le second réservoir y séjourne un temps suffisant pour que la matière déliée qui y est suspendue aille finalement au fond; l'eau devient claire au-dessus. On donne issue à cette eau, et une couche de petung-tse fin et pur se trouve au fond du creuset. Alors on consolide le petung-tse, on le moule en briques, comme on le voit dans l'arrière-plan de la figure 17, et il est envoyé en cet état aux poteries.

II.

Cette substance minérale, qui joue un rôle si important, non-seulement dans les poteries chinoises, mais dans celles des autres peuples, est une variété de la substance que les minéralogistes appellent feldspath ; elle possède un peu de quartz.

III.

Le petung-tse, préparé comme il a été dit, est une substance blanche, d'un grain extrêmement fin, à peu près deux ou trois fois plus pesante que l'eau.

L'autre substance employée pour former la pâte, dont les Chinois font leur porcelaine, et nommée kaolin, se trouve dans des strates très-profondes de quelques montagnes du pays ; elle tire son nom d'une montagne située près de King-te-Tschin, où fut découverte la première veine qui donna naissance aux grandes manufactures de porcelaine établies en cet endroit.

La manière de travailler, de purifier le kaolin, et de le convertir en briques, ne diffère pas essentiellement du traitement du petung-tse décrit ci-dessus.

Le kaolin, soumis à l'analyse chimique, se compose de silice, d'alumine ou d'argile pure combinée avec de faibles proportions de magnésie, de potasse, de soude et de fer.

Les terres nommées kaolin ou argile à porcelaine renferment ces constituants dans des proportions très-différentes, suivant les pays où on les trouve, où on les emploie. Le kaolin employé dans la fabrication des anciennes porcelaines chinoises renferme 76 pour 100 de silice, de 10 à 17 pour 100 d'alumine, et de petites proportions de magnésie, de potasse et de soude.

D'après les Chinois, c'est au kaolin que la porcelaine doit toute sa résistance. Ils l'appellent le *nerf* de la porcelaine, désignant ainsi probablement la plasticité de la pâte et son pouvoir pour résister à la chaleur intense du fourneau. Ayant entendu parler des tentatives des potiers d'Europe (avant qu'ils eussent découvert l'argile à porcelaine, ou kaolin) pour fabriquer de la porcelaine avec du petung-tse ou du feldspath seulement, ils tournèrent la tentative en ridicule, en disant *qu'ils feraient aussi bien de tenter de faire un corps avec de la chair sans os.*

Il y a là une allusion à la fusibilité comparativement grande du petung-tse, et à la non-fusibilité du kaolin dans les fourneaux à porcelaine ; ces mots indiqueraient même que les Chinois ont essayé, puis abandonné la fabrication de la porcelaine sans kaolin.

Les ingrédients dont la pâte est formée une fois livrés au potier, une autre opération commence ; Entrecolles la décrit encore comme étant pratiquée de son temps.

Les briques de kaolin et de petung-tse sont de nouveau pulvérisées, purifiées par le lavage, et dégagées de toutes les matières sablonneuses qu'elles peuvent contenir. Les deux substances sont alors mélangées dans des proportions différentes, suivant l'espèce de porcelaine qu'on entend fabriquer.

IV.

La laborieuse opération du pétrissage de la pâte s'exécute avec l'aide de buffles dans la figure 19, figure copiée, comme les autres, sur des dessins du temps.

Fig. 19.

Ce procédé est encore en usage en Chine. M. Chavagnon, qui pénétra dans l'intérieur du pays, assura à M. Brongniart, directeur de la manufacture de Sèvres, qu'il l'avait vu pratiquer.

Le pétrissage exécuté, on façonne les objets sur la roue. La figure 20 représente cette opération telle qu'on la faisait à l'époque susdite en Chine.

La roue est mise en mouvement par un homme qui tient les bouts d'une courroie plate qu'il presse légèrement contre le bord de la roue ; en même temps, il donne à celle-ci l'impulsion en tirant un bout de la courroie et en cédant, par l'autre bout, à son mouvement. À chaque impulsion donnée, la courroie est relâchée, puis ramenée à sa position première sur le bord de la roue, afin que l'impulsion puisse être répétée. Pour empêcher la courroie de glisser à la surface du bord de la roue, cette surface est hérissée de pointes.

Pour donner à la pâte telle ou telle forme, le potier la place sur le haut de la roue et la façonne avec ses mains et ses doigts.

FIG. 20.

La figure 20 représente encore un autre personnage qui transporte au four les objets façonnés.

V.

Les fours et le procédé employé pour la cuite sont représentés dans la figure 21. On voit, sous un hangar à gauche, un homme occupé à placer les objets à cuire dans des vases cylindriques de terre cuite, vases qui correspondent à ceux que les potiers anglais nomment *saggers*.

On voit en A un four ouvert; un homme reçoit là les *saggers* remplis des objets à cuire, et les arrange dans le four. Quand le four est plein, on le ferme par un briquetage. On voit en C un second four qui est plein et fermé jusqu'au haut par des briques.

Les portes ou bouches alimentaires des fourneaux, par où l'on chauffe les fours, se voient en D, et les ouvertures par où s'échappent la fumée et les produits de la combustion sont figurées en *a*, *b* et *c*.

Les fours chinois dont on fait usage aujourd'hui ne diffèrent pas beau-

coup dans leurs forme et disposition de ceux dessinés et décrits par Entrecolles au commencement du dernier siècle. M. Chavagnon, qui les a vus
fonctionner à une date assez récente, dit que la construction des tuyaux est
si bien ménagée que la distribution de la chaleur est sensiblement uniforme ; les fours tels que A, qui sont les plus éloignés du foyer, reçoivent
autant de chaleur que ceux qui, comme le four C, en sont les plus voisins,
et les objets sont cuits aussi bien dans les uns que dans les autres.

VI.

Les premières tentatives faites en Europe pour fabriquer une faïence
dure couverte d'un vernis sont attribuées aux Mores de la péninsule espagnole. Une manufacture fut ensuite établie sur une grande échelle dans les

Fig. 21.

îles Baléares ; les articles qu'elle produisit, et qui furent plus tard reproduits
en Italie, reçurent le nom de *Majolica*, corruption du mot Majorica ou Ma-
jorca, qui est le nom de l'île principale du groupe des Baléares.

VII.

Le premier qui apporta des perfectionnements à l'art du potier, après
son importation dans la péninsule italienne, fut Lucca della Robbia, sculp-
teur florentin, dont le nom est ainsi devenu inséparable de l'histoire de
cette industrie ornementale. Ce célèbre artiste, né en 1388, mourut pré-
maturément à quarante-deux ans. Il laissa néanmoins un grand nombre
d'ouvrages, qui sont parvenus jusqu'à nos temps et sont fort estimés.

Ses frères et leurs descendants lui succédèrent. Tous ne cessèrent, pendant près d'un siècle et demi, de pratiquer l'art sur une vaste échelle ;
aussi est-il bien difficile, pour ne pas dire impossible, de savoir réellement

quelles sont les œuvres propres du grand artiste et de les distinguer de celles de sa famille, dont quelques-unes furent composées sous ses yeux et avec lui pendant sa vie.

Les productions de cette famille de potiers artistes sont formées d'une pâte renfermant environ 50 pour 100 de silice, combinée avec 15 $\frac{1}{2}$ pour 100 d'alumine et 22 $\frac{1}{2}$ pour 100 de chaux, et de faibles proportions d'acide carbonique, de magnésie et de fer. Les ornements consistaient dans des figures en relief, diversement coloriées en jaune au moyen de plomb et d'antimoine, en bleu foncé opaque, en vert produit par le cuivre, et en violet produit par le manganèse. L'art de produire des couleurs à l'aide de l'or n'était pas alors connu en Europe.

Fig. 22.

VIII.

Dans la figure 22, on voit un écran d'autel de Lucca della Robbia. Il se compose de quatre pièces et de deux pilastres. Le fond est d'un beau bleu azuré; les figures sont blanches; les fruits, le calice, etc., d'un jaune d'or, et les guirlandes vertes. L'épaisseur de faïence qui compose cet objet a un peu plus d'un pouce et demi. Il est conservé dans le cabinet *Sauvageot*.

IX.

La pâte employée à cette époque n'avait pas la blancheur de la porcelaine plus fine; aussi les objets fabriqués étaient-ils couverts d'un vernis opaque de quelques couleurs particulières, qui dérobait le fond grossier et mal coloré de la porcelaine. Le procédé par lequel on produisait ces vernis opaques était à peu près semblable à celui par lequel on produit, de nos jours, les vernis transparents et incolores. L'article cuit qui, avant d'être vernissé, porte le nom de *biscuit*, est plongé dans un vase contenant la matière vitrifiable unie à une quantité d'eau suffisante pour lui donner la consistance d'une crème. Après l'immersion, une couche de ce liquide adhère à la surface. L'eau qui tient la substance vitrifiable en suspension est en partie absorbée par le vase. Le vase, enduit ainsi, est déposé dans un four, et derechef exposé à l'action d'une chaleur assez intense pour vitrifier l'enduit ou couverte qui l'enveloppe; de cette façon, lorsqu'on retire le vase du four, l'enduit est converti en un verre coloré et opaque, et le vase est vernissé. Quelquefois l'objet, avant d'être cuit, était couvert d'un enduit de matière terreuse, non vitrifiable, mais opaque, qui dérobait la surface grossière de la pâte, et, lorsque cet enduit avait été durci au four, on posait dessus un vernis transparent.

X.

La *Majolica* d'Italie eut ses plus beaux jours de 1540 à 1560. C'est dans cet intervalle que les plus beaux services de table furent produits. Les principaux endroits où on la fabriquait étaient Castel-Durante et Florence; mais sa célébrité prenant des proportions plus grandes, toutes les principales villes d'Italie se mirent à y travailler, et les artistes les plus renommés, sans en excepter Raphaël lui-même, firent pour les fabriques de majolica des dessins que des potiers, non moins renommés peut-être, exécutèrent.

On a dit souvent que Raphaël en personne avait fait de la poterie. Cela n'est pas exact. Le duc de Toscane Guidobaldo II, qui donnait à cet art les encouragements les plus vifs, se procura des dessins de Raphaël et de ses élèves, qu'il fit exécuter par les potiers de son établissement de Pesaro, et il arriva que, parmi les plus habiles décorateurs des poteries, deux portaient le nom de Raphaël. On disait donc que les produits étaient ceux de Raphaël ou des Raphaël, et, à une époque postérieure, ceux qui ne savaient pas ces circonstances concluaient de là que c'était l'ouvrage immédiat de l'illustre peintre.

XI.

Ce fut en ce temps-là que la célébrité de ces œuvres et l'admiration générale qu'elles causaient amenèrent l'usage (usage qui dure encore) de les offrir en présent aux souverains. Le duc Guidobaldo faisait exécuter à Pesaro de magnifiques services, qu'il offrait en présent aux rois et autres personnages éminents. On parle surtout de l'admirable service qu'il présenta à l'empereur Charles V, service exécuté par Taddeo Zuccarro et Battista Franca, sous la direction des frères Flaminio et Orazzio Fontana.

On n'omettait rien de ce qui pouvait rehausser la valeur et augmenter l'excellence des produits de cette industrie artistique. Au génie, au talent, à l'habileté, aux soins, on joignait les recherches de l'érudition, les conseils du goût, pour leur impartir toute la perfection possible.

XII.

Les poteries italiennes soutinrent leur réputation tant que l'art fut protégé par Guidobaldo. Le temps n'était pas venu encore où le patronage du public fût plus avantageux que celui des souverains. Après la mort de Guidobaldo et d'Horace Fontana, l'art fut réduit à satisfaire aux demandes du public, c'est-à-dire dut viser au bon marché et produire, par conséquent, des articles inférieurs. Le goût des poteries s'en alla avec leur supériorité, et la majolica italienne perdit graduellement, mais promptement, sa réputation.

Vers 1772, le cardinal Stoppani essaya de la faire revivre à Urbino ; elle se releva un instant vers 1775 ; mais ce ne fut qu'un instant. Il est probable que l'importation de la porcelaine chinoise en Europe, qui coïncida avec la décadence de la majolica, ne fut pas étrangère à ce résultat.

XIII.

A l'époque de Lucca della Robbia en Italie succéda celle de Bernard Palissy en France. Ce potier célèbre naquit à la Chapelle-Biron, petit village du Périgord, vers 1500. Il mourut en 1589.

Quoiqu'il ait publié un certain nombre d'ouvrages, et un tout entier sur l'art qu'il cultiva avec tant de succès, il n'a rien laissé qui fasse connaître les procédés dont il faisait usage. Il semble qu'il ait exclusivement voulu laisser au monde un souvenir des obstacles inouïs qu'il rencontra, des sacrifices qu'il fit, des souffrances qu'il endura, et de la persévérance vraiment héroïque qu'il montra dans l'accomplissement de ses projets. Dans ses expériences, qu'il poursuivit pendant une période de temps fort longue, et avec une patience admirable, Palissy dépensa tout ce qu'il possédait, tout, jusqu'à ses meubles, jusqu'à ses vêtements.

Palissy commit la faute, si commune chez les hommes pratiques, de faire fi de la théorie. Dans le seul ouvrage qu'on ait de lui sur son art, il ne s'est pas seulement montré obscur, mystérieux, avare de détails, mais il y a mêlé des théories de son cru qui prouvent combien de travaux pénibles, combien d'expériences avortées, combien d'argent il eût économisé, s'il eût daigné consulter ceux qui pouvaient lui apprendre les vrais principes des sciences physique et chimique applicables à ses recherches.

XIV.

Le fond du caractère de Palissy ne fut pas seulement la patience, la persévérance, la sagacité ; il possédait surtout une fermeté morale extraordinaire, une droiture à toute épreuve. C'est à lui mieux qu'à personne que peuvent s'appliquer les vers si connus du poëte latin :

> Justum ac tenacem propositi virum,
> Non civium ardor prava jubentium,
> Non vultus instantis tyranni
> Mente quatit solida.   (HORACE.)

The man, in conscious virtue bold,
Who dares his secret purpose hold,
Unshaken hears the crowd's tumultuous cries.
And th'impetuous tyrant's angry brow defies.   (FRANCIS.)

Ma conscience est mon seul guide.
    Lorsque j'entends sa voix,
Je vais droit à mes fins, sans que rien m'intimide,
    Et me ris à la fois
Des cris du populaire et des fureurs des rois.

XV.

Palissy était protestant. Il n'hésita pas à confesser publiquement ses opinions religieuses ; il alla même jusqu'à les exprimer dans son livre sur la céramique. C'était trop d'audace ! Il fut traduit, lui, pauvre octogénaire, devant les autorités ecclésiastiques, et sommé de renoncer à ses opinions ou de rétracter ses expressions. Sur son refus, on le jeta à la Bastille. Le roi de France, Henri III, qui faisait cas de son mérite et qui désirait le délivrer, le vint voir dans sa prison. Le dialogue suivant s'établit, dit-on, entre le monarque et l'artiste :

« Mon bonhomme, dit le roi, si vous ne pouvez vous soumettre en matière de religion, je serai contraint à vous laisser aux mains de mes ennemis. — Sire, répondit le vieillard, j'avais déjà fait le sacrifice de ma vie, et si quelque regret eût accompagné ce sacrifice, il devrait s'évanouir en ce moment. Entendre le grand roi de France dire : *Je suis contraint !* c'est là, Sire, une condition à laquelle ceux qui *vous* forcent d'agir contrairement à votre volonté ne pourront jamais me réduire, *moi ;* car je suis prêt à mourir, car votre peuple tout entier n'a pas le pouvoir de contraindre un simple potier à fléchir le genou devant des images qu'il a faites. »

Palissy, à la honte éternelle du monarque et des prêtres du temps, fut retenu à la Bastille, et y mourut à l'âge d'environ cent ans.

XVI.

Les œuvres de Palissy ont un style propre et des qualités particulières. La forme est, en général, correcte et pure ; la peinture proprement dite fait défaut. Les figures sont en relief coloré ; ce sont de simples ornements, des représentations d'objets naturels, historiques, mythologiques ou allégoriques. L'émail est dur et brillant, mais défiguré souvent par une multitude de petites rugosités, défaut qu'on observe aussi dans les poteries allemandes de l'époque. Les couleurs sont généralement brillantes, mais peu variées. Le blanc tire sur le jaune et n'est pas aussi beau que celui de della Robbia. Les autres couleurs sont un jaune pur, un jaune d'ocre, un bel indigo bleu, un bleu grisâtre, un vert émeraude, un vert jaunâtre, un violet produit par le manganèse, et un violet brunâtre. Pas de blanc pur ni de rouge.

Le fond des articles est presque toujours marbré de bleu, de jaune et de violet brunâtre.

La figure 23 représente une bouteille de porcelaine *bouteille de chasse*, attribuée à Palissy et conservée dans le cabinet Sauvageot. Elle a une forme ovale; son plus grand diamètre est de 10 pouces; elle est aux armes de Montmorency. Palissy fut employé par le duc de Montmorency à la décoration du château d'Écouen.

F:c. 23.

Les objets naturels représentés sur les poteries de Palissy sont remarquables par leur vérité de forme et de couleur; ils sont moulés d'après nature. Palissy fut aussi naturaliste. Voltaire, dans son chapitre sur les coquilles, — chapitre indigne de lui, — méconnaissant la perspicacité du grand artiste, le qualifie de *visionnaire*, parce qu'il affirme un fait géologique incontesté maintenant (Voltaire, t. XXX, p. 423 et suiv., édit. 1832).

Les coquilles dont Palissy orna bon nombre de ses chefs-d'œuvre sont des fossiles tertiaires du bassin de Paris, et probablement aussi de Grignon et de ses environs. Les poissons sont ceux de la Seine, et les reptiles, sujet qu'il affectionne, ceux des bords de ce fleuve.

La plupart de ses œuvres, spécialement ses plats et ses plateaux, sont surchargées d'objets en relief coloré; évidemment, elles n'étaient pas destinées au service de la table, mais à l'ameublement des buffets nommés *dressoirs*, qu'on voyait dans les salles à manger du temps.

Les productions de ce potier durent être extrêmement nombreuses; car on en voit encore beaucoup dans les collections et les cabinets publics ou privés et chez les marchands d'antiquités ou de curiosités de tous les pays. Les variétés de forme et de dessin, cependant, n'étaient pas en rapport avec le nombre des productions de l'artiste : aussi ne trouve-t-on dans les collections actuelles qu'un nombre borné de formes et de modèles indéfiniment répété.

XVII.

La figure 24 représente un plateau ovale de Palissy. Il est orné de magnifiques reliefs. C'est un morceau bien connu des amateurs sous le nom de *plat de la Belle-Jardinière*. Les ornements sont jaunes et verts et en bas-relief. Le fond est vert et jaune rougeâtre. Cette pièce fait partie de la collection Sauvageot.

XVIII.

Entre le milieu et la fin du dix-septième siècle, on commença à fabriquer la faïence fine qui, sans atteindre jusqu'à la porcelaine, constitua un progrès sur les produits antérieurs de cette industrie. Ce progrès fut en partie dû à la découverte d'une argile plastique blanche, qui pouvait remplacer l'argile rouge employée auparavant en France, en Allemagne, en

Fig. 24.

Italie, et qui rendait possible l'emploi d'un vernis incolore transparent, au lieu du vernis opaque coloré dont on faisait usage auparavant. En outre, de nombreuses améliorations étaient introduites dans les détails de la fabrication par les potiers qui venaient s'établir dans le Staffordshire (Angleterre), et donnaient une célébrité au grand district connu depuis sous le nom de : *les Poteries*.

Une circonstance donna lieu à l'établissement de cette industrie dans le Staffordshire ; ce fut la double présence d'une bonne argile plastique en cet endroit et du charbon nécessaire pour la convertir en articles de fabrique.

La ville principale du district, Burslem, tire, à ce qu'on pense, son nom de deux mots saxons, *Burn* ou *Byrn,* fleuve ou exploitation, et *Lœm,* argile. Si telle est l'origine du nom, il s'ensuivrait que la fabrication de la faïence dans ce district doit remonter à une époque fort reculée.

XIX.

Vers 1680, MM. Palmer et Bagnall, potiers à Burslem, découvrirent par hasard que le sel marin pouvait fournir un vernis. Du sel étant tombé dans le feu, sa vapeur gagna le biscuit d'un article non vernissé ; on observa que cet article se couvrait d'un vernis. Le moyen fut essayé dans la manufacture, et réussit. Le sel vaporisé, venant en contact avec l'article non vernissé, est décomposé par la silice qui forme en grande partie la pâte, et la soude déposée, se combinant avec la silice, produit le vernis.

Ce fut vers cette époque que les frères Elers de Nuremberg immigrèrent en Angleterre et fondèrent une petite fabrique dans le Staffordshire. Il n'y avait alors pas plus de vingt-deux fours à Burslem.

XX.

Les frères Elers ne tardèrent pas à découvrir dans le voisinage un lit d'argile d'une qualité très-supérieure, et, s'établissant sur le lieu même, ils eurent recours à des mesures extraordinaires et curieuses pour envelopper d'un profond mystère et leurs matières premières et leurs procédés. Dans ce but, ils ne se contentaient pas de fermer les portes de leur manufacture à tous les visiteurs sans exception ; ils choisissaient encore pour ouvriers les individus les plus ignorants, les plus stupides du monde, et divisaient le travail de façon que chacun ne pouvait connaître que sa spécialité. Ces précautions furent inutiles. Ce n'est pas avec de si petits moyens qu'on réprime la passion du gain et l'esprit d'entreprise. Un ouvrier, nommé Twyford, sut plaire aux Elers en affectant une indifférence complète pour l'art, et fut admis à leur service. Il fut bientôt en possession de quelques-uns de leurs secrets ; mais il restait à un plus habile de découvrir tous les détails de leurs procédés. Un individu nommé Astbury se traça un plan de conduite qui devait, suivant ses calculs, et, comme l'événement le prouva, lui livrer la propriété du tout. Il affecta les manières d'un idiot, trompa les manufacturiers qui lui firent un accueil empressé, et persista dans son rôle pendant plusieurs années, jusqu'à ce qu'il eût à sa disposition tous les secrets des maîtres. Les Elers quittèrent ensuite le Staffordshire et s'établirent à Londres ; c'est à eux, probablement, qu'on doit les manufactures de porcelaine qui, plus tard, furent fondées à Chelsea.

XXI.

L'un des ingrédients de la poterie fine est la silice, ou pierre à fusil. On rapporte ainsi le fait qui conduisit à appliquer cette substance : — M. Astbury, fils et successeur de celui qui s'empara du secret des Elers en feignant l'idiotisme, venait à Londres monté sur son cheval. Les yeux de l'animal deviennent malades, et son propriétaire s'arrête à Dunstable.

L'aubergiste dans l'écurie duquel la bête fut amenée conseilla à son
maître de lui appliquer un cataplasme de cailloux calcinés. Astbury remarqua que les cailloux, qui étaient noirs avant la calcination et semi-
transparents, se trouvaient après convertis en une substance opaque et
blanche. Il lui vint à l'esprit qu'il pourrait, par un procédé semblable,
blanchir l'argile dont était faite la poterie, et qui était rougeâtre, en mélangeant avec une plus ou moins grande quantité de la substance qui blan-
chissait ainsi dans le feu. Il réalisa cette idée avec un plein succès, et la
silice ou pierre à briquet devint dès lors un ingrédient nécessaire de la
pâte.

XXII.

Au nombre des auteurs de perfectionnements et des inventeurs de cette
époque, le plus mémorable fut Josiah Wedgwood, dont le nom est devenu
depuis si intimement lié à cette branche de l'industrie anglaise.

Ce célèbre potier, né à Burslem en 1730, était fils de Thomas Wedgwood, potier lui-même. Son instruction dut nécessairement se borner à
la lecture et à l'écriture; car, dès l'âge de onze ans, il travaillait à la roue
dans la poterie de son père.

Après avoir été peu de temps l'associé de MM. Harrison et Whieldon,
il se mit à son compte, et s'établit dans une petite fabrique couverte de
chaume, en 1760. Il étendit bientôt son exploitation et fit élever une
autre petite manufacture qui reçut le nom de *Bell Works* (fabrique de la
Cloche), parce que les ouvriers étaient appelés et congédiés au son d'une
cloche. Ce fut là qu'il commença la fabrication des articles couleur café
au lait, à vernis plombifère, qui plus tard devinrent si renommés, et
qui, par la faveur qu'ils trouvèrent près de la reine Charlotte, femme de
Georges III, reçurent le nom de *Queen's ware* (articles de la Reine).
Wedgwood reçut le titre de potier de la reine.

Cet homme célèbre se fit estimer autant par ses vertus publiques et
privées que par son habileté industrielle. C'est à lui surtout qu'on dut la
construction du canal qui relie le Trent au Mersey, canal commencé
en 1760 et achevé en 1777.

Sa fortune s'étant augmentée par des héritages aussi bien que par ses
succès commerciaux, il acheta la terre de Ridge-House, et y établit,
en 1770, sa manufacture d'articles noirs.

Ce fut là aussi qu'il éleva la belle habitation qui devint la résidence de
sa famille et la sienne, et le village voisin, nommé Etruria, où il établit
ses principales fabriques, lorsqu'il eut quitté Burslem, en 1771, et où il
amassa cette fortune princière qu'il consacrait à tant de nobles, à tant de
charitables œuvres. Le nom d'Etruria, conféré à cet établissement et au
village industriel créé à l'environ, était tiré de celui d'un des anciens

États d'Italie, qui avait acquis une grande célébrité pour ses charmantes poteries.

Wedgwood mourut à Etruria, en 1795, âgé de soixante-quatre ans.

Ce prince des manufacturiers ne se bornait pas à améliorer les procédés de fabrication; ses efforts visaient plus haut. La forme, la décoration étaient aussi son idéal. Il fit résolument table rase des formes bizarres et disgracieuses qui avaient prévalu jusqu'à lui, et les remplaça par d'autres à la fois pures, simples et élégantes. Il mit à profit la collection de vases antiques qu'Hamilton avait rapportés d'Italie, et les prit pour modèles. Il substitua au style banal des ornements exclusivement adopté jusqu'alors une décoration d'un goût sévère, et, comme les anciens potiers de la Toscane, appela à son aide les plus grands artistes contemporains, le célèbre Flaxman entre autres, dont il employa maintes fois les dessins. Ce système a été continué par son fils, qui fut aussi son successeur.

Wedgwood n'était pas moins distingué par sa générosité éclairée que par son génie comme manufacturier. Un exemple de sa munificence était rappelé dernièrement dans l'un des grands journaux anglais. On ne saurait ici le passer sous silence. La famille Wedgwood attirait autour d'elle un grand nombre d'hommes distingués dans la littérature et dans les arts; on y voyait sir James Mackintosh, son beau-frère, M. Stuart, alors éditeur du *Morning Post;* Coleridge, Southey, etc. Au commencement de 1798, Coleridge fut engagé à accepter les fonctions de ministre dans la congrégation unitairienne de Shrewsbury. Thomas Wedgwood, en ayant entendu parler, lui écrivit pour le dissuader de suivre cette voie; il lui faisait envisager que ses travaux littéraires en souffriraient; qu'il avait droit d'attendre de ces travaux une grande réputation et une magnifique position dans la société. Enfin il lui disait que, dans la crainte qu'une gêne d'argent ne le contraignît à accepter la proposition, il lui envoyait un mandat de 100 livres (2 500 francs). Coleridge, cependant, ayant envisagé les appointements qu'il aurait à Shrewsbury, la position stable qui lui était assurée là, se décida à l'accepter et retourna le mandat. Il vint donc à Shrewsbury, prononça son sermon d'épreuve à la satisfaction générale de son troupeau et en présence de William Hazlitt, devenu célèbre depuis. Mais les Wedgwood, craignant toujours que le poëte ne fût déplacé et perdu pour le monde, lui écrivirent de nouveau, lui dirent d'abandonner son office ecclésiastique, pour lequel il n'était point fait, et, avec une générosité vraiment princière, lui offrirent de le mettre à l'abri de tout souci pour l'avenir, en lui assurant une rente viagère de 150 livres sterling, ou de 3 750 francs. (*Edinburgh Review,* avril 1848, p. 379.)

Avant Wedgwood, les poteries anglaises produisaient des articles pauvres dans leurs substances, grotesques dans leurs formes et tout à fait dépourvus de goût dans leur ornementation. Ce n'étaient que de misérables copies de la porcelaine chinoise. Grâce à l'influence exercée par le génie de cet homme éminent, le style et le caractère des manufactures céramiques du pays furent complétement changés ; de sorte que, non-seulement les produits du Staffordshire, du Derbyshire, du Worcestershire et de Londres ont remplacé sur le marché anglais les produits étrangers, mais ils se sont répandus sur le monde civilisé tout entier. M. Faujas de Saint-Fond dit à ce propos :

« La façon excellente de la porcelaine anglaise, sa solidité, l'avantage qu'elle possède de supporter l'action du feu, son beau vernis impénétrable aux acides, la beauté et l'agrément de sa forme, son bon marché, ont donné naissance à un commerce si actif, si universel, que de Paris à Saint-Pétersbourg, d'Amsterdam aux extrémités de la Suède, ou de Dunkerque à l'extrémité de la France, on est servi, dans tous les hôtels, en poterie anglaise. L'Espagne , l'Italie, le Portugal, en sont pourvus, et l'on en charge des vaisseaux pour les deux Indes et le continent américain. »

Fig. 28. Atelier de tourneur dans les fabriques de porcelaine.

CHAPITRE III.

I. Perfectionnements introduits par Wedgwood. — II. Avantages commerciaux résultant de la fabrique des poteries. — III. Histoire de la porcelaine chinoise. — IV. Sa première importation en Europe. — V. Plasticité de la matière première. — VI. Perfection de ses formes. — VII. Pagode de Nankin. — VIII. Formes de vases. — IX. Figure appelée *Pou-sa*. — X. Découverte de la matière à porcelaine en Europe. — XI. Origine et histoire de Bottger. — XII. Ses travaux en Saxe. — XIII. Son emprisonnement. — XIV. Il s'établit à Dresde. — XV. Ses premiers travaux. — XVI. Terre blanche de Schnorr. — XVII. Découverte du kaolin saxon. — XVIII. Établissement de la manufacture royale à Meissen. — XIX. Mesures curieuses employées pour s'assurer du secret. — XX. Anecdote de Brongniart. — XXI. Mort de Bottger. — XXII. Analyse de la pâte de Dresde. — XXIII. Style de la porcelaine de Dresde. — XXIV. Figures grotesques. — XXV. Le secret transpire. — XXVI. Ringler à Hochst. — XXVII. Paul Becker. — XXVIII. Établissement de la manufacture royale de Bavière. — XXIX. Fabriques des autres États germaniques. — XXX. La pâte tendre de Sèvres. — XXXI. Ses défauts.

I.

Au nombre des perfectionnements principaux dont l'art céramique est redevable au génie de Wedgwood, on doit citer, — outre les *queen's ware* (articles de la reine), — une terre cuite imitant le porphyre, le granit, la pierre égyptienne et autres pierres d'ornement; des produits noirs sans vernis, assez durs pour donner des étincelles sous le briquet, et pouvant recevoir un beau poli, résister aux acides et supporter une haute température; des articles blancs sans vernis, possédant les mêmes propriétés; des ouvrages en bambous ou cannes coloriées, du même genre; un biscuit utile aux chimistes, à raison de sa dureté, de sa résistance aux acides, de son impénétrabilité aux liquides, de son immordacité, de ses qualités réfractaires quand il est exposé à une haute température; enfin un produit nommé *jaspe*, consistant en un biscuit de porcelaine blanc, d'une extrême beauté, ayant, outre les propriétés sus-mentionnées des basaltes, celle de recevoir, par l'application des oxydes métalliques, des couleurs qui le pénètrent dans toute son épaisseur, comme celles qu'on donne au verre ou à l'émail en fusion. Cette propriété particulière, que ne posséda, que ne possède aucune autre porcelaine ou faïence ancienne et moderne, permet de produire des camaïeux et tous les sujets qui veulent être vus en relief sur fond de couleur différente et plus sombre; les figures en relief formées avec ce biscuit sont du plus beau blanc.

II.

On ne saurait donner une idée plus complète des avantages retirés par l'industrie anglaise de la fabrication des produits céramiques, qu'en citant le passage suivant d'un rapport fait par Wedgwood devant une commission du Parlement :

« Quoique la fabrication seule, tant aux Poteries qu'aux environs, procure du pain à 15 000 ou 20 000 personnes, ce n'est là, cependant, qu'une des moindres conséquences qui résultent de cette industrie; il en est d'autres bien plus importantes, savoir : 1° la circulation énorme qu'elle détermine dans tout le royaume, soit pour le transport des matières premières, soit pour celui des marchandises confectionnées; 2° le grand nombre d'individus qu'elle emploie à son service dans les houillères; 3° le nombre plus grand encore des individus qu'elle emploie à la préparation des matières premières sur plusieurs points éloignés de l'Angleterre, depuis environ le Land's End, dans le Cornouailles, d'abord le long de la côte, jusqu'à Falmouth, Teignmouth, Exeter, Pool, Gravesend et la côte Norfolk, puis jusqu'à Biddefort, le pays de Galles et la côte irlandaise; 4° les vaisseaux côtiers qui, après avoir été employés dans la saison favorable à la pêche du Newfoundland, transportent ces matières premières à Liverpool et à Hull, au nombre de plus de 20 000 tonneaux par an, et qui, sans ce travail, eussent été contraints à demeurer au port, inoccupés; 5° le transport ultérieur des mêmes matières, par fleuves et canaux, des ports ci-dessus aux Poteries, situées dans l'une des parties les plus intérieures du royaume; 6° enfin le transport des marchandises confectionnées sur les différents points du royaume, où elles sont embarquées et expédiées aux marchés étrangers ouverts aux faïences de l'Angleterre. »

M. Wedgwood ajoutait plus loin, avec beaucoup de justesse, que cette fabrication donne naissance à des avantages qui lui sont, en quelque sorte, propres, exclusifs. Il disait que la valeur des articles finis consiste à peu près entièrement dans le travail qu'on y a consacré; que chaque tonne de matières premières produit plusieurs tonnes de marchandises pour les vaisseaux, le fret se payant non d'après le poids, mais suivant le volume: qu'il est à peine un vaisseau sortant de nos ports dont le chargement ne se compose en partie de ces marchandises à bon marché, volumineuses et, par cela même, productives pour ce pays maritime: qu'enfin les cinq sixièmes de tout ce qui se fabrique aux Poteries était exporté, expédié aux marchés étrangers.

III.

Tandis que les potiers européens se livraient avec plus ou moins de succès à la fabrication d'une faïence qui, quels que fussent ses mérites, était formée d'une pâte grossière et opaque, on faisait venir d'Orient la porcelaine fine, qui monopolisait en quelque sorte, et avec raison, l'admiration des connaisseurs.

Sans insister sur les prétentions des Chinois, qui font remonter la production de ce bel article chez eux à une époque extrêmement reculée, il est certain qu'ils possédaient et pratiquaient l'art dont il s'agit ici quelques centaines d'années avant qu'on l'eût trouvé en Europe ou ailleurs. Ainsi il est positif que la Chine avait de la porcelaine fine 163 ans avant Jésus-Christ, et qu'on y en fabriquait encore en l'année 442 (après Jésus-Christ).

Le premier four à porcelaine, toutefois, dont les annales chinoises fassent distinctement mention était appelé *Taou-yaou* et situé à Chang-Nan, dans la province de Keang-si. Des tributs de porcelaine furent envoyés de cette fabrique à la cour de Woo-tih, en l'an 630 de Jésus-Christ.

La célèbre manufacture de King-te-Tching, dont on a parlé, ne fut établie qu'en l'an 1000 de Jésus-Christ.

Dans le musée céramique de Dresde, on voit des pièces de porcelaine qui portent les dates de 1403 à 1425, de 1465 à 1488, de 1573 à 1620, et qui, par conséquent, appartiennent à deux siècles différents. Le caractère stationnaire des Chinois ressort d'une manière bien remarquable de ce fait, que le plus ancien de ces spécimens ne diffère en aucune façon du plus récent, soit dans le mode de fabrication, soit dans la nature de la matière première, soit même dans la couleur ou le style des ornements.

IV.

Ce ne fut qu'en 1518 que la porcelaine chinoise fut introduite en Europe par les Portugais. Deux siècles s'écoulèrent avant qu'aucune tentative heureuse fût faite pour la fabriquer. En Angleterre, cette poterie fine reçut le nom de *China*, du lieu de sa fabrication ; mais sur le continent, on la distingua des espèces de poteries plus grossières en lui donnant le nom de *porcelaine ;* l'origine de ce nom est incertaine : on le suppose dérivé, cependant, du mot portugais *porcellana*, qui signifie tasse ou coupe à boire.

Quoique l'art de fabriquer la porcelaine ait gagné très-tard les pays d'Europe, il s'étendit beaucoup plus tôt de la Chine aux autres contrées voisines de l'Asie, spécialement au Japon, et même à la Perse.

V.

La pâte dont la porcelaine orientale se compose pêche, en général, sous le rapport de la blancheur ; elle a une teinte grisâtre ; le vernis qui la couvre (sa couverte) est verdâtre. Elle est dure, fragile, et ne supporte le feu qu'avec beaucoup de précautions. Elle n'est pas aussi transparente que la porcelaine fine fabriquée en France et en Allemagne.

Quand elle n'est pas cuite, cette pâte est douée d'une plasticité extraordinaire. Les matières les plus plastiques ne se prêteraient pas au procédé de fabrication auquel on la soumet ; avec d'autres matières, il ne serait pas possible d'exécuter les vases qu'elle permet de fabriquer, en une seule pièce, exempts de défauts et d'une grandeur singulière.

Sans être aussi fusible que la pâte dont est formée la porcelaine tendre, elle est moins infusible que celle de la porcelaine dure d'Europe. Une tasse de porcelaine chinoise fut ramollie et altérée dans l'un des fours de la manufacture de Sèvres.

VI.

Les formes données à la porcelaine de Chine sont d'une perfection remarquable ; elle se voit jusque dans les pièces qui offrent les plus grandes difficultés d'exécution et les plus délicates. Quoique vastes, il n'est pas rare de trouver des pièces dont l'épaisseur est moins grande que celle d'une coque d'œuf. On voit des vases cylindriques ouverts, ayant huit ou neuf pouces de hauteur, parfaitement proportionnés ; des plats décorés d'ornements en relief, remarquables par leur légèreté et le poli de leur surface ; et quant à la grandeur, les vases d'un seul morceau ont parfois 44 pouces de haut et 22 pouces de diamètre. M. Cambacérès possède un vase de ces dimensions, remarquable par la magnificence de ses ornements en relief et par ses dragons qui forment des anses.

VII.

Parmi les pièces de porcelaine chinoise dont la grandeur frappe le plus,
il faut mentionner la célèbre pagode de Nanking, dans la province de
Kiang-Ming, dont la hauteur est de 213 pieds. Cette construction a neuf
étages ; les murs de chacun sont couverts de plaques de porcelaine grossière. On voit deux modèles de cette tour, mais sur une petite échelle, à
la Bibliothèque impériale de Paris.

VIII.

L'une des formes les plus caractéristiques des vases chinois est celle
de deux vases ou bouteilles arrondis, reliés ensemble par un col resserré,
comme le montrent les figures 25 et 26. Les ornements les plus ordinaires

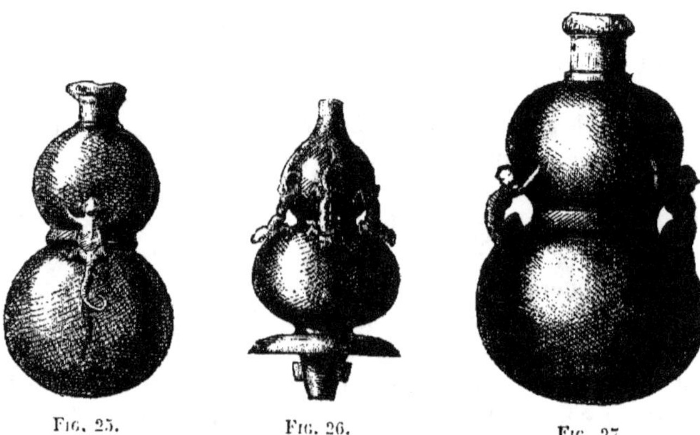

Fig. 25.   Fig. 26.   Fig. 27.

de ces vases sont des lézards ou d'autres reptiles avec queue recourbée et
bifurquée ; ils rampent d'un vase à l'autre dans la partie où s'unissent les
deux vases.

Cette forme de vase n'a jamais été vue nulle part sur le vieux continent, sauf en Chine et en Égypte. M. Brongniart, cependant, relève un
fait qui n'est pas sans intérêt pour les géographes et les antiquaires. Des
vases de même forme et porteurs d'ornements semblables ont été trouvés
parmi les restes d'ancienne poterie, au Pérou et au Chili, dans l'Amérique
du Sud, lesquels doivent y avoir été des siècles avant la venue de Colomb.
Un de ces vases, trouvé au Pérou, est représenté dans la figure 27. On
observera, comme une coïncidence digne de remarque, que tandis qu'on
voit sur les vases chinois des lézards rampant d'une partie du vase à l'autre, c'est une espèce de petit singe qu'on voit sur le vase péruvien, mais

dans la même position, dans la même attitude ; dans l'un comme dans
l'autre cas, les queues se bifurquent.

IX.

Les figures qu'on trouve si souvent sur la porcelaine chinoise, ornées
d'une vaste panse, que les amateurs appellent *Pou-sa,* et qui sont souvent
en vernis coloré, représentent le dieu chinois de la porcelaine, qu'une lé-
gende prétend avoir été martyr de l'art. En procédant à la cuite, il s'aperçut
que l'action du fourneau était irrégulière et allait inévitablement détruire
les pièces que contenait le four. Pour empêcher ce malheur, — c'est la
tradition chinoise qui l'affirme, — il se dévoua en se précipitant dans le
fourneau, et la porcelaine fut sauvée.

X.

Ce ne fut qu'au commencement du siècle dernier que l'art de fabriquer la vraie porcelaine s'introduisit en Europe. Les circonstances auxquelles est due sa découverte sont du plus haut intérêt.

Pendant le dix-septième siècle, la porcelaine orientale, qui avait été
transportée en Europe par les Portugais, et qu'on distingua des produits
européens en lui donnant le nom de porcelaine, souleva une admiration
générale et sans bornes. On mit tout en œuvre pour connaître la matière
première dont elle était composée et les procédés de fabrication employés.
Des agents européens envoyés dans l'Est, et plus particulièrement le père
d'Entrecolles, s'efforcèrent, en dépit de la surveillance jalouse des Chinois,
d'obtenir des échantillons de la matière dont on fabriquait les précieux
produits. Mais cette matière était dans l'état où on la préparait pour le
potier, non à l'état brut où on l'extrayait des carrières. Néanmoins, on
l'examina scrupuleusement ; les chimistes et les physiciens les plus éminents de l'époque l'analysèrent.

Ces recherches, toutefois, n'eurent aucun résultat pratique ; et, comme
il arrive souvent, dans les arts comme dans les sciences, le hasard fit ce
que la sagacité ni l'intelligence des expérimentateurs n'avaient pu faire. Le
hasard même, cependant, ne fait rien, si un homme de génie n'est là pour
recueillir les faits qu'il présente et en tirer parti. Heureusement, dans la
circonstance, génie et talent se rencontrèrent. La Saxe était destinée à
l'honneur d'entrer la première dans la bonne voie.

XI.

Jean-Frédérick Bottger, ou Bottcher, était né à Schlaiz, en Voigtland,
le 4 février 1682. On l'amena à Magdeburg, où son père avait une place à
la Monnaie. Le brave homme se livrait à l'alchimie et prétendait avoir découvert la pierre philosophale, secret, disait-on, qu'il avait communiqué

à son fils. Partageant les idées superstitieuses de son temps, Bottger croyait lui-même posséder le pouvoir de deviner l'avenir, parce qu'il était un *enfant du sabbat* ; il était, en effet, venu au monde un dimanche.

On le mit en apprentissage chez un apothicaire de Berlin, nommé Zorn ; mais l'espèce de fascination qu'exerçait sur lui l'alchimie ne lui permit pas de se consacrer longtemps à la préparation des médicaments ; il quitta du même coup maître et métier. Bientôt, cependant, il fut obligé de revenir ; on lui fit accueil, on lui pardonna, mais à condition qu'il abandonnerait ses études favorites.

Peu après, apprenant que le bruit de ses recherches et de ses projets, grâce auxquels ses concitoyens l'avaient surnommé le *Faiseur d'or*, était parvenu jusqu'aux oreilles de Frédéric Ier, roi de Prusse, et craignant ou feignant de craindre qu'on ne s'emparât de lui par ordre royal, afin de lui extorquer son secret, il s'enfuit de nouveau et se réfugia en Saxe, où les autorités prussiennes demandèrent qu'on l'arrêtât. Mais l'électeur de Saxe, peu soucieux de rendre un personnage si précieux, l'avait fait enlever de Wittemberg et caché. Il lui procura tous les moyens nécessaires pour donner suite à ses recherches chimiques, et le traita parfaitement, tout en le faisant garder à vue.

XII.

Quelque temps se passa ainsi. L'électeur, à la fin, trouvant que les travaux de Bottger n'aboutissaient à aucun résultat pratique, et suspectant fort la réalisation des promesses de l'alchimiste ; reconnaissant d'ailleurs chez son protégé et prisonnier un grand génie naturel, uni à une connaissance remarquable de la chimie de l'époque, il se résolut à tourner Bottger vers d'autres travaux. Dans ce but, il le mit en rapport avec Ehrenfried Walther de Tschirnhausen, qui cherchait alors à perfectionner la fabrication de la faïence, et surtout à découvrir les moyens de produire la porcelaine orientale.

Bottger lui-même, qui peut-être avait alors quelque crainte sur l'issue de sa tentative pour faire de l'or, se montra tout disposé à prêter l'oreille aux conseils de Tschirnhausen ; il ne tarda pas à se mettre à l'œuvre avec lui et à se livrer, avec toute l'ardeur qui le caractérisait, à des expériences nombreuses pour fabriquer une poterie plus belle que l'ancienne.

XIII.

Afin de les soustraire aux regards indiscrets du public, l'électeur avait établi Bottger et Tschirnhausen dans le château d'Albrechtsburg, à Meissen. Là, ils disposaient d'un grand nombre d'ouvriers et d'un laboratoire bien approvisionné. Bottger avait tout ce qui pouvait lui rendre la vie agréable, sauf la liberté. Il avait une voiture à son service, et pouvait visiter Dresde et les environs à volonté ; mais un officier l'accompagnait toujours, ne le perdant pas de vue un seul instant, dans la crainte qu'il ne s'échappât, emportant avec lui ses secrets inestimables.

Le premier résultat des travaux de Bottger et de Tschirnhausen fut la production d'une faïence composée d'une pâte rouge et compacte, mais qui ne différait pas essentiellement de la poterie d'Espagne, de France et d'Italie.

En 1706, le roi de Suède, Charles XII, pénétra dans la Saxe. Le roi de Pologne, électeur de Saxe, craignant qu'on ne s'emparât de Bottger et qu'on ne l'emmenât avec ses secrets, le fit conduire, ainsi que Tschirnhausen et trois de leurs principaux ouvriers, Ritter, Romanns et Beichling, à la forteresse de Konigstein, où ils furent emprisonnés, mais pourvus d'un laboratoire où ils pouvaient donner suite à leurs travaux sous la surveillance de gardiens. Bottger, dit-on, ne perdit en ce lieu rien de sa gaieté et de sa joyeuse humeur. Il occupait ses loisirs et ceux de ses compagnons de captivité de différentes manières, et surtout en composant et en récitant des vers.

Malgré toutes les mesures qu'on prenait pour les empêcher de fuir, Ritter et les autres osèrent former un plan d'évasion.

XIV.

En 1707, après un an de séjour à Konigstein, Bottger et Tschirnhausen furent ramenés à Dresde et établis dans un nouveau laboratoire préparé pour eux sur le Jungferbastei. Là, ils continuèrent leurs travaux et ne s'occupèrent qu'à la recherche des procédés qui permettaient de fabriquer une poterie telle que celle qui venait de la Chine. Leurs travaux furent incessants, leur ardeur infatigable ; on rapporte que, lorsqu'il fallait surveiller le four jour et nuit pendant trois ou quatre jours successifs, Bottger était là sans cesse et tenait ses aides en éveil en leur racontant une multitude d'anecdotes, en les égayant par ses saillies et sa gaieté communicative.

On dit aussi qu'on obtint à cette époque une somme de chaleur plus intense que celle obtenue dans les fourneaux en usage alors, au moyen de la concentration des rayons solaires au foyer d'un vaste miroir ardent construit par Tschirnhausen.

Tschirnhausen mourut l'année suivante (1708). Cet événement, toutefois, n'apporta aucune interruption aux travaux. On éleva de grands fours, et des fournées de faïence y furent soumises à l'action des fourneaux, souvent pendant des jours et des nuits consécutifs, avec des résultats heureux ou malheureux, selon la nature des argiles employées. Le roi désirant assister à l'une de ces expériences, on enleva du four, en sa présence, une théière, à la chaleur rouge encore ; on la plongea dans l'eau, et elle supporta ce changement brusque de température sans dommage.

XV.

La poterie ainsi produite n'était encore, toutefois, qu'une bonne poterie de grès, au corps rouge, à laquelle on essayait de donner le brillant de la porcelaine, soit en la polissant sur la roue d'un lapidaire, soit en la couvrant d'un vernis coloré opaque qu'on vitrifiait à une température comparativement basse.

Enfin, le hasard fit connaître à Bottger les constituants de la vraie porcelaine orientale, si longtemps et si vainement cherchés.

XVI.

Vers ce temps-là, Jean Schnorr, un des maîtres de forges les plus riches d'Erzgebirge, vint à passer à cheval près d'Aue ; il observa que la marche de son cheval était empêchée ; ses pieds s'enfonçaient dans une espèce de terre blanche, molle et tenace, qui s'étendait sur le chemin et qui évidemment formait la couche superficielle du terrain en cet endroit. A cette époque, l'usage de la poudre à cheveux était universel, et cet article faisait en conséquence un objet de commerce fort important. Engagé dans de vastes spéculations commerciales, doué d'un esprit d'entreprise et d'une sagacité parfaite, Schnorr conçut le projet d'expérimenter cette argile blanche, de la purifier, de la réduire en une poudre fine qui pût se vendre comme poudre à poudrer et détrôner celle de fleur de froment.

Ce plan eut un entier succès. Schnorr, après quelques expériences qu'il fit à Carlsfeld, établit une manufacture de poudre et ne tarda pas à voir les demandes affluer de Dresde, de Leipsick, de Zittau, en un mot de toutes les villes d'Allemagne, où la nouvelle poudre était connue sous le titre de *terre blanche de Schnorr.*

XVII.

Bottger faisait, comme tout le monde de son temps, usage de poudre. Un jour, pendant que son valet, Klunker, lui arrangeait les cheveux, il prit dans sa main un paquet de la poudre qu'il employait ; frappé de son poids extraordinaire, qui excédait de beaucoup celui de la fleur de farine, il demanda à Klunker où il l'achetait et comment on l'appelait. En apprenant qu'on l'appelait la *terre blanche de Schnorr,* l'idée lui vint aussitôt qu'une argile d'un si beau blanc, qu'on pouvait réduire en une poudre si fine, serait une matière excellente pour faire une poterie supérieure. Il s'en procura une quantité suffisante, et fit une expérience qui lui révéla sur-le-champ les qualités précieuses de l'argile. Ce n'était autre chose, en effet, que le vrai kaolin, la matière première même dont était formée la porcelaine orientale, tant estimée, et qui avait donné lieu, sur tous les points de l'Europe, à tant de recherches infructueuses.

XVIII.

Le roi songea alors à établir la Manufacture royale de porcelaine, qui depuis a acquis une si grande célébrité. Le château d'Albrechtsburg, à Meissen, fut le lieu désigné, et Bottger en fut nommé directeur.

Les mesures les plus rigides furent adoptées pour empêcher la découverte de s'ébruiter. On interdit l'exportation de la *terre blanche* sous les peines les plus sévères; on la transportait d'Aue à la manufacture de Meissen dans des barils scellés, militairement escortés, et sous l'œil de gardiens assermentés.

Les précautions qu'on prit pour assurer le secret des procédés excédaient toute croyance. Le mot d'ordre solennellement donné à tous les employés de la manufacture, depuis le directeur jusqu'au dernier ouvrier, était : LE SECRET JUSQU'À LA MORT ! Chaque mois, tous les chefs, tous les principaux ouvriers prêtaient serment à cet effet; ce serment était peint en gros caractères sur les portes de tous les ateliers.

Les ordonnances royales punissaient celui qui divulguait un des secrets de fabrique d'un emprisonnement à vie dans la forteresse de Konigstein.

XIX.

En un mot, la manufacture royale de Meissen était soumise à toutes les conditions d'une forteresse; son pont-levis n'était jamais baissé que la nuit. Personne n'était admis dans son enceinte hormis les employés, et même, lorsque le roi accompagnait des étrangers de distinction, on avait grand soin de leur cacher les procédés.

XX.

En 1812, M. Brongniart, alors directeur de la manufacture de Sèvres, fut envoyé par Napoléon pour visiter les fabriques de porcelaine de l'Allemagne; il visita entre autres celle de Meissen. A cette époque encore, le système d'exclusion et le mystère le plus rigoureux existaient. Le roi de Saxe, à la demande personnelle de Napoléon, permit à M. Brongniart de voir la fabrique; mais pour que cette permission eût un résultat, il fut obligé de relever M. Kuhn, le directeur, de son serment. Encore M. Brongniart seul put-il voir la manufacture; la permission fut refusée à la personne qui l'accompagnait.

Ainsi donc, on fabriquait à Meissen de la porcelaine dure fine. Couleurs, formes, peinture et dorure, tout ce qui se voyait dans la porcelaine orientale était si parfaitement reproduit qu'en examinant les spécimens de cette époque conservés dans la collection de Dresde, M. Brongniart déclare qu'il ne lui eût pas été possible d'établir une différence entre eux et

la véritable porcelaine chinoise, si ces spécimens n'eussent porté la marque
de la manufacture de Meissen.

XXI.

Bottger n'eut pas la force de résister à sa fortune. Enivré par son bonheur, disposant de ressources pécuniaires qu'il n'avait pas eues jusque-là,
il tomba dans une vie de dissipation, et mourut en 1719, âgé seulement
de trente-cinq ans.

Telle fut l'origine de la manufacture de porcelaine de Dresde, qui a
obtenu depuis une célébrité universelle, et d'où l'Europe tira, pendant
plus de cent ans, les productions les plus admirées de l'art céramique.

XXII.

Le kaolin d'Aue, découvert par hasard, comme on l'a vu, continua et
continue encore d'être employé comme matière première dans la porcelaine de Saxe. On emploie actuellement deux espèces de pâte dans cette
manufacture. Celle qu'on appelle pâte de service, ou qui est employée
pour la porcelaine en général, est ainsi composée :

Kaolin d'Aue.	18
Kaolin de Sosa.	18
Kaolin de Sedlitz	36
Feldspath, etc.	8
	80

Pour la porcelaine statuaire, on mêle le feldspath de Carlsbad et du
quartz avec le kaolin d'Aue.

La fabrication de la porcelaine fine, une fois établie en Saxe, ne tarda
pas à se répandre sur d'autres points de l'Europe. La fabrique royale
eut des déserteurs parmi ses employés; on découvrit d'autres matières
premières fournissant une pâte convenable; on découvrit des strates de
kaolin dans d'autres endroits. Toutes ces circonstances empêchèrent la
Saxe de monopoliser complétement la fabrication de la porcelaine.

XXIII.

Le style de la porcelaine saxonne est connu de tous les amateurs, et,
quelle que soit l'opinion touchant le goût dont elle est faite, tous sont
d'accord pour admirer le fini de son exécution. Ceux qui ont visité la collection de Dresde connaissent la série d'animaux de grandeur presque
naturelle, et comprenant des ours, des rhinocéros, des vautours, des
paons, etc., faits pour le grand escalier qui conduit à la Bibliothèque
électorale. Ces pièces curieuses datent de 1730. A une période postérieure, lorsque la manufacture eut acquis des perfectionnements, on
fabriqua de grandes pièces ornementales en porcelaine, telles que des

plaques de consoles et de tables, dont quelques-unes mesurent de 45 à 50 pouces sur 25, et sont richement décorées de fleurs.

XXIV.

Dans les porcelaines de Dresde, ce qu'on a toujours très-admiré, ce sont les figures et les groupes grotesques, non pour leur style, mais pour leur exécution. Les costumes sont surtout admirables, et les travaux délicats, tels que la dentelle, y sont merveilleusement imités. Une des pièces grotesques qui a le plus obtenu de célébrité et qui est le plus familière aux amateurs, c'est le fameux tailleur du comte de Bruhl, dessin remarquable par la difficulté de son exécution, à cause des nombreux accessoires qu'il renferme. Le tailleur est représenté chevauchant sur un bouc, entouré de tout l'attirail, de tous les outils propres à son métier, et a environ vingt pouces de haut. Ce groupe célèbre fut composé par Kundler, en 1760, et se vend d'ordinaire environ 20 livres sterling (500 francs).

La manufacture de Dresde s'est toujours distinguée dans la représentation des fleurs. Un magnifique travail en ce genre se voyait à l'Exposition de Londres, en 1851 ; c'était un *Camellia Japonica,* avec feuilles et fleurs blanches en porcelaine, dans un pot doré, sur un support de porcelaine blanc et or. Cette pièce est cotée 90 livres sterling (2 250 francs).

XXV.

Les efforts faits pour dérober la grande découverte de Bottger et monopoliser à Dresde la fabrication de la porcelaine fine furent inefficaces. L'intérêt fut plus fort que le respect dû aux serments, et l'art, avec ses perfectionnements, se répandit bientôt sur d'autres points de l'Allemagne.

Un des principaux employés de Meissen, nommé Stobzel, avait déserté cet établissement vers l'année 1718, et s'était enfui à Vienne. Là, avec l'aide d'un Belge nommé Pasquier, et favorisé par un privilége de vingt-cinq ans que lui avait concédé l'empereur Charles VI, il établit, en 1720, une petite manufacture de porcelaine. Cependant, comme il n'avait pas assez de capitaux pour la faire marcher, elle alla en déclinant, et fut enfin achetée par l'impératrice Marie-Thérèse, en 1744, et érigée en manufacture royale. Pendant près de vingt ans, elle nécessita de grandes dépenses ; mais en 1760 elle devint productive, et en 1780 elle rapportait un bénéfice annuel de 4 000 livres sterling (100 000 francs). Le nombre des personnes qu'on employait récemment dans cette fabrique était d'environ quatre cents. Jusqu'en 1812, le kaolin ou argile à porcelaine dont on faisait usage était extrait des environs de Passau, sur les confins de la Bavière, et de Prinzdorf, en Hongrie. Récemment, on s'est servi de l'argile extraite des environs de Brün, en Moravie, et d'Unghbar, en Hongrie.

Les déserteurs de Meissen, on l'a vu, avaient livré à l'empereur d'Autriche les secrets du roi de Saxe, et fondé à Vienne une manufacture de porcelaine. Vienne, à son tour, eut ses déserteurs qui répandirent la connaissance de l'art sur d'autres points de l'Allemagne.

XXVI.

Ringler, un des fugitifs de Meissen, rompant encore une fois ses engagements et faisant fi des serments prêtés, quitte Vienne, emporte les plans des fours, s'associe avec M. Gelz, fabricant de faïence à Hochst, près de Francfort-sur-le-Mein, et met ce potier à même, avec l'aide de deux autres associés, Lowenfink et Bengraf, d'établir la manufacture de porcelaine fine.

Les princes allemands, passionnés pour les produits de cet art et jaloux d'établir, chacun dans son propre État, une manufacture royale à l'instar de celles de Dresde et de Vienne, employèrent tous les moyens de corruption et de séduction pour attirer les potiers, ou même les simples ouvriers qui étaient engagés dans les fabriques déjà fondées. Ainsi, le duc de Brunswick mit tout en œuvre pour amener le potier Bengraf à quitter son patron; il réussit, mais non sans peine, car Bengraf fut arrêté par ordre de l'électeur de Mayence, et gardé sans manger jusqu'à ce qu'il eût confessé tous les détails de ses procédés et qu'on en eût vérifié l'exactitude. Enfin on lui permit de partir, et il fonda, en 1750, la manufacture bien connue de Farstenberg, sur le Weser. Mais comme sa mort arriva avant que ses procédés eussent été mis en pratique, le duc de Brunswick ne retira aucun fruit de ses peines ni de ses dépenses. Il eut vainement recours au baron de Lang, grand chimiste de l'époque, pour trouver le moyen de réaliser les plans de Bengraf.

Ringler, étant resté à Hochst, continua de diriger cette manufacture, en ayant grand soin, toutefois, de cacher ses procédés; les travaux ne marchaient qu'en sa présence. Il se livrait à la boisson. Ses employés mirent à profit cette infirmité. Sachant qu'il portait habituellement sur lui les papiers où se trouvaient couchés ses procédés, ils le firent boire. Ringler se laissa aller à sa passion, et ne tarda guère à ne plus voir ce qui se passait autour de lui. On lui prit ses papiers; ses recettes furent copiées, recopiées, promenées à travers l'Allemagne et vendues extrêmement cher aux personnes riches, qui se crurent fort heureuses de devenir possesseurs des procédés d'un art tant et si universellement admiré.

XXVII.

Parmi ces colporteurs des recettes ou notes de Ringler, l'un des plus actifs et des plus remarquables était un certain Paul Becker, qui, après avoir parcouru la France et les Pays-Bas, se fixa enfin à Brunswick, où il reçut une pension du duc, à la condition de mettre un terme à ses pérégrination:. La plupart des notes et recettes qu'on mettait ainsi en circulation étaient ou tronquées ou apocryphes; de sorte que ceux qui en devinrent possesseurs n'en retirèrent que peu ou point de profit.

Ringler abandonna Hochst et vint à Frankenthal, où il prit pour associé un marchand nommé Hammung, et fonda une fabrique de porcelaine qui devint plus tard une des plus renommées de l'Allemagne.

XXVIII.

Il alla à Munich, où il établit, sous la protection du roi de Bavière, la fabrique de porcelaine de Nymphenburg, à quelques milles de la ville, en 1758.

Cet établissement existe encore; c'est maintenant la manufacture royale de porcelaine de Bavière. On manufacture le biscuit blanc à Nymphenburg, et l'ornementation s'exécute dans les ateliers de Munich. L'argile qu'on emploie dans cette manufacture est tirée des environs de Passau : le feldspath, de Raberstein, en Bavière, et le quartz, d'Abensburg, près de Ratisbonne. C'est de cette façon, et grâce aux indiscrétions commises par les transfuges et les déserteurs des fabriques, que la fabrication de la porcelaine vint à s'établir successivement dans les manufactures royales de Louisberg, près Stuttgard, à Berlin, à Copenhague, à Brunswick et à Pétersbourg.

Après la paix de Hubertsburgh, Frédéric II, roi de Prusse, érigea la manufacture royale de Berlin. Tandis qu'il était maître de Dresde, il envoya à Berlin une quantité considérable d'argile à porcelaine de Meissen, et quelques ouvriers de cette manufacture à Berlin, pour travailler à la manufacture de cette ville.

XXIX.

Le hasard, qui jouait de tous côtés un rôle si remarquable dans l'avancement de l'art céramique, vint encore à son aide en Thuringe.

En 1758, une vieille femme apporta au laboratoire du chimiste Macheleid une poudre qu'elle proposait d'employer, en guise de sable, pour sécher l'écriture. Le grain et la couleur de cette poudre frappèrent Henri Macheleid, fils du chimiste, qui avait étudié à Iéna; il trouva qu'elle avait beaucoup de ressemblance avec l'argile à porcelaine. Il la soumit à l'analyse, et reconnut que c'était du kaolin. Finalement, il réussit à faire de la porcelaine avec cette substance, et fonda en 1762 une manufacture à Sitzerode, qui fut, en 1767, transférée à Wolkstadt, et devint l'origine de toutes les autres manufactures de cette partie des États allemands.

XXX.

Pendant que l'art faisait de tels progrès en Allemagne, les potiers français, qui n'avaient à leur disposition ni le véritable kaolin, ni aucune autre argile douée des qualités nécessaires pour le remplacer, tentaient d'inventer une composition artificielle qui leur permît de soutenir la concurrence avec les potiers étrangers.

Le résultat de leurs tentatives fut la découverte d'une imitation de la pâte de porcelaine, qui bientôt devint la base d'une grande manufacture française et qui, pendant un demi-siècle, fut connue sous le nom de *pâte tendre* de la manufacture royale de Sèvres.

Cette matière ne renfermait ni kaolin ni feldspath, constituants essentiels de toute porcelaine véritable. Sa composition subissait de légères variations. Dans la porcelaine supérieure, on trouvait les constituants suivants, sur 100 parties en poids :

Nitre fondu	22.0
Sel marin	7.2
Alun	3.6
Soude d'Alicante	3.6
Gypse de Montmartre (plâtre de Paris)	3.6
Sable de Fontainebleau	60.0
	100.0

Ces substances bien mélangées, on les faisait cuire dans le four à porcelaine ou dans un four exprès. D'ordinaire, cependant, on calcinait l'alun et le gypse avant de dégager leur eau de cristallisation.

La pâte, nommée pâte tendre, se formait du mélange de cette fritte avec de la craie blanche et des marnes calcaires extraites de la terre gypseuse d'Argenteuil, dans les proportions suivantes :

Fritte	75
Craie	17
Terre gypseuse	8
	100

La blancheur et la consistance ou dureté de cette pâte était modifiée en variant la proportion de craie. — Toutes ces substances étaient intimement pétries ensemble, bien broyées, puis passées au tamis de soie.

Le vernis employé se composait ainsi :

Litharge	38
Sable calciné de Fontainebleau	27
Silex calciné	11
Sous-carbonate de potasse	15
Sous-carbonate de soude	9
	100

XXXI.

Cette pâte était si défectueuse, tant sous le rapport de la plasticité que sous celui de la consistance, qu'elle ne pouvait être travaillée sur la roue du potier ; on ne pouvait même la mouler qu'avec beaucoup de difficulté.

Afin de lui donner la ténacité et la consistance suffisantes pour qu'elle ne se gerçât pas, pour qu'elle ne se réduisît pas en poussière pendant le moulage, on l'unissait à environ 12 pour 100 de son poids d'un mélange de savon noir et de colle de parchemin ; plus tard, on substitua au savon une solution de gomme adragant, à laquelle on attribue les efflorescences salines qui se voient parfois sur les articles fabriqués. Pendant le tournage des pièces moulées, il se produisait une poussière saline et siliceuse extrêmement nuisible aux potiers, et qui donnait lieu à des affections pulmonaires et à des asthmes. Ce fut là un des motifs qui firent le plus vite abandonner la fabrication de la porcelaine tendre, après la découverte du kaolin.

A raison du manque de plasticité et de cohérence qu'on a signalé dans cette pâte artificielle, on rencontrait, aux diverses phases de sa fabrication, de grandes difficultés. Le manque de ténacité obligeait, quand les articles étaient dans le four, à soutenir toutes les parties saillantes pendant la cuite ; et, afin que ces parties saillantes ne fussent point déformées, il fallait que leurs supports fussent faits de la même pâte qu'elles, de sorte que toute la masse, y compris les supports, pût se contracter ensemble. Les dimensions linéaires se contractaient ou se resserraient, pendant la cuite, d'un septième, et par conséquent la grosseur ou le volume de chaque article diminuait dans la proportion de 2 à 3.

Fig. 35. Atelier du mouleur dans une fabrique de porcelaine.

CHAPITRE IV.

I. Signification de l'épithète *tendre* appliquée à la porcelaine. — II. Qualités de cette
porcelaine. — III. L'art de la faire n'est pas perdu. — IV. Origine de la manufacture
de Sèvres. — V. Efforts pour découvrir le kaolin; Paul Hannong. — VI. Découverte du
kaolin de Limoges. — VII. Anecdote de Mme Darnet. — VIII. Porcelaine anglaise de
Bow, Derby et Worcester. — IX. Argile à porcelaine de Cornouailles. — X. Propriétés
de la véritable porcelaine. — XI. Poterie de grès. — XII. Cause de la transparence.
— XIII. Distinction entre la porcelaine dure et la porcelaine tendre. — XIV. Porcelaine tendre anglaise. — XV. Préparation de l'argile. — XVI. Porcelaine appliquée à
la statuaire. — XVII. Procédé de fabrique. — XVIII. Procédé pour produire des couleurs sur la porcelaine. — XIX. Figures colorées sur les produits communs; *press
printing* et *bat printing*. — XX. Marques distinctives des manufactures. — XXI. Applications diverses et récentes de l'art.

I.

L'épithète *tendre*, appliquée à la porcelaine dont on vient de parler, ne
doit pas être entendue dans le sens du mot *mou*. Elle exprime, au contraire, deux qualités qui la distinguent de la porcelaine dure : la première,
c'est que la pâte est fusible à une température inférieure à celle où la por-

celaine dure est cuite ; la seconde, c'est que le vernis (ou la couverte) est
si mou qu'on le peut rayer avec une fourchette ou un couteau de fer.

Cette imitation artificielle de la porcelaine jouit longtemps d'une grande
célébrité ; lorsqu'on eut cessé de la fabriquer, elle fut encore plus vivement
recherchée par les amateurs, et son prix s'éleva en raison de sa rareté relative.

II.

Par ses défauts mêmes, cette porcelaine artificielle avait quelques avantages sur la porcelaine véritable faite avec la pâte de kaolin et de feldspath.
Grâce à la mollesse du vernis, les couleurs qu'on déposait dessus pouvaient
pénétrer plus ou moins profondément et paraître ne faire qu'un avec elle.
Il en résultait un effet analogue à celui qui se serait produit si elles avaient
été déposées sous le vernis ; elles conservaient néanmoins le brillant le plus
parfait. C'est là un résultat difficile à atteindre, eu égard à la facilité avec
laquelle la matière colorante est affectée par les constituants salins du vernis ; il ne s'est pas reproduit dans les articles de la manufacture de Sèvres,
depuis qu'on y a cessé la fabrication de la *pâte tendre*. Toutefois, depuis
l'Exposition universelle de Londres, quelques manufacturiers anglais se
sont appliqués à produire des effets semblables.

Il y a certains fonds colorés qui sont éminemment caractéristiques de
la porcelaine *vieux sèvres :* la pâte à porcelaine proprement dite n'est pas
au même degré susceptible de les recevoir. On distingue le beau bleu léger,
nommé *turquoise* à cause de sa ressemblance avec la couleur de la pierre
ainsi appelée ; le *gros bleu*, le *vert* obtenu du cuivre, et le rouge nommé
rose Dubarry, à cause de la préférence dont il était l'objet de la part de la
trop fameuse maîtresse de Louis XV.

Quoique ces produits artificiels ne renferment rien des constituants
essentiels de la vraie porcelaine, qu'on ne puisse leur donner ce titre ou
les regarder autrement que comme une contrefaçon de la porcelaine, on
doit cependant confesser que, par leurs qualités superficielles, extérieures.
c'est une belle copie d'un bel original, et qu'ils exigent, dans leur préparation comme dans leur fabrication, des ressources scientifiques et artistiques beaucoup plus profondes que leur modèle, lequel se compose surtout de matériaux que la nature se charge de fournir, et qu'on emploie à
peu près dans l'état où elle les fournit. Pour découvrir et combiner convenablement les éléments compliqués de la porcelaine artificielle, il a fallu de
patientes recherches, une grande habileté chimique, une sagacité, une persévérance, un talent remarquables. Pour fabriquer la vraie porcelaine, que
fallait-il ? Il suffisait que le premier potier venu mît la main sur une veine
de kaolin et de feldspath.

La fabrication de la porcelaine artificielle commença. en France.

vers 1695, et se poursuivit pendant plus d'un siècle. On ne signala en France l'existence du vrai kaolin qu'en 1768, époque où fut commencée la fabrication de la porcelaine royale, qui se continua concurremment avec celle de la porcelaine artificielle, jusqu'en 1804. A cette date, on cessa de fabriquer celle-ci, et, depuis ce temps, la Manufacture royale de France n'a produit que la porcelaine royale.

III.

Parmi les amateurs de porcelaine, il en est un certain nombre, même parmi les mieux renseignés d'ailleurs, qui croient que l'art de fabriquer la porcelaine tendre de Sèvres a été perdu, et que, puisqu'il est impossible de reproduire les articles, ils doivent nécessairement avoir une grande valeur sur la place. Il y a là une erreur. On conserve à Sèvres tous les éléments, tous les procédés nécessaires pour la fabrication de la porcelaine artificielle, et cette fabrication peut être reprise quand on voudra. Si nous sommes bien informé, l'administration n'en serait pas éloignée; la pâte tendre peut être appliquée avec avantage aux articles d'ornement, vases, tableaux, etc.

En 1695, lors du premier essai de la fabrication de la pâte tendre, la fabrique de Saint-Cloud était la propriété d'un particulier nommé Morin. L'invention de cette pâte artificielle fut le résultat de vingt-cinq ans de travaux et de recherches. Cette fabrication commença donc environ quinze ans avant la découverte du kaolin et la fabrication de la porcelaine vraie ou dure de Dresde.

IV.

L'établissement qui depuis a obtenu tant de célébrité sous le nom de manufacture de Sèvres fut d'abord à Vincennes. Ce ne fut dans le principe qu'une entreprise privée. En 1753, Louis XV en devint copropriétaire; il avait un tiers dans les bénéfices. L'établissement put porter le titre de Manufacture royale de porcelaine. Vers 1754, il s'acquit un renom important pour la perfection extraordinaire et la beauté de ses produits, et surtout à cause d'un magnifique service offert par le roi à l'impératrice Catherine de Russie. La manufacture dut dès lors s'agrandir; les constructions de Vincennes se trouvèrent trop limitées pour l'étendue de ses opérations. On éleva au village de Sèvres, sur la grande route de Paris à Versailles, une construction immense, et la manufacture y fut transférée en 1756.

Peu d'années après, le roi désintéressa les autres propriétaires, et la manufacture devint et n'a cessé d'être depuis lors la propriété exclusive de l'État.

V.

Il est aisé de croire que la célébrité de la porcelaine allemande, et plus spécialement de celle de Saxe, excita le plus vif désir et fit faire de constants efforts pour trouver en France le précieux minéral sans lequel la porcelaine véritable ne se pouvait fabriquer. Il y avait deux questions à résoudre : d'abord, il fallait déterminer quelle était la matière première employée, ce qui était encore un secret; ensuite, il fallait chercher si elle se trouvait en France.

En 1753, avant la translation de la manufacture royale de Vincennes à Sèvres, Paul Hannong, de Strasbourg, qui était propriétaire de fabriques de faïence et de porcelaine à Haguenau, et qui connaissait les matières premières, ainsi que les procédés de fabrication de la porcelaine allemande, fit proposer à M. Boileau, directeur de la manufacture de Vincennes, de vendre à cet établissement le secret de la fabrication. Il demandait 4 000 liv. sterl. (100 000 francs) comptant, et une rente viagère de 480 liv. sterl. (12 000 francs). Cette proposition fut refusée ; en 1754, un décret royal prohiba la translation de la fabrique en France, et Hannong l'établit à Frankenthal.

Hannong eut pour successeur son frère Pierre-Antoine. Le gouvernement français ouvrit avec celui-ci des négociations que les demandes exorbitantes de Paul avaient fait rompre. Les ministres de Louis XV n'épargnèrent rien pour assurer à la France la possession d'un art si estimé, et pour l'affranchir de la nécessité d'obtenir par l'importation un article du plus haut prix. M. Boileau, directeur de la Manufacture royale de Sèvres, fut envoyé à Frankenthal, muni de pleins pouvoirs, et un contrat fut signé le 29 juillet 1761, par lequel Pierre-Antoine Hannong s'engageait à faire connaître les matières premières et les procédés employés dans la fabrication de la véritable porcelaine. Cependant l'exécution de ce contrat avantageux à la France fut rendue impossible par ce fait, non prévu, que les matières premières (kaolin et feldspath) indispensables à la fabrication de la porcelaine, n'ayant pas été découvertes en France, ne pouvaient être tirées que des pays où l'exportation en était prohibée. Dans ces circonstances, le traité passé avec Hannong fut résolu. Pour le dédommager, toutefois, le gouvernement lui donna une somme de 4 000 francs et lui assura une rente viagère de 1 200 francs.

VI.

Enfin, on touchait au moment où le hasard allait faire aussi pour la France ce qu'il avait fait ailleurs. On allait y découvrir aussi le kaolin.

Mme Darnet, femme d'un médecin de campagne, habitait Saint-Yrieix, près de Limoges. Elle trouva par hasard, dans une vallée du voisinage de cette ville. une terre blanche onctueuse qu'elle considéra comme pouvant être utile dans le blanchiment de la toile. Elle la montra à son mari, qui, mieux informé, soupçonna que cette terre pouvait avoir d'autres propriétés plus précieuses, et fit un voyage à Bordeaux, afin de la soumettre à un chimiste de cette ville, nommé Villaris. Celui-ci, qui connaissait déjà les qualités nécessaires de l'argile à porcelaine et l'empressement avec lequel on la recherchait, soupçonna que le spécimen de M. Darnet possédait ces qualités. Il l'envoya donc à Paris au chimiste Macquer, qui alors s'occupait d'expériences pour perfectionner la porcelaine. Il reconnut immédiatement dans cet échantillon d'argile le kaolin véritable, et se rendit à Saint-Yrieix au mois d'août 1768, où il trouva un filon de cette précieuse substance. On fit des expériences à Sèvres, et il ne fut plus possible de conserver aucun doute; le kaolin de Saint-Yrieix, près Limoges, fut immédiatement adopté, et la fabrication de la porcelaine dure commença.

VII.

M. Brongniart rapporte une anecdote curieuse qui se rattache à ce sujet. En 1825, lorsqu'il était à Sèvres, où il se trouvait encore directeur de la manufacture, une femme âgée s'adressa un jour à lui, implorant son assistance et paraissant réduite à la plus grande nécessité. Elle demandait de quoi retourner à pied à Saint-Yrieix, d'où elle était venue. Cette femme n'était autre que M*** Darnet, par qui le kaolin de Limoges avait été découvert. Le secours qu'elle demandait lui fut immédiatement procuré, et, sur la demande de M. Brongniart, le roi lui accorda une petite pension sur la liste civile, pension dont elle jouit jusqu'à sa mort.

VIII.

La première porcelaine anglaise fut fabriquée à Bow et à Chelsea, près de Londres ; la pâte se composait d'un mélange du sable d'**Alum-Bay**, dans l'île de Wight, avec une argile plastique et du cristal anglais pulvérisé. Elle était couverte d'un vernis à base de plomb. Cette fabrication eut beaucoup de succès.

En 1748, la manufacture fut transférée à Derby ; et, en 1751, le docteur Wales établissait à Worcester une manufacture de porcelaine tendre, la *Worcester Porcelain Company*, qui existe encore, mais dans d'autres mains. On attribue au docteur Wales l'invention de l'impression sur porcelaine, en transportant les modèles imprimés du papier sur le biscuit. On grave d'abord sur cuivre le dessin voulu ; la matière colorante est appliquée sur la gravure comme dans l'impression en taille-douce ordinaire, et le dessin est transporté sur papier. Ce papier s'applique ensuite sur le biscuit, auquel vient adhérer la matière colorante formant le dessin; on dissout le papier, on lave, et la matière colorante reste seule sur le biscuit. Un vernis de verre est alors étendu sur le dessin du biscuit, de sorte qu'après la vitrification de ce vernis, le dessin se voit sous le verre.

La *Worcester Porcelain Company* ne manufacturait guère, dans le principe, que de la porcelaine blanche et bleue, à l'imitation de celle de Nanking, et faisait la poterie du Japon. Cookworthy, de Plymouth, continua la fabrication de la porcelaine à Worcester jusqu'en 1783, époque où la manufacture fut prise en main par M. Thomas Flight.

IX.

Vers 1751, MM. Littler, Yates et Baddeley tentèrent la fabrication de la porcelaine dans le Staffordshire, mais sans succès ; ce ne fut qu'en 1765 que MM. Baddeley et Fletcher réussirent à la fabriquer à Shelton.

Le kaolin ou l'argile à porcelaine, comme on l'appelle ordinairement, employé à la fabrication de la porcelaine anglaise, se trouve dans les comtés de Cornwall, de Devon et de Dorset. Le kaolin de Cornouailles fut découvert, à peu près dans le même temps que celui de Saint-Yrieix en France, par Cookworthy, en 1768. C'est le plus estimé, et son introduction dans la fabrication de la porcelaine donna à l'art une grande impulsion.

X.

Les qualités qui distinguent la porcelaine des productions inférieures du potier sont la densité, la blancheur, la transparence et la fine texture du vernis. La compacité est surtout ce qu'on souhaite d'atteindre. Le vernis ou couverte de la porcelaine aurait la douceur du velours, et non le brillant du satin, si l'on n'avait soin de prendre un vernis qui fonde difficilement et de le porter à la température (non au delà) nécessaire à sa fusion.

XI.

La poterie de grès est une fort belle espèce de poterie, et, plus qu'aucune autre, approche de la porcelaine. Elle est extrêmement dense et compacte, à ce point même que, quoique les vases dont elle est faite soient d'ordinaire vernissés, ce vernis ou couverte leur est plutôt donné pour flatter l'œil que pour les préserver de l'action des liquides. Bien faite et bien cuite, la poterie de grès est assez dure pour faire feu sous le briquet, et dure autant que la porcelaine.

XII.

La transparence de la porcelaine a pour cause la vitrification de l'un des constituants de la pâte pendant la cuite. Les autres constituants étant beaucoup plus réfractaires, les produits gardent leur forme absolument comme un vase poreux, un pot à fleurs, par exemple, garderait la sienne s'il était complétement saturé d'eau. La transparence ainsi produite dans la porcelaine est un phénomène du même ordre que celui qui se passe lorsqu'on sature de cire fondue du papier ou du linge. Le constituant vitrifiable qui rend la porcelaine transparente est en général le feldspath ; dans quelques cas, cependant, c'est la chaux qui, entrant en combinaison avec l'alumine et la silice de l'argile, forme un silicate double d'alumine et de chaux, plus fusible encore que le silicate simple d'alumine. L'oxyde de fer produit un effet semblable ; mais comme il donne une couleur à la pâte, on ne peut l'employer que dans les produits plus vulgaires. En augmentant la proportion du constituant vitrifiable, on communique aux produits une transparence plus grande, mais le corps devient moins plastique, plus sujet à se déformer et plus difficile à travailler.

XIII.

Il est important de bien saisir la distinction qui existe entre la porcelaine dure, dont la fabrication, comme on l'a vu, remonte, en Orient, à une date fort ancienne, et les variétés de porcelaine tendre. Le corps de celle-ci est plus fusible que celui de l'autre. Cette propriété lui est donnée par l'introduction d'une proportion plus grande de constituants alcalins, c'est-à-dire de feldspath ou de silicate alcalin expressément préparés dans ce but, et nommés *frittes*. Le vernis employé dans ces porcelaines est aussi plus fusible que celui de la porcelaine dure ; cette qualité, il la doit à une certaine proportion d'oxyde de plomb qui entre dans sa composition.

Dans certaines espèces de porcelaine tendre, il n'entre aucune sorte d'argile : le corps entier n'est formé que d'une fritte artificielle. Ces produits, quelque beaux qu'ils soient, quel que soit le fini de leur travail, quelle que soit la richesse de leurs ornements, ne sauraient être qualifiés du titre de porcelaine. Ce n'est au plus qu'une ingénieuse imitation de celle-ci ; c'est un objet doré près d'un objet d'or. Tels sont pourtant les articles tant admirés, tant prisés, sous la dénomination de *porcelaine vieux sèvres*.

XIV.

La porcelaine anglaise, et certaines espèces qu'on produit encore dans quelques manufactures de France, appartiennent à la classe de la porcelaine tendre, quoique non identiques ni mêmes ressemblantes au vieux sèvres. La porcelaine anglaise se compose principalement des argiles du Cornwall, du Devon et du Dorsetshire. La première est d'une qualité supérieure : les potiers l'appellent même *China clay* (argile à porcelaine) ; elle entre pour beaucoup dans la composition des meilleurs produits. C'est du feldspath décomposé du granit ; les marchands d'argile la préparent eux-mêmes dans le Cornwall (Cornouailles), avant de l'expédier aux poteries. Le Cornwall possède des masses immenses de granit blanc qui, sur plusieurs points, se trouve en partie décomposé ; celui qu'on rencontre en cet état, on l'extrait et on le prépare pour les poteries.

XV.

Voici la préparation qu'on lui fait subir : la roche, après avoir été brisée avec le pic, est déposée dans une eau courante ; les parties argileuses légères sont ainsi emportées et tenues en suspension ; le quartz et le mica, étant séparés, vont tomber près de l'endroit d'où la roche a été extraite. A l'extrémité des ruisseaux d'eau courante sont des espèces de mares où l'eau est enfin arrêtée, et où l'argile pure dont elle est chargée peut se déposer ; le dépôt effectué, l'eau est mise en liberté. C'est alors qu'on extrait l'argile en blocs carrés et qu'on la place sur de fortes planches, nommées *linnees*, disposées de manière à permettre à l'air de circuler librement, afin que l'argile puisse convenablement sécher. Ainsi préparée, cette argile présente une masse extrêmement blanche, pouvant être écrasée et réduite à l'état de poudre impalpable. On l'envoie dans cet état aux poteries sous le nom de *China clay* (argile de Chine ou à porcelaine).

XVI.

Depuis quelques années, l'Angleterre a devancé le continent dans une voie nouvelle ; on veut parler ici de la fabrication de la porcelaine statuaire. Cette belle branche de l'art de la production a presque été créée, dans les six ou sept dernières années qui viennent de s'écouler, par quelques-unes des manufactures les plus remarquables du Staffordshire.

Comme toutes les innovations, celle-ci a subi des modifications, mais des modifications heureuses. D'abord, la matière statuaire se bornait à une couche superficielle, mince, déposée sur un corps ordinaire. Aujourd'hui l'objet se compose d'une masse homogène de porcelaine statuaire. Les articles ainsi produits sont supérieurs par la qualité, mais d'une fabrication beaucoup plus difficile, car la contraction qui se fait dans le four est beaucoup plus grande, et par conséquent les pièces, surtout celles d'une forme compliquée et d'une grandeur considérable, sont plus susceptibles de se déformer et de se briser. La contraction ou réduction qu'elles subissent est du quart de leur grandeur originelle. De cette manière, si une figure, en sortant du moule, a quatre pieds de hauteur, elle n'en a plus, en sortant du four, que trois ; toutes ses dimensions décroissent à proportion. La contraction réelle dans les dimensions cubiques, qui correspond à celle-ci, est supérieure à la moitié, de sorte que la matière cuite est contenue dans un espace moins de moitié moins grand que celui occupé par la matière non cuite.

XVII.

Le procédé par lequel on produit la porcelaine statuaire est celui qu'on appelle fonte ; il est, sous beaucoup de rapports, le même que celui par lequel on reproduit en métal les creux des objets. — Si l'objet qu'on veut faire ne peut être coulé d'une seule pièce, on fait un moule avec du plâtre de Paris : il se compose de deux parties qui peuvent s'unir par des surfaces parfaitement planes et égales ; chaque partie possède une empreinte profonde d'un côté. On peut se faire une idée suffisamment nette d'un pareil moule en regardant un moule à balles ordinaire.

Lorsque les deux parties du moule sont mises en contact, il y a à l'intérieur un espace creux dont la forme correspond exactement à la figure qu'on veut reproduire, et sur un côté une petite ouverture à travers laquelle le liquide peut être introduit.

En la mélangeant avec son poids d'eau, ou environ, l'on amène la pâte statuaire à la consistance d'une crème épaisse ; quand le mélange est complet et forme un tout parfaitement homogène, on le verse dans le moule, qui en demeure rempli pendant un certain temps, plus ou moins, suivant l'épaisseur qu'on entend donner à la matière statuaire composant l'objet. Pendant cela, le moule de plâtre boit l'eau de la portion du liquide crémeux ou *slip* (barbotine), comme on l'appelle, en contact avec lui ; de cette façon, une couche de pâte, dans un état suffisamment sec pour avoir de la cohérence, demeure attachée à la surface du moule. Dans le moule se trouve cette portion du *slip* qui est encore à l'état liquide. On l'en fait disparaître par un petit trou pratiqué dans le moule à cet effet, et celui-ci reste avec une couche solide de pâte d'une certaine épaisseur.

Si l'on veut rendre la couche du moule plus épaisse, afin de donner plus de force et plus de poids à l'objet moulé, on répète le procédé ; et pour égaliser l'épaisseur du dépôt, on renverse le moule, s'il n'est pas trop grand, chaque fois qu'il reçoit une nouvelle addition de slip.

L'épaisseur de l'objet peut varier depuis celle d'une coque d'œuf à celle exigée pour les objets des plus vastes dimensions possibles. On fait sur le continent une belle application de ce procédé, en produisant un article mince, délicat, nommé *porcelaine coque d'œuf.*

Lorsqu'on a à produire une grande figure, le procédé est plus complexe. Supposons que la hauteur du modèle soit de 24 pouces. Au préalable, on fait des moules distincts, indépendants, pour les différentes parties du sujet ; dans les sujets complexes, grands, le nombre de ces moules s'élève parfois à quarante ou cinquante.

En supposant que la figure ou le groupe mesure 24 pouces de haut, la réduction qui a lieu avant que ces fontes puissent être retirées du moule (réduction causée par la nature absorbante du plâtre dont le moule est

formé) est égale à un pouce et demi sur la hauteur. Les fontes sont alors
réunies ensemble par le *metteur en figure ;* les coutures résultant des
marques auxquelles ont donné lieu les subdivisions des moules sont effacées avec soin, et l'on travaille le tout de manière à donner à la fonte le
même degré de fini que celui du modèle. On fait ensuite complétement
sécher le travail, pour le mettre en état d'être chauffé ; car s'il était introduit dans le four humide encore, la contraction brusque résultant du haut
degré de chaleur à laquelle il serait soudainement exposé le ferait fendre ;
pendant cette opération, il subit encore une perte d'un pouce et demi, et
se trouve réduit à 21 pouces de haut. Pendant qu'il chauffe dans le four
bisque, épreuve la plus dangereuse pour lui, il subit encore une diminution
de 3 pouces, et se trouve alors réduit à 18 pouces de haut ; il a donc alors
6 pouces, ou un quart, de moins que le modèle. Il perd donc, durant le
cours de l'opération entière, un quart de ses dimensions linéaires, c'est-
à-dire plus de la moitié de ses dimensions cubiques. — Telle est, néanmoins, l'habileté consommée des fabricants de ce beau produit artistique,
que, dans les bons spécimens, on ne saurait découvrir le plus petit défaut
dans la forme ou le dessin.

La perfection que cette branche de l'art du potier a récemment atteinte
porte à croire qu'elle sera pour la sculpture ce que la gravure a été pour la
peinture, mais beaucoup plus étroitement, puisque l'identité de couleur,
de texture, de dessin, est complète.

XVIII.

Les couleurs employées à l'ornementation de la porcelaine sont produites par certains oxydes métalliques combinés avec d'autres substances nommées *fondants*, qui ont pour effet de faciliter la fusion.
Ainsi, l'oxyde d'or produit les teintes de rouge telles que le cramoisi, le
rose-rouge et le pourpre. Les couleurs rouges sont produites aussi par les
oxydes de fer et de chrome. Les mêmes oxydes, aussi bien que ceux de
cobalt et de manganèse, produisent des couleurs noires et des couleurs
brunes ; ceux d'uranium, de chrome, d'antimoine et de fer, produisent la
couleur orange ; ceux de chrome et de cuivre, le vert ; ceux de cobalt et de
zinc, le bleu. Les fondants de ces différents oxydes sont le borax, la silice,
l'oxyde de plomb, etc.

. Ces substances colorantes sont employées avec des huiles essentielles et
la térébenthine. Ce qui rend pénible et difficile le travail de l'artiste, c'est
que les teintes qu'elles ont sur la palette sont très-souvent différentes de
celles qu'elles ont après avoir subi la chaleur nécessaire ; celle-ci non-seulement emporte la couleur véritable, mais, en ramollissant partiellement
le vernis et le fondant, elle fixe la couleur à l'objet même. On saisira de
suite la gravité de cet inconvénient, si l'on réfléchit à la délicatesse de teinte

qu'il faut parfois, comme dans les chairs, par exemple. Mais ce n'est pas tout. Comme une chaleur définie peut seule donner à une couleur une teinte parfaite, comme la couleur varie incessamment avec les degrés de chaleur, il y a pour elle un autre risque à courir : c'est celui qui résulte du degré plus ou moins grand de chaleur qu'elle est susceptible de recevoir. ce qu'on exprime par les mots *surchauffé* et *sous-chauffé*. Pour montrer l'importance du fait, nous citerons la couleur rose, ou la cramoisie, qui, lorsque le peintre l'emploie, est d'un violet crasseux ; pendant le chauffage, cette couleur varie avec l'accroissement de la chaleur, passe du brun au rouge sombre, et du rouge sombre à la teinte qui lui est propre. Mais si, par inadvertance, le fournier laisse la température excéder le degré voulu, la beauté et le brillant de la couleur sont détruits sans remède ; la couleur devient pourpre sombre. Si, d'un autre côté, le feu n'est pas assez vif, la couleur présente une des nuances intermédiaires qu'on a précédemment décrites ; mais, dans ce cas, un complément de chaleur la fera ce qu'elle doit être. Il faut signaler encore les risques de rupture que courent surtout les pièces importantes, pendant qu'elles sont dans les fours, si l'on augmente ou diminue trop brusquement la chaleur. Ces vicissitudes, ces inconvénients. rendent la peinture sur émail fort pénible et vraiment décourageante, mais donnent à ses produits, quand ils sont bien réussis, une valeur que l'on comprend sans peine.

Dans l'émaillure, la première opération qu'on exécute est la pose du fond ; elle est extrêmement simple, et veut surtout une grande légèreté de main. Une couche d'huile bouillie, convenablement préparée, est étendue sur l'objet avec un pinceau, puis nivelée, ou, comme on dit en termes techniques, *bosselée*, jusqu'à ce que la surface soit parfaitement uniforme ; car le dépôt d'un peu plus d'huile sur un point que sur un autre ferait adhérer une quantité de couleur proportionnée, et produirait, par conséquent, une variation dans la teinte. Si l'on a à préserver un ornement ou un objet blanc quelconque sur le fond, il faut recourir à une autre opération, celle de la *peinture au patron*. Le patron (c'est en général un mélange de rose, de sucre et d'eau) est étendu, suivant la forme de l'objet, au moyen d'un pinceau, de manière à protéger complétement la surface de l'objet, à le mettre à l'abri de l'huile: puis on fait le fond, comme il a été dit. On sèche alors au four, pour faire durcir l'huile et la couleur, et on plonge dans l'eau, qui pénètre dans le patron. Le sucre s'amollit ; on l'enlève facilement ; il emporte avec lui une partie de la couleur ou de l'huile qui peut se trouver dessus, et laisse l'objet parfaitement net. Quelquefois, lorsqu'il est besoin d'une grande épaisseur de couleur, il faut mettre de nouvelles couches de couleurs. — En général, les artistes chargés de faire les fonds travaillent. et ils devraient toujours le faire. avec un bandeau sur la bouche. pour éviter de respirer la poussière des couleurs, dont un grand nombre sont extrêmement délétères. *Bosselage* est le mot consacré pour exprimer le procédé par lequel on exécute les surfaces unies de diverses couleurs sur la porcelaine décorée. La bosse est faite en cuir mou.

La dorure se fait comme il suit. L'or, après avoir été préparé avec du mercure et un fondant, a l'aspect d'une poussière noire; on l'emploie avec la térébenthine et des huiles semblables à celles des couleurs de l'émail, et on se sert pareillement du pinceau ordinaire en poil de chameau. Il se répand très-facilement et peut former également de vastes bandes et fonds massifs, ou rendre les délicatesses les plus exquises du dessin le plus compliqué.

Pour n'être pas obligé de dessiner le patron sur chaque pièce d'un service, ce qui serait difficile et coûteux, lorsqu'il est très-compliqué, on emploie une ponce et l'on saupoudre le dessin au travers avec du charbon. Ce procédé assure aussi l'uniformité de forme et de dimension. Les femmes sont exclues de ce genre de travail; cependant, par sa simplicité, par l'agilité qu'il demande, il semble leur parfaitement convenir. Le chauffage rend à l'or sa véritable teinte. D'abord mat, il devient ensuite brillant quand il a subi une autre opération, celle du brunissage.

XIX.

L'ornementation des qualités inférieures de produits, telles que celles dont on fait usage pour la table, et dans lesquelles on ne voit qu'une seule couleur, s'exécute par un procédé semblable à celui de l'impression en taille-douce. Deux procédés sont employés, l'un nommé *press printing*, et l'autre *bat printing*. Dans le premier, le dessin est formé sur l'article avant de recevoir le vernis; il est ensuite couvert et protégé par le vernis, à travers lequel, eu égard, à sa transparence, il est visible. Dans le second, au contraire, le dessin est tracé sur le vernis et fixé dessus par l'émaillure.

Dans les deux cas, on exécute d'abord le dessin sur une planche de cuivre. Dans le premier (*press printing*), il doit être gravé très-profondément, afin de retenir assez de couleur pour être parfaitement transporté sur les articles. L'atelier de l'imprimeur est meublé d'un poêle ayant une plaque de fer immédiatement au-dessus du foyer pour chauffer la couleur tandis qu'on l'emploie, d'un rouleau, d'une presse et de cuves. L'imprimeur a pour auxiliaires deux femmes (*transferrers,* transporteuses) et une jeune fille (*cutter,* coupeuse). La planche de cuivre est chargée de couleur mêlée à de l'huile bouillie épaisse, pendant qu'elle est tenue sur la plaque chaude du fourneau, afin de conserver la couleur à l'état fluide; la partie gravée étant remplie, le superflu de la couleur est enlevé de la surface du cuivre, gratté avec un couteau, qu'on nettoie ultérieurement avec une *bosse* faite de cuir. Une huile très-épaisse est nécessaire pour empêcher les différentes parties du dessin de glisser en une masse ou de devenir confuses, pendant qu'il est pressé par le frotteur dans l'opération de la translation. Une feuille de papier de la dimension convenable et d'une texture particulièrement mince, appelée *tissu de poterie,* après avoir été saturée d'une légère solution de savon et d'eau, est placée sur la planche de cuivre, et, après avoir été soumis à l'action de la presse, le papier est enlevé avec soin ; la gravure est placée sur le poêle, portant les couleurs et le dessin dont la planche était couverte. On étend alors le papier sur les objets, et on le frotte sur eux avec de la flanelle. Pendant ce temps, le dessin coloré sur le papier est en partie absorbé par la surface non vernissée des objets, et en partie retenu à cette surface. Les objets sont alors plongés dans l'eau, qui ramollit le papier et le dissout en partie ; on l'enlève avec une éponge, et le dessin coloré reste seul sur la surface des objets. L'huile contenue dans la matière colorante est alors dégagée par l'exposition à la chaleur d'un four nommé four à durcir, après quoi le dessin est revêtu de matière colorante parfaitement sèche, et les objets sont vernis. Quand il est couvert du vernis cru, le dessin est tout à fait invisible, le vernis étant opaque en cet état ; mais lorsqu'il est vitrifié dans le four, il devient transparent, et le vernis se voit au travers.

Dans le second cas *(bat printing*), l'impression ne se fait pas sous le vernis, comme précédemment, mais dessus ; la gravure est extrêmement fine et pas plus profonde que pour les gravures ordinaires des livres. La planche de cuivre est d'abord couverte d'huile de graine de lin, puis nettoyée à la main, pour que la partie gravée en conserve seule. Une préparation de colle forte, ayant une épaisseur d'un quart de pouce, est coupée suivant les dimensions du sujet et appliquée dessus ; on l'enlève immédiatement, et elle emporte à la surface l'huile dont la gravure était remplie. On presse alors la colle forte sur les articles avec la partie huileuse qui touche le vernis ; on l'enlève encore, et le dessin reste à peine visible. On étend dessus la couleur avec du coton de laine ; cette couleur adhère à l'huile en quantité suffisante pour que l'impression soit parfaite et prête à être chauffée dans les fours à émaux.

XX.

Toutes les grandes manufactures de porcelaine ont, imprimée soit sur le dos, soit sur tout autre point non visible de chacun de leurs produits, une marque particulière et distinctive, qui permet toujours de reconnaître le lieu de fabrication. Il ne sera pas hors de propos d'indiquer quelques-unes des principales de ces marques.

La porcelaine de Dresde fabriquée à la manufacture royale de Meissen a pour marque deux épées en croix, comme on le voit ici.

La porcelaine anglaise fabriquée dans la célèbre manufacture de   ℔
Chelsea est marquée d'une ancre à deux branches, de cette façon : ⚓
La porcelaine de Derby porte ce chiffre :

Le vieux sèvres fabriqué depuis le 19 août 1753 jusqu'à
l'abolition de la royauté, en 1793, est marqué du chiffre :
Pendant la république, — de 1793 à la fin de 1800, — la
marque de la porcelaine de Sèvres consistait simplement dans les deux
initiales R. F. (République Française).
De 1800 à 1804, les articles portèrent les caractères suivants :

M. N^le (Manufacture nationale).
SÈVRES
— " =

Sous l'empire, de 1804 à 1814, les mots *Manufacture Impériale,
Sèvres,* furent imprimés sur la porcelaine.
De la restauration à la révolution de 1830, les articles portèrent le
chiffre royal, deux L ou deux C (Louis ou Charles).
De 1830 à 1834, on adopta pour marque le symbole de l'égalité, *un
double triangle équilatéral;* mais de 1834 à la révolution du 24 février 1848, chaque article fut revêtu du chiffre de Louis-Philippe.
Ces indications permettront à l'amateur de déterminer l'époque où eut
lieu la fabrication des articles qu'il aura sous les yeux.

XXI.

Dans la branche d'industrie dont il s'agit, ce qui frappe principalement,
c'est le grand nombre et la diversité d'usages auxquels l'habileté du fabricant a su plier ses produits. A la grande Exposition de 1851, il n'est personne qui n'ait constaté ce fait. Parmi les spécimens qu'on y voyait ras-
semblés, on remarquait, par exemple, des manteaux de cheminée en
porcelaine statuaire. Les avantages résultant de cette application de la
porcelaine statuaire sont nombreux. Ainsi, elle dure plus longtemps, elle
se décolore et se tache infiniment moins rapidement que le marbre. Au
nombre des produits qu'on en fabrique, on doit signaler des plateaux et
des plaques pour cheminées, des dessus de consoles et d'échiquiers, des
panneaux de portes et de volets, des tuiles pour parquetage et massifs,
des terres cuites pour vases et pots de jardin.
Les tuiles encaustiques pour parquetage ornemental méritent une mention spéciale. Cette partie a récemment acquis une importance considérable et donné lieu à une exportation de quelque étendue. On en exporte

aux États-Unis, aux colonies, dans certaines parties de l'Europe. Le palais du sultan, à Constantinople, est pavé avec ces tuiles, ainsi que la chambre des lords, Osborne-House, et Saint-George's-Hall, à Liverpool. Ce genre de parquetage est généralement adopté pour les églises, les habitations privées, les conservatoires, etc. Il a autant de durée que le marbre, est moins sujet à se maculer, et peut recevoir le dessin qui plaît à l'acheteur.

Comme échantillon de poterie sur une grande échelle, la figure de Galatée, haute de 7 pieds, doit fixer l'attention. C'est le plus vaste et le plus parfait morceau de poterie qui ait encore été produit en une seule pièce.

Parmi les applications ornementales et purement artistiques de l'art, on ne saurait omettre les copies de peintures, souvent sur une fort grande échelle, faites en émail sur plaques de porcelaine. Ces belles productions de l'art céramique sortent, à peu près exclusivement, des fabriques nationales de France et de Saxe.

Les portraits de la reine et du prince Albert, qu'on voyait dans la grande aile du palais de cristal, sont de beaux spécimens des plus grandes peintures sur porcelaine qu'on ait produites à la manufacture de Sèvres. Chacun des deux portraits est de demi-grandeur et peint sur une seule plaque de porcelaine. Ce sont des copies des portraits bien connus de Winterhalter; elles furent exécutées par ordre de Louis-Philippe et présentées à Sa Majesté. Commencées avant la révolution de 1848, elles ne furent terminées qu'après ce grand événement. Louis-Philippe les réclama comme étant sa propriété privée, et le gouvernement de la république les lui rendit. Le portrait du prince Albert éprouva un accident; il fut brisé. Louis-Philippe voulait en faire faire un autre, mais la reine d'Angleterre s'y opposa; elle le fit réparer à Sèvres, et les portraits furent ensuite envoyés en Angleterre. L'auteur du portrait de Sa Majesté est A. Ducluzeau, et celui du portrait du prince Albert, A. Bezanget.

Dans les collections de peintures et de vases exhibées à l'exposition de Londres par la manufacture nationale de Sèvres, on doit mettre au premier rang les suivantes :

La Vierge, dite la *Vierge au voile,* par Mme Ducluzeau, copiée d'après le célèbre tableau de Raphaël au Louvre. La porcelaine a la même grandeur que l'original, et mesure 26 pouces sur 19. Ce travail fut exécuté en 1847-48 ; sa valeur est de 1 000 livres sterling (25 000 francs). Une autre copie du Tintoret, sur plaque de porcelaine de 45 pouces de hauteur, par Mme Ducluzeau; prix, 880 livres sterling (22 000 francs). Une Fleur, sur plaque de porcelaine de 40 pouces de haut, par M. Jacober, 800 livres sterling. Un portrait du président Richardeau, par M. Béranger, 440 livres. Un portrait de Van-Dyck, par Mme Ducluzeau, 280 livres. Un tableau sur porcelaine, de 8 pouces de haut, réduction de la *Madone* de Raphaël, par M. Constantin, 100 livres.

Fig. 43. Atelier de la cuite dans les manufactures de porcelaine.

CHAPITRE V.

I. Ébauchage. — II. Tournassage. — III. Moulage. — IV. Tournassage et moulage combinés. — V. Vernis. — VI. Cuisson du biscuit. — VII. Fours. — VIII. Fours de Sèvres. — IX. Statistique de la poterie.

I.

L'explication rapide, donnée dans les pages qui précèdent, de quelques-uns des procédés par lesquels on obtient les superbes produits de cette branche d'industrie, sera comprise sans difficulté par toutes les personnes qui ont eu le plaisir et l'avantage de visiter quelque grande manufacture de porcelaine. Pour les personnes qui n'ont pas eu le même avantage, on entrera ici dans des explications plus étendues, et l'on profitera de l'occasion pour mettre sous les yeux quelques esquisses d'une exécution parfaite, représentant l'intérieur des principaux ateliers d'une manufacture de porcelaine. Ces esquisses, préparées sous la direction de feu M. Brongniart, directeur de la manufacture de Sèvres, ont été exécutées par M. Charles Develey, artiste de l'établissement, qui possédait, suivant

M. Brongniart, un merveilleux talent pour saisir le trait caractéristique de chaque classe d'ouvriers, leurs attitudes et leurs mouvements particuliers pendant leur travail.

Les matières premières qui servent à la fabrication des pièces sont, comme on l'a vu : 1° le kaolin, ou argile à porcelaine, et 2° le silex. Le premier de ces deux ingrédients est préparé par le marchand d'argile, dans le Cornouailles ou dans tout autre lieu où se rencontre l'argile, et livré au potier prêt à être mélangé avec la terre siliceuse; mais le second se prépare dans les poteries mêmes, par le procédé suivant :

D'abord on calcine les pierres siliceuses; ce qu'on exécute dans un four semblable à un four à chaux. Les pierres sont séparées par des couches alternatives de charbon, et la cuisson exige d'ordinaire environ vingt-quatre heures. Ces pierres sont alors très-blanches, fort cassantes, et prêtes à être broyées par le *bocard*, machine composée d'arbres de bois verticaux, longs de 6 pieds, et d'environ 8 pouces de superficie, armés de masses de fer à leur partie inférieure, et qui, au moyen d'une force, s'élèvent et retombent successivement sur les pierres, contenues dans une forte boîte grillée. On transporte ensuite dans les cuves à broyer; elles ont de 12 à 14 pieds de diamètre, une profondeur de 4 pieds, et sont pavées avec la *chertstone*, dont de vastes blocs, mis en œuvre par des bras qui se rattachent à un arbre central et vertical mû par une machine, font l'office de meules puissantes. Cette pierre particulière est employée à cause de son affinité chimique pour le silex, qui, par suite, n'éprouve aucun préjudice du mélange des particules enlevées, lequel résulte du frottement. Dans les cuves, le silex est broyé dans l'eau jusqu'à ce qu'il atteigne la consistance d'une crème épaisse : il en est tiré alors et transporté dans la pièce où s'opère le lavage. Là, il subit une purification nouvelle ; on y ajoute plus d'eau, on l'agite en faisant tourner des bâtons de bois. Les particules les plus fines sont ainsi tenues en suspension pendant que le liquide est soutiré dans des tuyaux et se rend dans un réservoir au-dessous. Ensuite, on broie de nouveau le sédiment. Ce n'est pas tout encore; quand le fluide est passé dans ces réservoirs, à moitié environ de leur profondeur, on les remplit d'eau jusqu'en haut, et cette eau est incessamment renouvelée jusqu'à ce que le sédiment soit considéré comme suffisamment fin et pur de toute matière étrangère : on peut alors l'employer.

L'opération qui suit consiste à mélanger l'argile avec le silex. On l'exécute en les mêlant tous deux avec de l'eau, de façon à leur donner la consistance de la crème et à les convertir en ce que les potiers appellent *barbotine*. A cet effet, les deux barbotines, celle d'argile et celle de silex, se rendent tour à tour dans le réservoir de mélange qui, sur sa paroi intérieure, possède des *verges à jauger*, lesquelles règlent la proportion nécessaire de chaque substance. Le mélange se rend ensuite dans d'autres

réservoirs en traversant des tamis fins qui ont trois cents fils de soie par
pouce carré. 56 centilitres de barbotine d'argile du Dorsetshire ou du De-
vonshire pèsent 24 onces; du Cornouailles, 26 onces; de silice, 32 onces.
Finalement, la barbotine est transférée dans de grands fours ouverts,
chauffés en dessous par des tuyaux, et d'une profondeur d'environ 9 pouces.
L'humidité en excès s'évapore ainsi, et dans les vingt-quatre heures environ, le mélange offre une consistance convenable. On le coupe alors en
gros morceaux, et il est transporté dans une pièce voisine, où il est moulu.
Le moulin a la forme d'un cône creux, renversé, avec ouverture ou tube
carré à sa partie inférieure. Au centre est un arbre vertical ou flèche, muni
de grands coupoirs. Quand cet arbre est en mouvement (c'est la vapeur
qui le fait marcher), l'argile molle est chassée et refoulée en bas, coupée
et pressée jusqu'à ce qu'elle sorte par l'ouverture du fond, dans un état
parfaitement plastique et toute prête à servir. (Voy. *Catalogue on the
Great Exhibition*, p. 718.)

La pâte ainsi préparée pourrait servir à la fabrication; mais on trouve
qu'elle est susceptible d'une amélioration considérable si on la laisse,
pendant un intervalle plus ou moins prolongé, — plusieurs années, par
exemple, — déposée dans des caves ou celliers humides. Elle y subit une
sorte de *pourriture*, devient noire et émet une odeur nuisible, celle du gaz
hydrogène sulfuré. On explique aisément ce résultat. La pâte contient
toujours une quantité quelconque de matière organique, dont elle n'a pas
été séparée par la préparation qu'on lui a fait subir. Sous l'influence de
l'humidité de l'air, cette matière est susceptible de combustion spontanée :
quelques traces de sulfate étaient restées dans la pâte, elles sont trans-
formées en sulfures, et il en résulte un dégagement d'hydrogène sulfuré.

L'utilité de toutes les opérations qui ont pour but de séparer de la pâte
les plus minimes particules de matière organique est palpable; car la
présence dans la pâte d'un cheveu unique suffirait pour gâter complètement une pièce de porcelaine d'une beauté, d'une valeur considérable.
En effet, la matière organique qui se trouve dans la pâte est décomposée
par la chaleur des fours; il en peut résulter un gaz qui produise des cloches et même des crevasses dans la pièce.

La pâte, quand elle est prête, est encore une fois accommodée par le
potier. Dans ce but, il la partage en balles d'un volume convenable, qu'il
frappe avec force sur sa table. Les dernières bulles d'air qui pourraient
être encore dans la pâte en sont chassées par ce moyen.

La transformation de la pâte en pièce fabriquée se fait, soit par *ébauchage* et *tournassage* sur la roue, soit par moulage; dans ce dernier cas,
on opère par *pression* et *coulage*.

On a, dans un chapitre précédent, exposé en peu de mots la manière
dont se façonne la pièce sur la roue du potier. En se reportant à l'esquisse

de M. Develey, qui représente l'atelier de l'ébaucheur et du tourneur (fig. 28, en tête du chapitre III), on comprendra plus facilement cette opération.

Une balle de pâte est donnée au tourneur A, d'une grosseur convenable pour la pièce qu'on veut exécuter. Il la place sur le centre du disque de plâtre circulaire, qui se voit au sommet de sa roue et qui tourne avec cette roue. Au moyen des mains et des doigts, la balle de pâte prend successivement un certain nombre de formes, jusqu'à ce qu'elle revête la forme voulue.

On peut se faire une idée de cette opération, très-ancienne et très-caractéristique de l'art du potier, en jetant les yeux sur les figures 29 à 34.

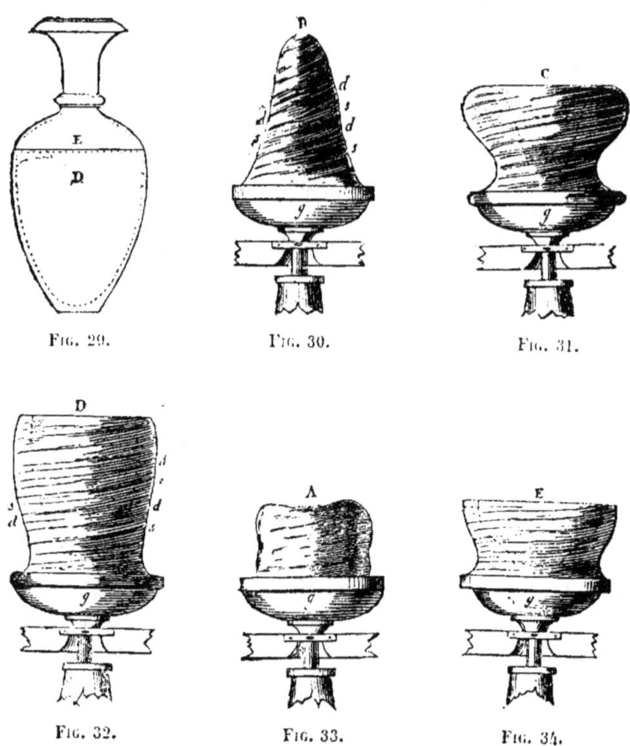

Fig. 29.Fig. 30.Fig. 31.

Fig. 32.Fig. 33.Fig. 34.

Supposons que la forme à donner au vase soit celle du vase représenté dans la figure 29. Il faut alors qu'on le fasse en deux pièces séparées, D et E, qui, après avoir été façonnées sur la roue, seront réunies l'une à l'autre par le ciment ordinaire du potier, ciment qui a reçu le nom de *barbotine*.

Une balle de pâte B (fig. 30), suffisante pour faire la partie inférieure D (fig. 29), étant mise sur la roue et recevant un mouvement de rotation, est façonnée par les doigts et les mains de l'ébaucheur; elle prend tour à tour les formes C (fig. 31) et D (fig. 32); la forme de la portion creuse ou de l'intérieur est indiquée par la ligne ponctuée. Les traces des doigts se voient dans les lignes spirales *d, s*. Le disque circulaire formant le haut de la roue est représenté en *g*.

La balle de pâte A (fig. 33), après une manipulation semblable, prend la forme E (fig. 34). Les parties D et E étant réunies, on enlève au tour le superflu de la pâte, de façon à donner à la surface externe la forme voulue.

En y faisant attention, on verra que la position des bras du tourneur, qui est bien représentée dans la figure 28, est la même que celle représentée dans l'antique dessin égyptien (fig. 5).

II.

Lorsque la pièce ébauchée a acquis une consistance suffisante par le séchage à l'air, on la livre au tourneur A, que représente la figure 28, et qui travaille à une roue semblable à la roue ordinaire du potier. Cet ouvrier rend, au moyen d'un instrument tranchant, plus exacte et plus vraie la forme de la pièce, et en retranche les rugosités et inégalités par une opération semblable à celle du tournassage avec le tour ordinaire; seulement, dans le cas actuel, l'axe du tour est vertical et le mouvement circulaire imprimé à la pièce est horizontal. Les rognures qu'on détache durant l'opération sont mêlées à de la pâte fraîche, à laquelle ils donnent des qualités particulières.

On voit dans la figure 28, en tête du chapitre III, divers instruments et accessoires, tels que compas de capacité, calibres, *c*, par l'intermédiaire desquels on mesure le diamètre du vase et des points différents, le modèle à exécuter, *d*, etc.

III.

La figure 35, en tête du chapitre IV, représente l'atelier du mouleur.

Le travail du mouleur se compose de deux opérations : 1° il a à donner à la pièce la forme voulue; 2° il lui faut adapter et joindre à la pièce principale ses différents accessoires, qui sont moulés ou coulés à part, les poignées, les becs, les anses, etc.

L'ouvrier A place sur une table de marbre, devant laquelle il se tient, une masse de pâte qu'il aplatit avec un rouleau. Chaque bout du rouleau repose sur une latte qui l'empêche de presser la pâte au-dessous d'une certaine épaisseur, et lui donne aussi un mouvement parfaitement égal ; il en résulte que la masse de pâte n'a pas seulement une épaisseur uniforme, mais qu'elle a de plus une surface parfaitement uniforme, parfaitement égale. Elle obtient cette uniformité de surface sur le côté inférieur par la pression sur la table, et sur le côté supérieur par l'action régulière du rouleau.

Sous la masse de pâte, entre elle et la table, un linge est étendu, *b* ; c'est sur ce linge qu'elle repose. L'ouvrier peut ainsi soulever la pâte de dessus la table sans déranger sa forme.

L'ouvrier B, ayant reçu de l'ouvrier A la pâte ainsi supportée par le linge *b*, la place sur le moule qui, tel qu'il est ici représenté, produira la surface intérieure ou concave d'un vase ou d'une coupe à forme cannelée. Lorsque le moule est complétement couvert avec la pâte, l'ouvrier C presse celle-ci sur le moule avec une éponge, afin qu'elle soit en parfait contact avec les plus petites cavités du moule. Pour rendre l'opération plus facile, le moule est placé sur la table circulaire *p*, supportée par un pilier vertical *f*, avec lequel elle tourne librement. De cette façon, chaque côté de la pièce à mouler est tour à tour amené sous la main de l'ouvrier.

Les assiettes, les tasses, les soucoupes, et en général tous les produits de la classe des *pièces plates*, sont faits dans des moules qui en forment la surface intérieure ou concave. On donne à la surface convexe sa forme propre, au moyen de profils faits d'ordinaire d'argile réfractaire et vernissée. Quand le tourneur a donné, au moyen du profil, la forme convexe convenable, le moule, avec la pièce sur lui encore, est porté dans la chambre chaude, où il reste jusqu'à ce qu'il soit suffisamment sec. On le rapporte alors au tourneur C, et le profil est encore une fois passé dessus ; ce qui corrige les défauts que le retrait aurait pu opérer dans la forme.

L'ouvrier G vient de mouler ou couler une anse dont il sépare les parties superflues, inutiles, avec un outil, et nettoie les cavités. Il est en train de la réunir au vase, ce qu'il a déjà fait pour l'autre anse. Il procède à cette opération en mouillant avec le liquide crémeux nommé *barbotine* les surfaces à rassembler. La barbotine agit comme ciment et devient presque instantanément assez dure pour maintenir l'anse en place.

Auprès de G se trouvent une certaine quantité d'anses toutes moulées ou coulées, prêtes à être réunies aux pièces. On voit sur le plancher, près de la table, différents moules de plâtre.

La surface convexe de la pièce à mouler se fait de la même façon. On y applique un moule concave. On voit sur le plancher quelques-uns de ces moules.

On a parlé du coulage au paragraphe relatif à la porcelaine statuaire.

IV.

Les opérations de l'ébauchage et du moulage s'abrégent quelquefois en se combinant. L'appareil qu'on a représenté dans la figure 36 offre un exemple de cette combinaison.

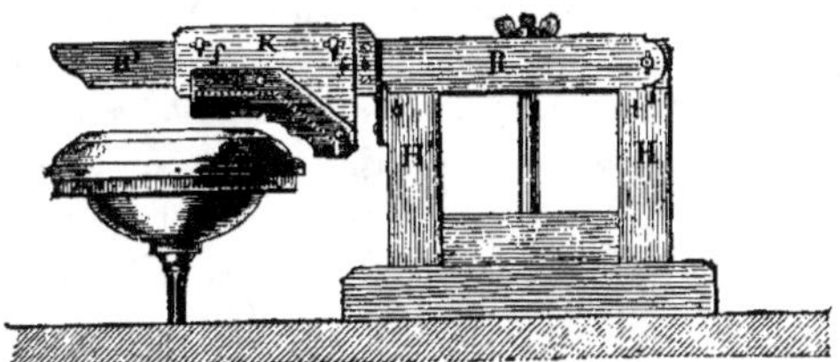

Fig. 36.

Il se compose d'un porte-calibre K, et d'une barre de cuivre RR', qui joue sur un gond ou pivot à une extrémité, et est supportée par un cadre de bois HH' solidement attaché à la table de la roue. On l'élève et on l'abaisse en le tournant sur le pivot *l*, et quand il est abaissé, il est supporté par le montant H' en *t'*. Le porte-calibre glisse sur celui-ci; son mouvement est réglé par une rainure. Le calibre ou profil *c* est attaché à cette dernière par des vis; il correspond à la forme et aux moulures de la pièce qu'on veut faire.

Le moule qui donne la forme à l'un des côtés de la pièce (supposons qu'il s'agisse de la surface concave ou supérieure d'un plat) étant attaché au disque de la roue du potier, on étend dessus une masse de pâte, d'une grandeur et d'une épaisseur convenables, qu'on presse avec une éponge mouillée, afin que cette masse s'applique exactement sur chaque point de la surface du moule. Cela fait, on abaisse graduellement jusqu'à elle le calibre ou profil; la roue est mise en mouvement, et le côté convexe ou fond du plat reçoit sa forme de la même façon qu'un objet placé dans le mandrin d'un tour reçoit la sienne d'un instrument tranchant guidé par un support fixe.

Par cette opération, la pièce acquiert une épaisseur et un diamètre parfaitement uniformes; les bords sont ensuite arrondis sur la roue comme à l'ordinaire.

V.

La pièce à laquelle on a donné sa forme par le procédé ci-dessus, et qui, par le séchage à l'air ou par son exposition à une haute température artificielle, s'est durcie à un certain degré, se trouve à l'état que les potiers désignent sous le nom d'état *vert*. Elle est tout à fait sèche : toute humidité en a été complétement chassée, mais elle est encore très-poreuse, et pourrait s'emparer facilement de l'eau ou des autres liquides qu'on mettrait dedans ou dans lesquels on la placerait. C'est alors que l'opération du vernissage (couverte), décrite précédemment, doit être exécutée.

Les matières dont se composent les vernis le plus ordinairement employés dans la porcelaine et la faïence sont : la pierre de Cornouailles (quartz et feldspath), la silice, le blanc de céruse, le verre, le blanc d'Espagne, etc. Ces ingrédients, broyés ensemble dans des proportions convenables et de la consistance du lait, forment le vernis. L'opération s'effectue dans de vastes bâtiments, nommés *dipping-houses* (bâtiments à cuves), munis de cuves pour le vernis, et d'établis pour recevoir les pièces quand elles ont été trempées ; sur ces établis, elles sont séchées et chauffées au moyen, en général, d'un vaste poêle de fer, d'où des tuyaux de fer, s'étendant dans différentes directions, transportent la chaleur dans tous les bâtiments. Chaque plongeur dispose d'une cuve de vernis, dans laquelle il plonge le biscuit. La pratique et l'expérience donnent à la main toute la dextérité qu'exige cette opération pour être parfaite. On tient la pièce de façon qu'elle soit couverte le moins possible par les doigts ; puis on la plonge dans le vernis qui, par une secousse adroite, vient non-seulement couvrir toute la pièce, mais encore se répand de façon à en couvrir également toute la surface. Cette surface, étant poreuse, s'imprègne du vernis et le retient. La pièce est apportée au plongeur par un enfant ; un autre enfant la transporte dans le séchoir quand elle a été trempée. Le vernis est opaque jusqu'à ce qu'il ait été soumis au feu, de sorte que le dessin du biscuit est complétement masqué après la trempe. Un ouvrier habile peut tremper environ sept cents douzaines d'assiettes ou de plats par jour. (Voy. *Catalogue of the Great Exhibition*, 725.)

La figure 37 représente un bâtiment à cuves. Les plongeurs A et B plongent des assiettes non vernies dans la cuve qui contient le vernis, lequel, ainsi qu'on l'a dit, consiste en un liquide crémeux où la matière vitrifiable est mêlée et tenue en suspension, comme la boue dans l'eau. Lorsqu'on retire l'assiette du vernis, on la tient au-dessus, afin que tout le liquide non absorbé par l'assiette retombe, comme on le voit dans l'espèce du plongeur B.

Les femmes C et D sont occupées à détacher des pièces trempées les parties de vernis inutiles. Ainsi, C gratte, avec un instrument à laine, le vernis où il est trop épais, et où il demeure attaché à la surface en gouttes rondes nommées *larmes*. L'autre femme, D, enlève avec un pinceau ou un morceau de peau le vernis de l'anneau circulaire qui se trouve au fond d'une assiette, partie sur laquelle est placée la pièce dans le four. Si l'on

ne prenait pas cette précaution, le vernis qui serait sur l'anneau circulaire
ferait adhérer l'assiette au four, lorsque ce vernis serait vitrifié.

Fig. 37.

Quand les pièces sont ainsi préparées, on les place dans un four ; là,
elles sont exposées à une température qui vitrifie le vernis sur leur surface.

Il est nécessaire que le vernis ainsi appliqué sur la pièce puisse se vitrifier à une température plus basse que celle qui ramollirait la pâte dont est
formée la pièce, et par conséquent la déformerait.

On voit, dans la figure, différents instruments et ustensiles employés
dans l'opération de la couverte. Ainsi, g est une grille de bois sur laquelle
on laisse la pièce dégoutter quand elle a été retirée du vernis ; t est un
tamis qu'on emploie pour purifier le vernis des impuretés qui peuvent
s'y trouver ; p est la spatule dont on se sert de temps en temps pour agiter
le vernis, afin d'empêcher la matière pulvérulente y suspendue de déposer, et de le maintenir dans un état de consistance uniforme. Une bouteille b contient du vinaigre uni, dans une certaine proportion, au vernis ;
une petite tasse c, contenant du vernis liquide, est placée près de la
femme D, qui, trempant un pinceau dedans, retouche tous les points de
la pièce sur lesquels le vernis est trop mince ou fait défaut.

VI.

Lorsque les articles ont été préparés pour la cuisson, on les transporte
sur des planches, comme on l'a représenté dans la figure 43, à la chambre

verte, ainsi nommée parce qu'elle reçoit les articles à l'état *vert* ou non cuit. Là, on les sèche graduellement pour les fours ; quand ils sont prêts, on les transporte dans la *pièce aux cazettes*, en relation immédiate avec le four dans lequel ils doivent être chauffés, et ils y sont placés dans les cazettes : ce sont des boîtes faites d'une espèce particulière d'argile (une marne), chauffées auparavant, infusibles à la chaleur exigée par les articles, et d'une forme appropriée aux articles qu'elles doivent contenir. Un peu de silice sèche et en poudre est répandue entre pour empêcher l'adhérence. Le but des cazettes est de garantir les articles des flammes et de la fumée, et d'empêcher leur rupture. Une cazette peut contenir vingt assiettes de faïence disposées l'une sur l'autre ; les pièces de porcelaine sont chauffées à part, dans des boîtes dont la forme leur est adaptée. Ces espèces de boîtes pour les assiettes et les tasses de porcelaine remplissent le même but que les cazettes et sont faites avec la même argile. Elles contiennent une tasse ou une assiette chacune, et sont cuites dans le four par piles.

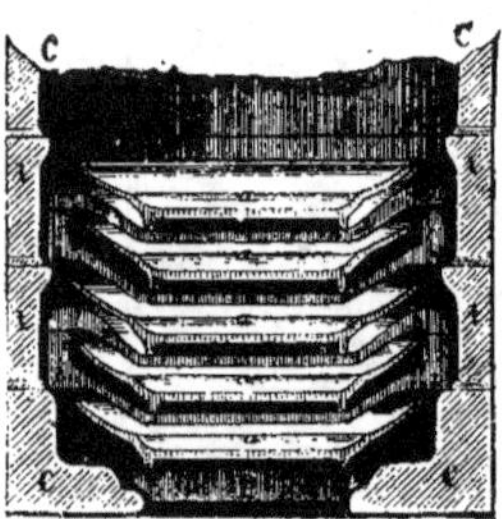

Fig. 38.

Dans la figure 38, on voit une pile de cazettes contenant des assiettes. Dans ce cas, chaque cazette se compose de deux parties, l'une (*tt*) cylindrique, et l'autre (*ii*) ayant une forme correspondante à celle de l'assiette. Ces cazettes sont placées l'une sur l'autre, de manière à former une pile verticale.

Fig. 39.

D'après ce qu'on vient de dire, il est évident que la grandeur, la forme et la structure intérieure des cazettes doit varier avec celles des articles qu'elles sont destinées à contenir.

La disposition et l'arrangement des piles de cazettes au four sont représentés dans la figure 39 ; on voit une section de plusieurs piles qui montre l'arrangement des articles dans les cazettes.

Pour cuire les pièces de porcelaine ornées de nombreuses décorations, il faut beaucoup plus de précautions et une autre espèce d'appareil. On emploie d'ordinaire des cazettes et des fourneaux spéciaux, dont on voit un spécimen dans la figure 40. Le fourneau est en argile réfractaire ou en fonte, et le feu y est réglé avec le plus grand soin. De temps à autre, on en retire des pièces d'essai ou *montres* par l'ouverture V ; c'est sur ces pièces qu'on détermine les effets du chauffage sur les différentes couleurs.

Fig. 40.

VII.

Les **huttes** dans lesquelles sont construits les fours donnent une physionomie particulière et caractéristique aux villes de fabrique. Elles captivent l'attention et excitent la surprise des étrangers par leur ressemblance frappante avec les ruches des abeilles ; ce sont aussi des ruches, mais des ruches gigantesques. Elles sont construites en briques ; leur diamètre est d'environ 40 pieds et leur hauteur de 35 pieds ; elles ont une ouverture à leur sommet, pour permettre à la fumée de s'échapper. Les fours ont une forme identique ; ils ont environ 22 pieds de diamètre et de 18 à 20 pieds de hauteur, et sont chauffés par des foyers ou bouches, au nombre de neuf environ, construits extérieurement et autour. Des tuyaux en connexion avec ces foyers s'étendent au-dessous du four, vers une ouverture centrale qui amène la flamme au point où elle pénètre dans le four ; d'autres tuyaux, nommés *sacs*, passent au haut des parois intérieures, à 4 pieds de hauteur environ, et transportent ainsi la flamme à la partie supérieure.

Les fourniers entrent par une ouverture latérale, portant les cazettes avec les pièces qui y sont placées comme il a été dit ; les cazettes sont empilées l'une sur l'autre, depuis le bas jusqu'au haut du four ; on a soin de les disposer de manière qu'elles puissent recevoir la chaleur (laquelle varie avec les différentes parties du four) la plus favorable aux pièces qu'elles contiennent. Quand le four est plein, l'ouverture du four est fermée par des briques jusqu'au haut. On chauffe pendant soixante heures le biscuit de faïence, et pendant quarante-huit le biscuit de porcelaine.

La quantité de charbon dépensée par un four à biscuit est de seize à vingt tonnes, et par un four à vernis, de quatre tonnes et demie à six.

On laisse refroidir les pièces pendant deux jours, quand on les retire dans l'état désigné sous le nom de *biscuit* ou bisque; elles sont alors bonnes à être vernies, hormis lorsqu'elles doivent être peintes ou recevoir une empreinte, ce qui a lieu avant que le biscuit soit verni.

VIII.

Dans les figures 41 et 42, on a représenté un four à porcelaine à trois étages de la manufacture de Sèvres. On voit dans l'une la vue extérieure du

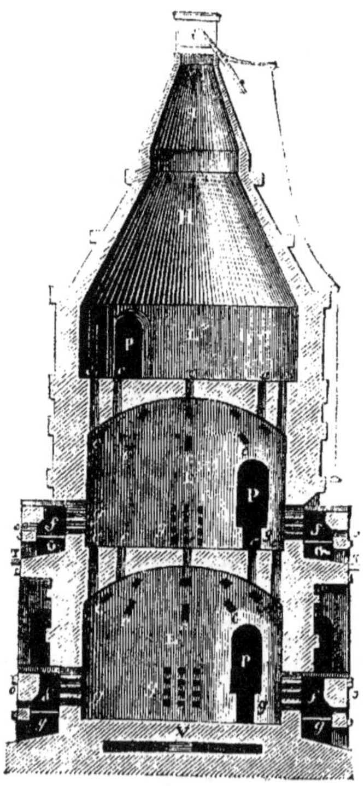

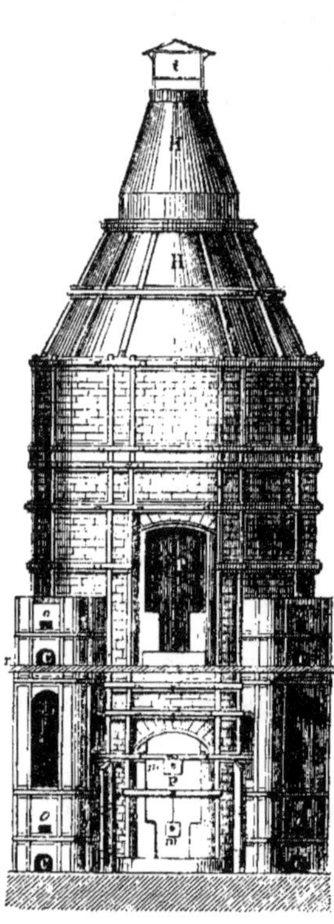

Fig. 41.   Fig. 42.

four; l'autre en est une section verticale, menée par un plan qui traverse son centre. Chacun des étages inférieurs (L et L') est chauffé par quatre fourneaux d'où se répandent dans le four la flamme et l'air chauffé par les tuyaux *g*. Ces fourneaux ont des portes de fer au moyen desquelles on ouvre ou ferme à volonté la bouche des fourneaux et des cendriers.

Lorsque les différents étages des fours sont remplis des articles qu'on veut cuire, on dirige le feu de manière à élever insensiblement la température. Les feux, modérés d'abord, sont constamment augmentés pendant un laps de temps qui varie de seize à vingt heures. Quand le four est ainsi convenablement chauffé, on commence le grand feu, en remplissant tous les fourneaux de combustible. Le four même, cylindrique en bas, se terminant par un toit conique avec une ouverture au sommet, gouvernée par une plaque ou *registre t*, remplit l'office de cheminée ; de cette façon, les courants de flamme et d'air chaud peuvent circuler autour des pièces dont le four est rempli, et, s'élevant jusqu'au toit conique HHH, s'échapper par l'ouverture *t*. Le courant passe d'un étage à l'autre par les orifices *c, c, c*, pratiqués à cet effet dans le plancher.

Le grand feu qui complète la cuisson est maintenu pendant dix à douze heures.

Le four est construit en briques réfractaires, reliées par des armatures de fer, comme on le voit dans la figure 42. A chaque étage il y a une porte (P) par laquelle on charge et décharge, et qui, pendant la cuisson, est complétement murée par des briques. Dans ce mur de briques, on a laissé de petits trous (*m, m*) par où, de temps en temps, le fournier retire des pièces d'épreuve ; ce sont des pièces d'une argile dont les qualités sont connues et qui, par l'effet produit sur elles, indiquent les progrès que fait la cuisson. Lorsque ces pièces d'essai montrent que le feu a duré assez longtemps, on ferme les portes du fourneau, des cendriers, et le registre *t* ; puis on laisse, avec sa charge, refroidir insensiblement le four pendant vingt-quatre à trente heures. Il n'est pas nécessaire d'attendre, pour enlever les pièces du four, qu'il soit complétement refroidi ; mais un brusque changement de température les ferait rompre, si on les enlevait tandis que leur chaleur est encore fort au-dessus de celle de l'atmosphère.

Des potiers sont quelquefois tentés, lorsque les articles contenus dans le fourneau sont de peu de valeur, de courir le risque dont on vient de parler, et de retirer sans retard les cazettes avec leur contenu ; ils veulent ainsi profiter de la chaleur du four, soit pour y introduire une nouvelle charge, soit pour y sécher une série nouvelle de cazettes. Aucun potier, toutefois, ne serait assez imprudent pour exposer à ce risque les porcelaines d'une belle qualité.

C'est à cause de leur ressemblance avec le pain de mer que les articles ont reçu le nom de *biscuit*. Leur perméabilité à l'eau, lorsqu'ils sont dans cet état, les rend propres à rafraîchir les liquides. Plongés dans l'eau, il se produit à leur surface une évaporation lente et, par suite, une absorption de chaleur qui se poursuit jusqu'à ce qu'un équilibre de température soit rétabli.

IX.

En Angleterre, aucun impôt ne frappe les poteries : aussi ne possède-t-on aucun document officiel qui permette de déterminer avec précision l'étendue de cette branche de commerce. Cependant on estime qu'aux Poteries seulement, la valeur des poteries fabriquées annuellement s'élève à près de 1 700 000 livres sterling, et que la valeur des produits des fabriques de Worcester, de Derby et des autres points du pays, peut s'élever à environ 750 000 livres sterling, ce qui donne, pour chaque année, un total de 2 450 000 livres (61 250 000 francs).

La valeur de l'or employé annuellement aux Poteries dans la décoration de la porcelaine est de 36 400 livres; les autres fabriques en consomment à peu près la moitié de cette valeur. On peut donc porter, pour chaque année, la valeur de l'or consommé à 54 600 livres (1 365 000 francs).

La quantité de charbon consommée par an aux Poteries est de 468 000 tonnes. Les autres fabriques en consomment environ la moitié de ce chiffre. Le total du charbon consommé dans les fabriques s'élève donc à environ 700 000 tonnes (710 954 100 kilogrammes), chiffre égal à celui que consomment tous les chemins de fer du Royaume-Uni. (Lardner, *Railway Economy*, p. 83.)

Des comptes rendus officiels, il résulte qu'en 1841 (aucun document officiel n'a été publié depuis), la valeur déclarée des poteries exportées s'élevait à 600 759 livres; en 1837, elle s'élevait à 563 238 livres. Dans les quatre années qui précédèrent 1841, il y eut donc, dans l'exportation, une augmentation de 37 521 livres (938 025 francs) sur 563 238 livres. Si l'augmentation a été la même seulement depuis 1841, l'exportation annuelle doit présenter aujourd'hui une valeur d'un million sterling (25 millions de francs).

Mais comme la valeur déclarée n'est, en moyenne, que le quart de la valeur réelle, on peut avancer que l'exportation annuelle des poteries donne un chiffre d'environ 1 300 000 livres (32 500 000 francs).

Le tableau qui suit a pour but de montrer dans quelle proportion cette exportation énorme se répartit entre les différentes contrées du monde. Dans la seconde colonne, on donne la proportion de chaque valeur de 100 livres sterling exportée, reçue par chacun des pays nommés dans la première colonne; et dans la troisième colonne, on donne le nombre des articles dépassant 10 000 reçus par chaque pays respectivement.

PAYS.	PAR 100 de la valeur totale.	PAR 10 000 du nombre des articles.
États-Unis	37.58	3 560
Colonies anglaises de l'Amérique du Nord	6.95	778
Brésil	6.36	1 010
Indes orientales anglaises	5.00	310
Indes occidentales anglaises	4.42	387
États allemands	4.28	401
Hollande	4.11	397
Indes occidentales non anglaises	3.50	396
Colonies d'Australie	2.69	216
Danemark	2.31	257
Italie et îles italiennes	2.25	145
Sumatra, Java et îles indiennes	1.39	168
Espagne et îles Baléares	1.08	145
Afrique occidentale	0.85	73
Cap de Bonne-Espérance	0.79	64
Îles de la Manche	0.69	65
Turquie	0.67	55
Russie	0.65	40
Tous les autres pays	14.43	1 533
Total	100.00	10 000

On voit par ce tableau que les États-Unis sont, parmi les pays étrangers, le pays où l'Angleterre écoule le plus de ses poteries ; ils prennent en valeur 37 $^1\!/_2$ pour 100, et en quantité 35 $^1\!/_2$ pour 100 de l'exportation totale. Parmi les autres pays, les colonies anglaises de l'Amérique septentrionale, le Brésil et l'Inde, prennent 18 pour 100.

En 1841, l'exportation des poteries anglaises formait environ 30 pour 100 de leur valeur totale estimée. Nous n'avons pas de documents ultérieurs à cette date ; mais il est probable qu'aujourd'hui l'exportation est dans un rapport beaucoup plus considérable avec la valeur totale des objets fabriqués.

NOTES.

Note sur le § III. chap. II. — « MM. Ebelmen et Salvetat, écrivait le docteur
G. Dumont dans *l'Ordre* du 4 décembre 1850, ont communiqué à l'Académie des
sciences un mémoire sur la composition des matières employées, en Chine, dans la
fabrication et la décoration de la porcelaine. La première partie de ce travail concerne les matières employées dans la fabrication des pâtes et des couvertes.

» Les kaolins chinois proviennent de la décomposition de roches granitiques. Leur
composition chimique est très-voisine de celle des kaolins de Saint-Yrieix.

» Les petung-tse ne sont pas, comme on pourrait s'y attendre, des granits ou
des pegmatites, mais de véritables pétrosilex. MM. Ebelmen et Salvetat ont ana-
lysé plusieurs échantillons provenant de localités différentes, qui ont tous des caractères minéralogiques analogues et présentent à peu près la même composition chimique. Ces roches paraissent se présenter dans un grand nombre de points différents
de la province de Kiang-si. On y trouve aussi de véritables porphyres quartziferes
à cristaux de quartz bipyradés, et qui fournissent, par leur décomposition, des
matières argileuses qu'on utilise aussi dans la fabrication de certaines espèces de
porcelaines.

» Les matières désignées sous le nom de *hoachy* servent à donner aux pâtes une
plus grande solidité au feu, et on les utilise aussi pour produire des dessins blancs
sur la porcelaine. »

Note sur les §§ XIII et XIV, chap. II. — On aura une idée à peu près complète des travaux énormes auxquels dut se livrer Palissy, et surtout de l'énergie
qu'il eut à déployer, en lisant la narration qu'il a laissée de son entreprise.

« Sache qu'il y a vingt et cinq ans passés qu'il me fut monstré une coupe de
terre tournée et émaillée, d'une telle beauté que dès lors j'entray en dispute avec
ma propre pensée, en me remémorant plusieurs propos qu'aucuns m'avoient tenus
en se mocquant de moy, lorsque je peindois les images. Or, voyant que l'on com-
mençoit à les délaisser au pays de mon habitation, aussi que la vitrerie n'avoit pas
grande requeste, je vay penser que, si j'avois trouvé l'invention de faire des esmaux,
je pourrois faire des vaisseaux de terre et autre chose de belle ordonnance, parce que
Dieu m'avoit donné d'entendre quelque chose de la pourtraiture ; et dès lors, sans
avoir aucun esgard que je n'avois nulle connoissance des terres argileuses, je me
mis à chercher les esmaux, comme un homme qui taste en ténébres..... Pour me
consoler, on se mocquoit de moy, et mesme ceux qui me devoient secourir alloient
crier par la ville que je faisois brusler le plancher : et par tel moyen on me faisoit perdre mon crédit, et m'estimoit-on estre fol. — Les autres disoient que je
cherchois à faire la fausse monnoie, qui estoit un mal qui me faisoit seicher sur
les pieds ; et m'en allois par les rues tout baissé, comme un homme honteux.
J'estois endetté en plusieurs lieux, et avois ordinairement deux enfants aux nour-

rières, ne pouvant payer leurs salaires. Personne ne me secouroit; mais au contraire, ils se mocquoyent de moy en disant : « Il lui appartient bien de mourir
» de faim, parce qu'il délaisse son mestier. » Toutes ces nouvelles venoient à mes
aureilles quand je passois par la rue. Toutefois il me resta encore quelque espérance qui m'accourageoit et soustenoit, d'autant que les dernières espreuves s'estoient assez bien portées, et dès lors en pensois sçavoir assez pour pouvoir gaigner
ma vie, combien que j'en fusse fort esloigné. — Quand je me fus reposé un peu
de temps, avec regret de ce que nul n'avoit pitié de moy, je dis à mon âme :
« Qu'est-ce qui te triste, puisque tu as trouvé ce que tu cherchois? Travaille à pré-
» sent, et tu rendras honteux tes détracteurs. » Mais mon esprit disoit d'autre part :
« Tu n'as rien de quoy poursuivre ton affaire; comment pourras-tu nourrir ta
» famille et acheter les choses requises pour passer le temps de quatre ou cinq mois,
» qu'il faut auparavant que tu puisses jouir de ton labeur? » Or, ainsi que j'estois
en telle tristesse et débat d'esprit, l'espérance me donna un peu de courage, et
ayant considéré que je serois beaucoup long pour faire une fournée toute de ma
main, pour abréger et gaigner le temps, et pour plus soudain faire apparoir le
secret que j'avois trouvé dudit esmail blanc, je prins un potier commun et lui
donnay certains pourtraits, afin qu'il me fist des vaisseaux selon mon ordonnance,
et tandis qu'il faisoit ces choses, je m'occupois à quelques médailles. Mais c'estoit
une chose pitoyable; car j'estois contraint nourrir ledit potier en une taverne, à
crédit, parce que je n'avois nul moyen en ma maison. Quand nous eûmes travaillé
l'espace de six mois, et qu'il falloit cuire la besogne faite, il fallut faire un fourneau et donner congé au potier, auquel, par faute d'argent, je fus contraint donner mes vestements pour son salaire. Or, parce que je n'avois point d'estoffes pour
ériger mon fourneau, je me prins à deffaire celuy que j'avois fait à la mode des
verriers, afin de me servir des estoffes de la despouille d'iceluy. Or, parce que le
dit four avoit si fort chauffé l'espace de six jours et nuits, le mortier et la brique
du dit four s'estoient liquéfiés et vitriliés de telle sorte, qu'en desmaçonnant j'eus
les doigts coupés et incisés en tant d'endroits que je fus contraint manger mon
potage ayant les doigts enveloppés de drapeau. Quand j'eus deffait ledit fourneau,
il fallut ériger l'autre, qui ne fut pas sans grande peine : d'autant qu'il me falloit
aller querir l'eau, le mortier et la pierre, sans aucun ayde et sans aucun repos.
Ce fait, je fis cuire l'œuvre susdite en première cuisson, et puis, par emprunt ou
autrement, je trouvai moyen d'avoir des estoffes (des matériaux) pour faire des
esmaux pour couvrir ladite besogne, s'estant bien portée en première cuisson.
   » Mais quand j'eus acheté les dites estoffes, il me survint un labeur qui me cuida
(qui faillit me) faire rendre l'esprit. Car, après que par plusieurs jours je me fus
lassé à piler et calciner mes matières, il me les convint broyer, sans aucun aide,
à un moulin à bras auquel il falloit ordinairement deux puissants hommes pour le
virer : le désir que j'avois de parvenir à mon entreprise me faisoit faire des choses
que j'eusse estimé impossibles. Quand lesdites couleurs furent broyées, je couvris
tous mes vaisseaux et médailles (plats) dudit esmail, puis ayant le tout mis et
arrangé dedans le fourneau, je commençay à faire du feu, pensant retirer de ma
fournée trois ou quatre cents livres, et continuay ledit feu jusques à ce que j'eus
quelque indice et espérance que mes esmaux fussent fondus et que ma fournée se
portoit bien. Le lendemain, quand je vins à tirer mon œuvre, ayant premièrement
osté le feu, mes tristesses et douleurs furent augmentées si abondamment que je
perdis toute contenance. Car combien que mes esmaux fussent bons et ma besogne
bonne, néantmoins deux accidents estoient survenus à la dite fournée, lesquels
avoient tout gasté. Et afin que tu t'en donnes de garde, je te dirai quels ils sont.
Aussi après ceux-là je t'en dirai un nombre d'autres, afin que mon malheur te

serve de bonheur et que ma perte te serve de gain. C'est parce que le mortier de
quoy j'avois maçonné mon four estoit plein de cailloux, lesquels, sentant la véhémence du feu (lorsque mes esmaux se commençoient à liquéfier), se crevèrent en
plusieurs pièces, faisant plusieurs jets et tonnerres dans le dit four. Or ainsi que
les esclats desdits cailloux sautoient contre ma besogne, l'esmail, qui estoit déjà
liquéfié et rendu en matière glueuse, print lesdits cailloux et se les attacha par
toutes les parties de mes vaisseaux et médailles, qui, sans cela, se fussent trouvés
beaux. Ainsi connoissant que mon fourneau estoit assez chaud, je le laissai refroidir jusques au lendemain; lors je fus si marry que je ne saurois le dire, et non
sans cause, car ma fournée me coustoit plus de six vingts escus. J'avois emprunté
le bois et les estoffes, et si avois emprunté partie de ma nourriture en faisant la
dite besongne. J'avois tenu en espérance mes créditeurs qu'ils seroient payés de
l'argent qui proviendroit des pièces de la dite fournée, qui fut cause que plusieurs
accoururent dès le matin quand je commençois à désenfourner. Dont par ce moyen
furent redoublées mes tristesses, d'autant qu'en tirant ladite besongne je ne re-
cevois que honte et confusion. Car toutes mes pièces estoient semées de petits
morceaux de cailloux, qui estoient si bien attachés autour des dits vaisseaux, et
liés avec l'esmail, que quand on passoit les mains par-dessus, les dits cailloux cou-
poient comme rasoirs, et combien que la besongne fût par ce moyen perdue, toutes
fois aucuns en vouloient acheter à vil prix. Mais parce que c'eust esté un descrie-
ment et rabaissement de mon honneur, je mis en pièces entièrement le total de
ladite fournée et me couchay de mélancolie, non sans cause, car je n'avois plus
de moyen de subvenir à ma famille. Je n'avois en ma maison que reproches; en
lieu de me consoler, l'on me donnoit des malédictions. Mes voisins, qui avoient
entendu cette affaire, disoyent que je n'estois qu'un fol, et que j'eusse eu plus
de huit francs de la besongne que j'avois rompue; et estoyent toutes ces nouvelles
jointes avec mes douleurs.

» Quand j'eus demeuré quelque temps au lit, et que j'eus considéré en moy-
mesme qu'un homme qui seroit tombé dans un fossé, son devoir seroit de tascher
à se relever, en cas pareil je me mis à faire quelques peintures, et par plusieurs
moyens je prins peine de recouvrer un peu d'argent; puis je disois en moy-mesme
que toutes mes pertes et hazards estoient passés, et qu'il n'y avoit rien plus qui
me peust empescher que je ne fisse de bonnes pièces; et me prins, comme auparavant, à travailler au dit art.

» Mais en cuisant une autre fournée, il survint un accident duquel je ne me
doutois pas; car la véhémence de la flambe du feu avoit porté quantité de cendres
contre mes pièces, de sorte que, par tous endroits où la dite cendre avoit touché,
mes vaisseaux estoient rudes et mal polis, à cause que l'esmail, estant liquéfié,
s'estoit joint avec les dites cendres. Nonobstant toutes ces pertes, je demeuray en
espérance de me remonter par le moyen du dit art; car je fis faire grand nombre
de lanternes de terre à certains potiers, pour enfermer mes vaisseaux quand je les
mettois au four, afin que, par le moyen desdites lanternes, mes vaisseaux fussent
garantis de la cendre. L'invention se trouva bonne, et m'a servi jusques aujour-
d'huy.

» Mais ayant obvié au hasard de la cendre, il me survint d'autres fautes et accidents tels, que quand j'avois fait une fournée, elle se trouvoit trop cuitte et aucune fois trop peu, et tout perdu par ce moyen. J'estois si nouveau que je ne
pouvois discerner du trop ou du peu. Aucune fois ma besongne estoit cuitte sur
le devant et point cuitte à la partie de derrière; l'autre après que je voulois ob-
vier à tel accident, je faisois brusler le derrière, et le devant n'estoit point cuit.
Aucune fois mes esmaux estoient mis trop clairs et autre fois trop épais, qui me

causoit de grandes pertes. Aucune fois que j'avois dedans le four diverses couleurs d'esmaux, les uns estoient bruslés premier que les autres fussent fondus. Bref, j'ay ainsi bastelé l'espace de quinze ou seize ans ; quand j'avois appris à me donner garde d'un danger, il m'en survenoit un autre, lequel je n'eusse jamais pensé. Durant ces tems-là, je fis plusieurs fourneaux, lesquels m'engendroient de grandes pertes auparavant que j'eusse connoissance du moyen pour les eschauffer également. Enfin je trouvai moyen de faire quelques vaisseaux de quelques esmaux entremeslés en manière de jaspe. Cela m'a nourri quelques ans ; mais en me nourrissant de ces choses, je cherchois toujours à passer plus outre avecques frais et mises, comme tu sais que je fais encore à présent.

» Quand j'eus inventé le moyen de faire des pièces rustiques, je fus en plus grande peine et en plus d'ennuy qu'auparavant. Car ayant fait un certain nombre de bassins rustiques, et les ayant fait cuire, mes esmaux se trouvoient les uns beaux et bien fondus, autres mal fondus, autres estoient bruslés, à cause qu'ils estoient composés de plusieurs matières qui estoient fusibles à divers degrés. Le verd des lézards estoit bruslé premier que la couleur des serpens fust fondue ; aussi la couleur des serpens, écrevisses, tortues et cancres, estoit fondue auparavant que le blanc eust reçu aucune beauté. Toutes ces fautes m'ont causé un tel labeur et tristesse d'esprit qu'auparavant que j'aye en mes esmaux fusibles à un mesme degré de feu, j'ay cuidé entrer jusques à la porte du sépulchre. Aussi en me travaillant à tels affaires, je me suis trouvé l'espace de plus de dix ans si fort escoulé en ma personne, qu'il n'y avoit aucune forme ny apparence de bosse aux bras ny aux jambes : ainsi estoient mes dites jambes toutes d'une venue, de sorte que les liens de quoy j'attachois mes bas de chausses estoient, soudain que je cheminois, sur les talons avec le résidu des chausses. Je m'allois souvent pourmener dans la prairie de Xaintes, en considérant mes misères et ennuys ; et sur toutes choses de ce qu'en ma maison mesme je ne pouvois avoir nulle patience, ny faire rien qui fust trouvé bon. J'estois mesprisé et mocqué de tous. Toutesfois je faisois toujours quelques vaisseaux de couleurs diverses qui me nourrissoient tellement quellement, et l'espérance que j'avois me faisoit procéder en mon affaire si virilement, que plusieurs fois, pour entretenir les personnes qui me venoient voir, je faisois mes efforts de rire, combien que intérieurement je fusse bien triste.

» J'ay esté plusieurs années que, n'ayant rien de quoy faire couvrir mes fourneaux, j'estois toutes les nuits à la mercy des pluyes et vents, sans avoir aucun secours, aide, ny consolation, sinon des chats-huants qui chantoyent d'un costé et les chiens qui hurloyent de l'autre. Parfois il se levoit des vents et tempestes, de telle sorte le dessus et le dessous de mes fourneaux que j'estois contraint de quitter là tout, avec perte de mon labeur ; et me suis trouvé plusieurs fois qu'ayant tout quitté, n'ayant rien de sec sur moy, à cause des pluyes qui estoient tombées, je m'en allois coucher à la minuit ou au point du jour, accoustré de telle sorte comme un homme que l'on auroit traisné par tous les bourbiers de la ville ; et, en m'en allant ainsi retiré, j'allois bricollant sans chandelle, et tombant d'un costé et d'autre, comme un homme qui seroit yvre de vin, rempli de grandes tristesses, d'autant qu'après avoir longuement travaillé, je voyois mon labeur perdu. Or, en me retirant ainsi souillé et trempé, je trouvois en ma chambre une seconde persécution pire que la première, qui me fait à présent esmerveiller que je ne suis consumé de tristesse... »

Note sur le § X, chap. III. — D'après un chroniqueur français, Matthieu de Coussy, le mot *porcelaine,* ou *pourcelaine,* existait dans la langue française dès le quinzième siècle. Ce chroniqueur rapporte une lettre adressée par le soudan d'Égypte à Charles VII, roi de France, dans laquelle on lit : « Je te mande par le dit ambassadeur un présent : c'est à scavoir du baume fin de nostre saincte Vigne ; trois escuelles de pourcelaine de Sinant (de Chine) ; un plat de pourcelaine de Sinant ; deux grands platz ouvrés de porcelaine ; deux bouques (bateaux ou bouts de table) verdes (vertes) de pourcelaine, etc. »

Note sur le § XVIII, chap. IV. — « Les vases grecs, dit M. Ziégler, se divisent en trois classes, selon les époques de leur fabrication. La couleur rouge pâle, avec figures noires et blanches, indique ceux de la première époque ; ils remontent à 700 ans avant l'ère chrétienne. Les vases de la seconde époque sont fond noir avec figures jaunes. Enfin ceux de la troisième époque sont de deux couleurs seulement, figures jaunes et fond noir ; la perfection des peintures et leur extrême légèreté les distinguent particulièrement.

» On voit que les colorations étaient déjà bien connues dans l'antiquité ; toutefois ce n'est, en général, que par des superpositions de terres que les couleurs étaient produites. Ce n'est que depuis la renaissance, depuis la découverte de la faïence, que la palette du peintre en poteries a été créée et qu'on a pu produire tous ces tableaux émaillés extrêmement remarquables, malgré toutes les difficultés que présente leur exécution.

» Déjà, à partir de cette époque, les ressources de la coloration furent considérables ; on en peut juger par la richesse des couleurs des majoliques italiennes et celle des plats de Palissy, qui représentent des poissons, des coquilles, etc. Toutefois ce n'est que depuis les grands progrès de la chimie que la palette du peintre en porcelaine a acquis une richesse suffisante pour rivaliser avec celle de la peinture à l'huile.....

» Le premier résultat qu'ait montré l'Exposition de 1855, c'est l'élégance du style de Sèvres, qui, par une réaction sur ses anciennes méthodes, ne décore plus sa belle porcelaine blanche que d'ornements légers, peu serrés, ne détruisant pas l'éclat du fond. Ce style a été adopté par l'un des premiers fabricants d'Angleterre, M. Minton.

» Un nouveau genre de décoration, s'appliquant parfaitement aux couleurs grand feu et au fond céladon, est celui produit par peinture et relief combinés. Ces ornements, formés par une partie transparente faite au pinceau venant rejoindre de hauts reliefs sculptés, sont d'un grand éclat.

» Un genre de décoration qui n'est pas entièrement nouveau a été employé avec un grand succès par M. Copeland, habile fabricant anglais, célèbre à juste titre par la beauté de ses statuettes en parian ; nous voulons parler de la décoration de la porcelaine par des pastilles, des perles en émail qui ont beaucoup d'éclat. Des buires de forme et de décoration style indou ont été admirées à l'Exposition par tous les connaisseurs. Une pièce semblable, fond bleu et parsemée de pastilles blanches, est ravissante et fait comprendre, par son éclat, le nom de porcelaine-bijou qu'on a donné à ces produits.

» L'Exposition de 1855 a aussi fait connaître quelques teintes grand feu, à tons rouges et verts, obtenues par M. Regnault, le savant directeur de Sèvres, en faisant naître à volonté une atmosphère réductrice ou oxydante, progrès technique important.

» Enfin nous rappellerons l'emploi de fonds vermicellés, pointillés, formés par une dorure très-fine, qui donnent sur porcelaine, et surtout sur cristal, des effets très-heureux. » (Ch. Laboulaye, *Essai sur l'art industriel*, p. 214 et suiv.)

M. Péligot, professeur de chimie au Conservatoire des arts et métiers, est entré dans quelques détails sur la décoration de la porcelaine, dans le petit traité qu'il a publié (*Encyclopédie* Garnier) sur la verrerie et les arts céramiques. Ces détails, on les reproduira ici.

Parmi les couleurs qu'on applique sur la porcelaine, on distingue les *couleurs de grand feu* et les *couleurs de moufle*. Les premières sont cuites sous la couverte ou mêlées avec elle au grand feu du four à porcelaine ; elles sont peu nombreuses : on ne connait que le bleu de cobalt, le vert de chrome, les bruns de fer et de manganèse, les jaunes de titane, et les noirs d'urane ; ces couleurs sont fournies par les oxydes de ces différents métaux. Les couleurs de moufle sont également formées par des oxydes colorants qu'on mélange avec des substances facilement vitrifiables. Les principaux *fondants* contiennent de la silice, de l'acide borique ou du borax, de l'oxyde de plomb ou de l'oxyde de bismuth, du nitre, du carbonate de soude, etc. Ces couleurs, broyées avec de l'essence de térébenthine ou de lavande épaissie à l'air, fournissent au peintre sur porcelaine une palette très riche et très-variée. Elles sont appliquées sur la porcelaine vernissée, et elles sont cuites à une température peu élevée et réglée avec beaucoup de précaution, dans des *fourneaux à moufle*.

L'oxyde de cobalt entre toujours dans la composition des bleus ; l'oxyde de chrome et l'oxyde de cuivre fournissent les verts, dont on fait varier les nuances par l'addition d'autres oxydes colorants ; le peroxyde d'uranium et le chromate de plomb servent à produire les jaunes ; les rouges sont donnés par le protoxyde de cuivre et par le sesquioxyde de fer, qui fournit des nuances très-variées ; les violets et les roses par le pourpre de Cassius, qui est un mélange intime d'or et d'oxyde d'étain ; enfin les noirs s'obtiennent à l'aide du protoxyde d'uranium ou avec des mélanges d'oxydes de cobalt et de manganèse.

La *dorure* de la porcelaine s'exécute au moyen de l'or très-divisé, qu'on précipite de la dissolution de chlorure d'or par le sulfate de protoxyde de fer. On mélange cette poudre avec un peu d'oxyde de bismuth et de borax, et l'on applique au pinceau le mélange, qu'on transforme en pâte au moyen de l'essence de térébenthine. Après la cuisson, qui doit être faite dans la moufle, à une température suffisante pour donner à l'or une bonne adhérence, ce métal a un aspect mat : on le brunit avec le brunissoir en agate, et l'on achève de lui donner tout l'éclat qu'il peut prendre en le frottant avec un brunissoir en sanguine. (*Encyclopédie*. p. 2783.)

Note sur le § XX, chap. IV. — Dans le savant ouvrage qu'il a publié l'an dernier, et dont le titre est : *Histoire et fabrication de la porcelaine chinoise*, M. Stanislas Julien a donné la liste des marques de fabrique chinoises. On reproduira ici le résumé qui en a été fait par *la Science*, dans son numéro du 5 juillet 1856 :

« Les signes au moyen desquels on assigne une une date ou une origine à la porcelaine chinoise sont de deux espèces : ils consistent en inscriptions indiquant la période de règne où elle a été fabriquée, et en figures d'animaux ou de plantes, en noms d'hommes ou d'établissements.

» Les désignations de la première catégorie échappent au compte rendu que nous faisons du livre de M. Julien, puisqu'il faudrait reproduire les caractères chinois qui constituent les marques de fabrique. Les personnes qui s'occupent de collections ou de commerce pourront, sous ce rapport comme sous tant d'autres, consulter avec fruit l'ouvrage que M. Julien a traduit.

» Les marques de la seconde catégorie, qui sont des noms d'hommes ou d'établissements, nous échappent encore ; mais nous indiquerons les marques qui se composent d'un sujet peint.

» Ainsi, une *acore*, plante aquatique, peinte sous le pied des bols de *Kiun*, les signalait comme d'une fort belle qualité. Ce mérite était encore constaté par la présence, sous le pied du vase, du chiffre *un* ou *deux*, que les Chinois tracent à peu près comme la lettre *l* en caractère d'imprimerie, renversée horizontalement. Cette fabrication remonte aux années 960-963.

» Deux poissons peints à la même place désignaient les porcelaines de *Longth-Siouen* (969-1106).

» Un petit clou, formant saillie sous le vase, désignait certaines porcelaines de *Iou-Tcheou* (969-1106). M. Julien nous apprend, par une note, qu'il y avait également des porcelaines du Japon fort estimées, sous le pied desquelles était un vrai clou de fer couvert d'émail; ces porcelaines étaient craquelées.

» Une fleur de sésame se remarquait aussi sur d'autres porcelaines de *Iou-Tcheou*.

» Les vases de premier rang de la période *Yong-lo* (1403-1424) portaient au milieu deux lions qui faisaient rouler une boule en jouant.

» Ceux de seconde qualité de la même période avaient *deux canards mandarins*, qui représentent pour les Chinois le symbole de l'amour conjugal.

» Quant à la troisième qualité des porcelaines *Yong-lo*, elle était désignée par un fleur quelconque.

» Des tasses de la période *Siouen-te* (1426-1435) avaient une anse ornée d'un poisson rouge, ou une fleur fort petite au centre même du vase. Les combats de grillons, dont les Chinois raffolent autant que les Anglais de leurs combats de coqs, étaient encore une marque de la même époque. L'histoire fait mention d'une jeune fille nommée Ta-Sicou, qui les ciselait, dans la pâte même du vase, avec une adresse merveilleuse.

» A cette même époque, on fabriquait des pièces dont l'émail, couleur orange, était crevassé comme la peau de ce fruit, et d'autres vases sur lesquels on avait peint, dans des proportions fort petites, un dragon et un phénix. Ces derniers étaient à l'usage de l'empereur.

» Une poule avec des poussins indiquait la période 1465-1487. Voici encore une série de signes qui se rapportent aux mêmes dates :

» Une sauterelle, des raisins en émail, le fruit *Nelumbium speciosum*, la fleur *Pæonia moutan*, au bas de laquelle sont peints une poule et ses poussins. Il faut néanmoins mettre ici l'amateur en garde contre une confusion qu'il pourrait faire : cette même fleur est souvent remarquée sur les porcelaines de Ting-Tcheou, qu'on fabriquait dans les premiers temps de la dynastie des Song, vers 960.

» Une branche de l'arbre à thé, peinte en émail au centre d'une petite tasse blanche, annonçait une pièce de première qualité à l'usage de l'empereur Chin-Tsong (1522-1566).

» Des feuilles de bambou, un bouquet de *Lan (Epidendrum)*, désignaient habituellement des vases à fleurs bleues fabriqués dans la fameuse rue du Midi de la ville de King-te-Tching.

» Les Chinois, comme on a fait dans nos temps modernes, mirent des peintures licencieuses sur leurs vases. Ces porcelaines se nommaient, d'après l'auteur chinois, *Pi-hi-khi* (vases ornés de jeux secrets).

» On croit que ces *peintures de printemps*, comme s'exprime un écrivain chinois, ont pris naissance sous les Han, entre les années 202 avant Jésus-Christ et 220 après notre ère. L'histoire nous apprend qu'en ouvrant des tombeaux de cette époque, on fut très-surpris de trouver des murs qui, dans le séjour de la mort, offraient une grande variété de ces peintures de printemps.

» Il y eut un empereur, Mou-Tsong, de 1567 à 1572, qui, d'après notre auteur chinois, *aimait beaucoup la volupté*. Ce sultan Saladin de la Chine ressuscita le goût des peintures printanières auxquelles on ne pensait plus depuis longtemps.

Des artistes d'un grand mérite, comme cela n'arrive que trop, excellèrent dans ce genre érotique.

» Revenons aux marques de fabrique. Les mots *Le religieux qui rit dans la retraite*, tracés sous le pied des vases, étaient le cachet distinctif du célèbre fabricant Hao-chi-Khieou... »

NOTES ADDITIONNELLES.

1. CLASSIFICATION DES POTERIES. — M. Brongniart, ancien directeur de la manufacture de Sèvres, classe ainsi les poteries dans son *Traité de l'art céramique* :

1re classe. — *Terres cuites* (briques, tuiles, plastique des anciens, fourneaux, jarres, etc.).

Pâte souvent hétérogène, à cassure terreuse et à texture poreuse, cuite à basse température, et n'étant ordinairement recouverte d'aucun enduit vitreux ou seulement d'une glaçure de plomb.

2e classe. — *Poterie commune.*

Pâte homogène, tendre, à cassure terreuse, opaque, de couleur sale, recouverte d'un vernis ou glaçure translucide et plombeuse.

3e classe. — *Faïence commune* ou *italienne.*

Pâte opaque, colorée ou blanchâtre, tendre ; texture lâche, cassure terreuse, recouverte d'un émail opaque ordinairement stannifère.

4e classe. — *Faïence fine* ou *anglaise* (terre de pipe, *improprement* porcelaine opaque, demi-porcelaine, etc.).

Pâte blanche, opaque, à texture fine, dense, sonore, assez dure, recouverte d'un vernis cristallin, plombifère, quelquefois boracique.

5e classe. — *Grès cérame* (grès ou poteries de grès).

Pâte dense, très-dure, sonore, opaque, à grain plus ou moins fin, de couleurs variées ou sans vernis, ou enduite soit d'une glaçure salifère et plombifère, soit d'une couverte terreuse.

6e classe. — *Porcelaine dure* ou *chinoise.*

Pâte blanche, fine, dure ; cassure subvitreuse, translucide ; la glaçure est une couverte terreuse, dure, qui ne fond qu'à une haute température.

7e classe. — *Porcelaine tendre* ou *française.*

Pâte fine, dense, à texture presque vitreuse, dure, translucide, fusible à une haute température ; vernis vitreux, transparent, peu dur, plombifère ou boracifère.

Les poteries des trois premières classes sont tendres ; le fer peut les rayer ; celles des quatre dernières ne sont pas entamées par une pointe d'acier quand elles proviennent d'une bonne fabrication.

2. EXTRAITS DE QUELQUES AUTEURS SUR LES ARTS CÉRAMIQUES. — 1° *Pline :* « Dans les sacrifices, même au milieu de nos richesses, ce n'est point avec des vases murrhins ou du cristal, mais avec des simpuves d'argile que se font les libations. Si l'on veut apprécier en détail les bienfaits de la terre, le nombre en est incalculable. Sans rappeler ici les diverses espèces de grains, de vins, de fruits, d'herbes, d'arbrisseaux, de médicaments et de métaux qu'elle nous prodigue, l'art du potier, se reproduisant sous toutes les formes, offre sans cesse à nos besoins les tuiles pour les gouttières, les cuves pour contenir nos vins, les tuyaux pour la conduite des eaux, les bouches de chaleur pour les bains, les briques plates pour la couverture des maisons. C'est relativement à tous ces ouvrages que Numa établit une septième classe pour les potiers de terre. Beaucoup d'hommes ont préféré pour leur sépulture un cercueil de terre cuite. Varron, suivant l'usage des Pythagoriciens, voulut que le sien fût rempli de feuilles de myrte, d'olivier et de peuplier noir. La plupart des peuples font usage de vases de terre. On vante Samos pour sa vaisselle (*). Arétium, en Italie, conserve encore sa célébrité. Sorrente, Asta, Pollentia, ont la vogue, mais seulement pour les coupes, ainsi que Sagonte en Espagne, et Pergame en Asie. Tralles et Mutine, en Italie, ont de même leurs fabriques; car les ouvrages de ce genre font aussi la gloire des nations; et quand ils sortent d'une manufacture distinguée, on les transporte par terre et par mer dans tous les pays du monde. On voit encore aujourd'hui dans le temple d'Erythris deux amphores consacrées à cause de leur finesse : un maître et son élève s'étaient défiés à qui des deux ferait en terre le vase le plus mince. Les amphores ont donné lieu à quelques exemples de sévérité. Nous lisons que Coponius fut condamné comme coupable de brigue, pour avoir donné une amphore à un homme qui avait droit de suffrage. Et afin que le luxe assure aussi quelque dignité à la vaisselle de terre, je dirai que, du temps de Fenestella, le service à trois plats était le dernier effort de la magnificence dans les festins. Il consistait en un plat de murène, un plat de loup de mer, et un plat de merlus; ce qui annonçait déjà la décadence dans les mœurs, moins perverties toutefois que celles des philosophes de la Grèce, puisqu'à la mort d'Aristote, soixante-dix plats furent mis en vente par ses héritiers. Quant au plat du tragédien Æsopus, dont j'ai déjà parlé à l'article des Oiseaux, et qui seul coûta 100 000 *sesterces* (20 000 francs), je ne doute pas que mes lecteurs n'aient frémi d'indignation! Mais que dis-je? Vitellius, pendant son règne, se fit construire un plat qui coûta un million de sesterces, et pour lequel on bâtit un four en pleine campagne : car tels ont été les progrès du luxe, qu'un plat de terre est plus cher qu'un vase murrhin. C'est à ce sujet que Mucianus, consul pour la seconde fois, portant la parole dans une enquête judiciaire, reprochait à la mémoire de Vitellius ses étangs portatifs, non moins affreux ni moins détestables que ce plat par le moyen duquel Cassius Severus accusait Asprenas d'avoir fait périr à la fois cent trente convives... » (Pline, *Histoire naturelle*, traduction de Guéroult, liv. XXXV, § XLVI.)

2° *Ch. Aubin :* « M. Stanislas Julien, membre de l'Institut, si connu par ses beaux travaux sur la langue chinoise, vient de faire paraître la traduction d'un traité complet de l'*Histoire et de la fabrication de la porcelaine chinoise* (**). L'auteur de ce traité, publié en 1815, est un lettré fort instruit, nommé Tching-Thing-Koueï, habitant du district de Feou-Liang, province du Kiang-si, où se trouve la ville de King-te-Tching, le plus grand centre de fabrication de la porcelaine chinoise. Aussi l'ouvrage chinois porte-t-il le titre d'*Histoire des porcelaines de King-*

(*) Les anciens, connaissant à peine l'art d'apprêter et de faire cuire le verre, étaient obligés de se servir de poterie pour tous les vases ou ustensiles que l'on fabrique aujourd'hui en verre et en cristal. La grande consommation qu'on en faisait dut amener bientôt le perfectionnement de la plastique, et, en effet, ils portèrent si loin cet art que les vases les plus communs sont encore pour nous un sujet d'étonnement et d'admiration. Les Grecs surtout savaient donner à leur poterie une finesse, une légèreté, une solidité qui la faisaient rechercher de toutes les nations... (Note de Guéroult.)

(**) 1 vol. grand in-8, chez Mallet-Bachelier.

te-Tching, bien qu'il renferme en outre des détails extrêmement complets sur les autres porcelaines.

» C'est à King-te-Tching que se trouve la manufacture impériale, fondée depuis plus de huit siècles. La ville est assez belle, bâtie sur un plan régulier, avec des rues bien alignées : elle a plus d'une lieue de long et près d'un million d'habitants. Trois mille fours à porcelaine y cuisent les produits que préparent d'innombrables ouvriers. Comme la plupart des grands centres industriels et commerçants de la Chine, King-te-Tching n'est pas entouré de murailles : aussi les Chinois lui refusent-ils le titre de *ville*.

» Dans une savante préface, M. Stanislas Julien démontre que l'origine de la fabrication de la porcelaine en Chine se place entre les années 185 avant et 88 après l'ère chrétienne. Avant cette époque, les Chinois ne connaissaient que des poteries de terre cuite beaucoup plus grossières ; les annales officielles des Chinois, qui ont toujours été conservées avec soin dès la plus haute antiquité, attribuent l'invention de ces poteries communes à l'empereur Hoang-ti, dont le règne commença en l'année 2698 avant Jésus-Christ : on cite même le nom d'un certain fonctionnaire qui avait, pendant ce règne, le titre d'*intendant de la poterie*. En 2255, ce fut un potier, nommé Chun, qui parvint au trône. Quelques petits vases de porcelaine portant des inscriptions chinoises ayant été récemment découverts dans des tombeaux égyptiens, plusieurs antiquaires éminents en ont conclu que ces vases étaient contemporains des tombeaux, et, par conséquent, remontaient à 1800 ans avant l'ère chrétienne. Mais il est maintenant bien prouvé que les inscriptions de ces vases sont des vers extraits de poëmes chinois composés dans le huitième siècle après Jésus-Christ : on en trouve encore de tout semblables dans le commerce, et il est vraisemblable que ceux que renfermaient les tombeaux égyptiens y ont été introduits à une époque assez moderne.

» La fabrication de la porcelaine fit peu de progrès en Chine jusqu'au sixième siècle après Jésus-Christ : en 583, un décret impérial ordonne aux fabricants de King-te-Tching de faire de la porcelaine pour son usage particulier et de la lui apporter dans sa capitale.

» A partir de cette époque, les historiens chinois ont conservé avec une exactitude minutieuse les noms des fabricants les plus habiles, ainsi que la liste complète des marques inscrites sur leurs produits. Les porcelaines d'un bleu de ciel, fabriquées dans le dixième siècle, d'après les ordres de l'empereur Chi-Tsong, furent en si grande faveur dans les siècles suivants que les riches amateurs en portaient des tessons comme ornements à leurs bonnets de cérémonie, ou qu'ils s'en faisaient des colliers. Dans les siècles suivants, la fabrication fit encore de grands progrès ; on réussit merveilleusement dans l'imitation des porcelaines anciennes, dont les amateurs chinois sont pour le moins aussi fanatiques que les nôtres le sont du vieux sèvres. Au seizième siècle, un artiste fameux, nommé Tcheou, imitait si bien les vases antiques que les plus habiles connaisseurs y étaient trompés ; un seul de ses vases était payé 7 500 francs. Voici un exemple de son habileté merveilleuse :

» Un jour, il monta sur un bateau marchand de Kintchong, et se rendit sur la rive droite du fleuve Kiang. Comme il passait à Pi-ling, il alla rendre visite à Thang, qui avait la charge de thaï-tschang (président des sacrifices), et lui demanda la permission d'examiner *à loisir* un ancien trépied en porcelaine de Thing, qui était l'un des ornements de son cabinet. Avec la main, il en obtint la mesure exacte : puis il prit l'empreinte des veines du trépied à l'aide d'un papier qu'il serra dans sa manche, et se rendit sur-le-champ à King-te-Tching. Six mois après, il revint et fit une seconde visite au seigneur Thang. Il tira alors de sa manche

un trépied, et lui dit : « Votre Excellence possède un trépied-cassolette en porce-
» laine blanche de Thing ; en voici un semblable que je possède aussi. » Thang fut
rempli d'étonnement. Il le compara avec le trépied ancien qu'il conservait pré-
cieusement, et n'y trouva pas un cheveu de différence. Il y appliqua le pied et le
couvercle du sien et reconnut qu'ils s'y adaptaient avec une admirable précision.
Thang lui demanda alors d'où venait cette pièce remarquable. « Anciennement, lui
» dit Tcheou, vous ayant demandé la permission d'examiner votre trépied *à loisir*,
» j'en ai pris avec la main toutes les dimensions. Je vous proteste que c'est une
» imitation du vôtre ; je ne voudrais pas vous en imposer. » Le thaï-tschang, convaincu de la vérité de ces paroles, acheta au prix de 40 onces d'argent (300 francs)
ce trépied qui faisait son admiration, et le plaça dans son musée à côté du premier,
comme si c'eût été un double.

» La manufacture impériale de King-te-Tching fut dirigée, pendant la plus grande
partie du siècle dernier, par deux hommes habiles nommés Nien et Chang. Ce
dernier excellait dans la reproduction des plus belles pièces anciennes, aussi bien
que dans l'invention de formes et de décorations nouvelles. L'empereur le chargea
de publier en vingt-deux planches la description figurée de tous les procédés en
usage pour fabriquer et décorer la porcelaine, en les accompagnant d'un texte
explicatif. Ce texte a été traduit par M. Stanislas Julien dans le livre cinquième
de son ouvrage ; comme il n'a pu jusqu'à présent se procurer les planches originales,
il a fait exécuter des fac-simile des planches qui accompagnaient le texte qu'il a
traduit et de différents dessins que possède la Bibliothèque impériale.

» Les marchands de Canton ne vendent guère aux Européens que des porcelaines fabriquées spécialement pour l'exportation ou pour les *diables des mers*, nom
que les Chinois donnent aux Anglais et aux Américains. Les Chinois estiment
assez peu les porcelaines étrangères. Voici ce que dit un auteur des porcelaines
de Corée : « Bien que les vases appelés *yang-tse* et autres du même genre aient
» de belles couleurs et plaisent aux yeux, cependant ils manquent d'élégance, de
» poli et de finesse. *C'est tout au plus s'ils peuvent servir dans l'appartement des*
» *femmes*. Ils sont certainement indignes de figurer avec honneur dans la maison
» des lettrés et des magistrats. » On voit que les dames chinoises sont plus à
plaindre que les dames européennes, pour lesquelles nos fabricants de porcelaine
rivalisent constamment d'élégance et de bon goût.

» Les Chinois estiment beaucoup les émaux sur cuivre de fabrication française ;
ils les appellent *porcelaines du royaume des démons*, et les imitent avec succès.
Quant aux porcelaines européennes, le lettré Tching-Thing-Koueï n'en fait pas
mention.

» L'ouvrage de M. Stanislas Julien offre les ressources les plus précieuses aux
amateurs, ainsi qu'aux fabricants qui se proposent d'imiter les porcelaines chinoises. Les indications techniques ont été éclaircies par un grand nombre de notes
et par une préface dues à M. Salvetat, chimiste de la manufacture de Sèvres, et
collaborateur de M. Ebelmen dans un travail complet sur la composition des matières employées par les Chinois dans la fabrication de la porcelaine. Le nouvel
ouvrage de M. Stanislas Julien est donc destiné au même succès que le *Résumé
des principaux traités sur l'éducation des vers à soie et la culture des mûriers*,
déjà traduit dans les principales langues de l'Europe ; et on peut prédire la même
vogue à un traité *sur l'Industrie des Chinois*, que notre savant sinologue doit pro-
chainement publier.

» M. Stanislas Julien a fait suivre son traité de la porcelaine chinoise d'un précieux mémoire de M. le docteur Hoffmann, professeur à Leyde, sur les principales
fabriques de porcelaine au Japon ; c'est une traduction d'un ouvrage japonais

publié en 1799. L'art de fabriquer la porcelaine passa de Chine en Corée et de la Corée au Japon, vers l'an 27 avant l'ère chrétienne ; mais ce ne fut qu'à partir du douzième siècle que la porcelaine japonaise put rivaliser avec celle de la Chine. Les porcelaines japonaises les plus estimées sont celles de la province d'Imari. Deux procédés de fabrication, inconnus des Chinois, sont employés au Japon aussi bien qu'en Europe : c'est la première cuisson (dégourdi), destinée à raffermir les pièces et à les rendre poreuses, et la pose de la *couverte* ou *émail* par immersion. Les Chinois arrosent leurs pièces crues avec la couverte délayée dans l'eau, ou bien ils la posent au pinceau. » (*Journal pour tous*, 24 mai 1856, p. 127.)

3° *Moreau de Jonnès :* « Voici une industrie qui porte le beau nom grec de *céramique*. Elle est d'une illustre origine et remonte à la plus haute antiquité. Les premiers hommes burent sans doute dans leur main, comme l'enfant que Diogène prit pour modèle ; puis, à l'instar de ce philosophe, ils se servirent d'une calebasse ; et enfin, lors des premières lueurs de la civilisation, ils firent des écuelles de terre. Quand on compare la poterie des anciens à la nôtre, on est fort étonné de notre infériorité. Les vases égyptiens, étrusques et grecs, sont des vases admirables, que nos porcelaines sont réduites à copier. On est tenté de croire que ces fabrications résultent d'idées innées, lorsqu'on voit des poteries élégantes et gracieusement ornées jusque chez les peuples sauvages, séparés par l'Océan des nations chargées providentiellement de l'éducation du genre humain.

» Ce ne fut qu'au seizième siècle que l'Europe retrouva cette industrie ; l'honneur en est dû à la France, qui donna naissance à Bernard de Palissy, l'homme le plus étonnant par ses lumières au milieu de l'obscurité du temps où il vivait. Les émaux et les poteries qu'il fabriqua de ses propres mains sont des pièces d'art surprenantes et d'un grand prix.

» La faïence, sorte de poterie revêtue d'une couverte à demi vitrifiée, fut inventée en Italie et tire son nom de Faënza. La première qui fut faite en France eut pour auteur un Italien venu à Nevers, en 1580, avec le duc seigneur de cette ville. L'usage en était général à la fin du dix-huitième siècle, excepté parmi les grands, qui se servaient de vaisselle d'argent, et parmi les provinciaux, qui gardaient encore leur vaisselle d'étain.

» Mais en 1784, un Anglais, nommé Hall, importa de son pays la fabrication d'une espèce de faïence sans couverte, appelée terre de pipe, parce qu'on avait d'abord employé sa pâte à l'usage des fumeurs. Un établissement qu'il forma à Montereau eut un grand succès, et il obtint une médaille d'or à l'exposition de l'an 4. La faïence ancienne fut abandonnée pour cette nouvelle fabrication, qui s'établit aux deux extrémités de la France, à Toulouse et à Sarreguemines. On est parvenu, depuis 1830, à faire encore mieux. Une vieille invention du règne de Louis XIV, la porcelaine tendre, abandonnée à cause de ses imperfections, fut tirée de l'oubli, améliorée considérablement, et fabriquée sous le nom de *porcelaine opaque*. Le bon marché de cette espèce de poterie, et l'agrément de son aspect et de ses formes, l'ont fait adopter partout et laissent plus d'usage aux anciennes faïences et à la terre de pipe, qui semblent maintenant des vestiges du moyen âge. Il faut reconnaître que la fabrication de la porcelaine opaque est due à l'Angleterre, et qu'elle fut mise en œuvre, dès 1810, sous le nom d'*iron stone*, par un habile industriel, Spode, dont le souvenir mérite d'être conservé. Brongniart l'imita à la manufacture de Sèvres, et les travaux de MM. le Bœuf, Caseaux et Saint-Cricq, l'ont répandue et popularisée.

» La porcelaine dure, cette belle et riche industrie de la Chine et du Japon, fut fabriquée à la manufacture royale de Sèvres sous le règne de Louis XV. Mais elle était d'un prix très-élevé, et chaque assiette coûtait 3 francs, ou six fois autant qu'aujourd'hui. On doit ce bon marché à de nouveaux procédés de fabrication : la substitution du coulage au moulage, et celle du feu de houille au feu de bois. La supériorité de nos arts qui se sont exercés, depuis un siècle, à embellir nos porcelaines, en ont fait des chefs-d'œuvre dignes de l'admiration de l'Europe. Mais il a fallu d'abord posséder les premiers éléments de cette fabrication, et découvrir dans notre sol les mêmes terres dont les Chinois se servent avec tant de succès à l'autre extrémité de notre hémisphère. Le kaolin, qui garde chez nous l'appellation qu'il porte à la Chine, est tiré, ainsi que le feldspath, des carrières de Milher, dans les Pyrénées, et surtout des environs de Saint-Yrieix, où ces matières abondent. C'est pourquoi douze fabriques de porcelaine sont en activité à Limoges, et vingt-cinq autres dans diverses autres localités de la Haute-Vienne.

» La statistique de cette industrie est composée des données suivantes :

	Etablissements.	Matières premières.	Produits fabriqués.	Nombre d'ouvriers.
Départements......	91	3 641 000 fr.	9 838 000 fr.	6 841
Paris	158	1 500 000	4 392 000	1 641
Totaux	249	5 141 000 fr.	14 230 000 fr.	8 482 »

(*Statistique de l'industrie de la France,* par A. Moreau de Jonnès, membre de l'Institut, p. 247, édit. 1856.)

4° *Curiosités de l'archéologie et des beaux-arts.* « Les jarres à contenir le vin, l'huile et les grains, nommées amphores, avaient jusqu'à 2 mètres de haut sur 70 centimètres de diamètre. On en a trouvé une de cette dimension près de Pouzzoles.

» On en a trouvé, non loin de l'ancien Antium (aujourd'hui Anzio), de cette dimension, qui avaient été raccommodées avec des liens de plomb.

» Au Musée de Naples, on conserve des vases grecs trouvés dans la Pouille, élégants de forme, à pied et collets distincts, et garnis de grandes anses; ces vases ont environ 1^m,87 de hauteur.

» En admettant le récit de Juvénal sur la monstruosité du fameux turbot de Domitien, qu'on dut faire cuire entier, et en ne donnant à ce poisson qu'une des grandes dimensions connues, c'est-à-dire 1^m,80, il eût fallu, pour le cuire, un plat d'environ 2 mètres.

» Le plus grand plat de poterie commune qui se soit conservé jusqu'ici a été apporté d'Espagne par M. Taylor; il a 95 centimètres de diamètre.

» On a trouvé à Chiusi des vases dont la partie supérieure se compose de deux bras, un cou et une tête, qu'on croit avoir dû être les portraits des défunts dont les cendres étaient contenues dans ces vases. Les têtes étaient mobiles, ainsi que les bras, et attachées aux vases par des chevilles de bronze.

» En Corse, sur la route de Sartène à Propiano, on a trouvé des urnes funéraires remarquables en ce qu'elles sont fermées de toutes parts. Chaque urne est composée de deux parties à peu près d'égale dimension et s'emboîtant l'une dans l'autre, et si bien situées qu'on les a crues d'abord cuites avec le corps, ou au moins avec les os qu'elles contenaient. Diodore de Sicile dit, en parlant des usages des peuples des îles Baléares, que ces peuples brisaient les cadavres avec des bâtons et les déposaient, rendus flexibles par ce procédé, dans une jarre de terre.

» Au Brésil, on rencontre de grandes jarres qui servent d'urnes funéraires. On y plaçait, un peu recourbés, les corps réduits en momies des chefs de tribus ou des guerriers renommés, revêtus de leurs ornements et accompagnés de leurs armes. On nomme ces urnes *caumies.* On les trouve enfouies au pied des grands arbres, dans la tribu du Guaytokarés, maintenant civilisée et nommée Coroados, dans l'aldea de San-Fidelis, village sur les rives du Paraïba, à 6 lieues de Campos.

« Les vases ornés de peintures, longtemps connus sous la dénomination de *vases étrusques*, constituent la classe de monuments antiques la plus nombreuse, après celle des médailles et des inscriptions ; et, par un étrange contraste, il n'en est aucune sur laquelle les écrits des anciens nous aient laissé moins de renseignements. On peut pourtant évaluer à cinquante mille au moins le nombre des vases de ce genre qui ont été successivement découverts depuis deux siècles. Plus de six mille, les plus beaux et les plus intéressants, ont été trouvés dans la nécropole d'une seule ville étrusque, que l'histoire mentionne une fois ou deux à peine. » (P. 343 et suiv.)

3. LA POTERIE CHEZ LES ARABES. — L'*Ami des sciences*, dans son numéro du 29 juillet 1855, a donné l'analyse suivante d'un travail présenté à l'Académie des sciences par M. Texier :

« On sait que les grandes fabriques sont inconnues en Orient ; on sait également que le principal caractère de l'industrie orientale consiste en ce que chaque branche de travail est devenue l'apanage de quelques familles ou de certaines tribus. Ainsi, en Algérie, les Beni-Abbès et les habitants de Kala sont exclusivement voués au travail de la laine, les Flittas fabriquent des épées, les Guidfer sont agriculteurs.

» Les tribus qui se livrent à l'industrie céramique sont, d'après M. Texier : — les Beni-Rathen, qui habitent les contre-forts du Jurjura, dans le cercle de Dellys ; — les Beni-Maactas, voisins de ces derniers ; — à l'est, les Beni-Ourredin, situés entre la Calle et Guelma ; — près d'Alger, les Chenoua, tribu habitant les environs de Cherchel ; — à l'ouest, les habitants de Nedroma fournissent les environs de Tlemcen d'amphores et de vases à rafraîchir l'eau ; — enfin, si l'on sort des limites de l'Algérie, on trouve à Tanger une fabrication de faïence très-active.

» Chaque tribu pratique son art par tradition, ce qui n'est pas moins oriental que le reste. Il est clair, dit M. Texier, que le souvenir de l'antiquité n'est pas étranger aux artistes kabyles ; et il cite en témoignage les Beni-Ourredin. « Les vases de » cette tribu sont, dit-il, composés d'une terre rouge semblable à celle des vases » romains ; on voit chez eux des vases en forme de coupe romaine, décorés de » vernis noirs faits avec le bois de térébinthe. » Quelques modèles exposés à l'Académie offrent une singulière ressemblance avec certains vases mexicains conservés au Louvre. Les poteries des Beni-Rathen et des Maactas ressemblent plus aux poteries étrusques, etc. L'auteur de la note termine en exprimant le vœu que l'art de fabriquer la faïence destinée à décorer les édifices soit ranimé en Algérie, où l'on fait un si grand usage de briques vernissées que l'on tire d'Italie. »

4. LA CÉRAMIQUE A L'EXPOSITION DE 1855. — L'Exposition de 1855, à Paris, — comme celle de 1851, à Londres, — a surabondamment prouvé que l'art céramique est fort éloigné de la décadence. Si la Chine se complaît dans l'immobilité, la France et l'Angleterre marchent à l'envi dans la voie des améliorations, et l'on peut, sans exagération, avancer que jamais la céramique n'a plus mérité que de nos jours d'être rangée au nombre des beaux-arts.

On donne ici le résumé d'un travail publié en 1855 par M. Émile de la Bédollière. La situation de l'art à cette date s'y trouve nettement tracée.

La manufacture de Sèvres se maintient au premier rang dans l'art céramique. Aussitôt qu'on se rapproche d'elle, elle hâte le pas et réalise de nouveaux progrès artistiques et industriels. Cette année, étendant son domaine, s'essayant dans tous les genres, elle joint aux produits dont elle s'occupait presque exclusivement depuis un demi-siècle des objets en porcelaine tendre, des faïences, des terres cuites, des émaux. Grâce à l'heureuse impulsion donnée par M. Diéterle, les vieilles formes de ses vases ont été abandonnées pour des formes plus gracieuses et plus variées. Les peintres qu'elle emploie, au lieu de reproduire invariablement les tableaux des maîtres, abordent franchement la décoration. Ses ciseleurs et statuaires agencent les métaux dans les garnitures avec plus de goût qu'autrefois. Elle substitue la houille au bois dans la cuisson d'après les procédés de M. Vital-Roux. Elle colore la porcelaine au grand feu, et obtient par le coulage des pièces en porcelaine de grande dimension. Artistes, savants, ouvriers, rivalisent de zèle pour la prospérité d'un établissement qui est une des gloires nationales.

Aucune description ne saurait donner une idée des merveilles créées par ce concours. C'est un vase colossal en biscuit, autour duquel M. Gérome a fait majestueusement défiler, en commémoration de Londres, toutes les nations avec les attributs de toutes les industries respectives. C'est un vase Mansart, dont les anses de bronze soutiennent de sveltes figurines d'argent ciselé ; c'est le vase de la Guerre, composé par Klagmann avec une fougue appropriée au sujet ; c'est une potiche colossale, dont le fond est coloré avec de l'oxyde d'urane ; ce sont des pièces d'ornement réticulées d'une surprenante légèreté ; des vases en pâte céladon, sur lesquels, après une première cuisson et avant l'application de la couverte, ont été tracés en pâte blanche ou barbotine des bas-reliefs ou de capricieuses arabesques ; puis des coffrets, des coupes, des médaillons, aussi remarquables par la pureté du style que par la délicatesse de l'exécution.

La manufacture de Sèvres est revenue à la porcelaine tendre, qui lui valut primitivement sa célébrité. Parmi ses vases en pâte tendre, nous signalerons celui sur lequel M. Abel Schilt a reproduit en tons chauds et vigoureux *le Lion amoureux* du regrettable Camille Roqueplan ; la paire de vases enrichie, par le même artiste, de deux sujets dans le style de Watteau, *la Brouille* et *le Raccommodement ;* puis cette autre paire de vases que plusieurs amateurs se sont disputée, et sur laquelle sont peints des gardes-françaises au bivouac. Outre quatre-vingt-cinq vases de dimensions variées, Sèvres expose deux caisses à fleurs, une grande jardinière, une jatte chinoise, une soupière ovale avec son plateau, plusieurs coupes, tasses ou services à café...

Voilà pour la manufacture de Sèvres ! Sa part, comme on voit, est assez belle.

Voici maintenant la part qui revient à chacune des autres manufactures, françaises et étrangères, dont les produits ont figuré à l'Exposition de 1855. C'est toujours au travail de M. de la Bédollière que nous faisons emprunt.

« Un fabricant de Saint-Amand-les-Eaux, M. de Bettignies, est un des premiers qui aient repris, de nos jours, la fabrication des anciennes pièces en pâte tendre, dites *vieux sèvres*. Rejetant comme inutiles l'alun, le gypse, le sel marin, que recommandaient les recettes primitives, il composa sa fritte de sable, de nitrate de potasse et de carbonate de soude. Encouragé dans ses efforts par une médaille de bronze en 1849, par une médaille de prix avec mention spéciale en 1851, il a fait de nouvelles études pour retrouver les traditions perdues. Il représente à l'Exposition actuelle les quatre vases qu'il avait à l'Exposition de Londres : deux en bleu turquoise, décorés par M. Abel Schilt, et deux à fonds blancs, peints par M. Labbé, jeune artiste dont nous déplorons la mort prématurée. M. de Bettignies y joint une plaque en pâte tendre, ornée d'un sujet allégorique, et des vases de différentes formes, dont quelques-unes sont empruntées aux modèles de la manufacture de Sèvres sous Louis XV. Son plus beau produit est un vase de dimensions colossales, qui suffit pour prouver le parti qu'on peut tirer de la porcelaine tendre. Une face de ce vase est enrichie de fleurs peintes par Schilt père. Sur l'autre médaillon, M. Abel Schilt a reproduit librement la composition grandiose qu'Eustache le Sueur avait faite pour l'hôtel Lambert, et qu'on admire actuellement au Musée du Louvre. La noblesse de style, la pureté de lignes, l'harmonie de tons, qui recommandent l'original, éclatent dans cette copie savante. La monture en bronze doré, de M. Victor Paillard, nous a paru ajustée à la hâte, et aurait besoin peut-être de quelques rectifications, pour être à la hauteur de l'ornementation.

» Sans essayer de rivaliser avec Sèvres, la plupart des exposants se sont bornés à fabriquer de bonnes porcelaines, simples et sans ornements, comme les services de table et cabarets de M. Pouyat, de Limoges. Les fabriques de Bordeaux, de Creil, de Montereau, de Sarreguemines, ont prouvé une fois de plus qu'elles étaient capables de soutenir la concurrence anglaise pour le bon usage et le bon marché des produits.

» MM. Charles Pillivuyt et Dupuis n'emploient pas moins de douze cents ouvriers dans les manufactures de Foëcy, Morlac et Mehun-sur-Yèvre, à la fabrication de la porcelaine dure, qu'ils cuisent à la houille, d'après la méthode de M. Vital-Roux. Les gisements de matières kaoliniques qu'ils ont découverts dans les départements du Cher et de l'Allier donnent des pâtes égales à celles du Limousin pour les propriétés chimiques, la facilité de façonnage, la blancheur, la translucidité, la dureté et l'éclat de la glaçure. On peut s'en assurer en examinant leurs services de table, leurs garnitures de toilette et leurs grands vases incrustés, aux fonds de couleur au grand feu. Grâce à leurs moyens économiques de revient, ces commerçants multiplient les objets qui exigent une grande modicité de prix, comme piles télégraphiques, parfumerie, limonaderie, articles d'exportation. Les dessins de leurs vases pâte sur pâte, qui représentent des forêts tropicales, avec accompagnement obligé de tigres, de caïmans et de boas constrictors, pourraient reproduire plus énergiquement une nature vierge et luxuriante; mais du moins la confection ne laisse rien à désirer.

» MM. Hache et Pepin-Lehalleur cuisent également la porcelaine dure à la houille. Leurs services de table et de toilette sont solides, et les dorures y sont distribuées avec une sage économie.

» Les fruits peints sur les assiettes de dessert qu'expose M. Julien, de Saint-Léonard, ont du relief et sont justes de ton; mais nous donnons la préférence à ses assiettes simples, pour la pâte et pour la glaçure.

» La baignoire de M. Boulu, fabricant limousin, est admirée de tous ceux qui savent combien il est difficile d'obtenir, en porcelaine dure, une pièce de cette dimension.

» M. Chabrol, de Limoges, produit à peu de frais des statuettes et objets d'ornement en biscuit, qui peuvent contribuer à propager le goût des arts, s'il s'en tient aux vieux modèles, ou s'il en demande de nouveaux à des artistes d'un ordre moins secondaire.

» M. Gilles, de Paris, également occupé des nombreuses applications dont le biscuit est susceptible, le transforme en cariatides, en bustes, en bas-reliefs, en statues d'hommes et d'animaux de grandeur naturelle, en vases, et même en feuilles ou fleurs de rosiers, avec une prodigieuse facilité.

» L'exposition française est moins riche en faïences qu'en porcelaines; on peut toutefois prévoir la renaissance de l'art qu'importèrent en France les artistes italiens venus à la suite de la maison de Gonzague. Dans une modeste vitrine cachée le long d'un obscur couloir des bas côtés, les amateurs et le jury ont su découvrir des potiches, des corbeilles à jour émaillées, des tasses persanes à fleurs blanches et à couverte bleue, un vase forme Louis XV orné d'arabesques bleues rehaussées de jaune, et autres pièces d'une légèreté remarquable et d'une rare finesse d'exécution. Ces produits sont dus à M. Ristori, qui, lui aussi, est venu d'Italie à Nevers, avec la résolution d'y restaurer la faïencerie. En consultant la collection des livrets des expositions annuelles des beaux-arts, nous le trouvons au nombre des statuaires ; mais il a renoncé à modeler la glaise, à tailler le marbre, pour s'adonner à l'art céramique, dont il a perfectionné les procédés. Il coule la faïence, en blanchit la pâte, y applique le cobalt et le jaune d'antimoine avec une netteté parfaite, sans que ces couleurs juxtaposées produisent jamais du vert en se combinant. Ses terres à feu, à vernis brun-noir, plus résistantes que celles d'Orléans, ont toute la légèreté de la porcelaine.

» Les peintures sur faïence émaillée sont inaltérables, et propres par conséquent à la décoration extérieure des édifices. Celles que M. Sébastien Cornu a exécutées pour les tympans des portes de l'église de Saint-Leu-Taverny représentent, l'une Jésus-Christ entre saint Leu et saint Egidius, l'autre Marie, consolatrice des affligés. Toutes deux sont d'un profond sentiment religieux, d'un style sévère, et d'un coloris harmonieux.

» M. Avisseau a eu l'honneur de faire renaître, il y a déjà longues années, l'industrie trop longtemps négligée de Bernard Palissy. Le potier de Tours marche dignement sur les traces du potier d'Agen ; et si les plats modernes, où nagent des poissons, où rampent des lézards, où s'enroulent des vipères, n'ont pas l'harmonie de tons des plats anciens, c'est peut-être faute de cette patine inimitable que les siècles étendent sur les poteries comme sur les tableaux. Il a dans M. Barbizet un redoutable émule ; les animaux, les fleurs, les fruits, les feuillages groupés dans les plats, jardinières ou vases, de M. Barbizet, reproduisent la nature avec une merveilleuse fidélité. Faites d'une argile éminemment réfractaire et cuite à une haute température, ses poteries de formes variées unissent la solidité à l'élégance, et elles ont en outre un avantage, celui d'atteindre les dernières limites du bon marché.

» Les terres cuites sont employées avec succès par M. Virebent, de Toulon, à l'ornementation extérieure des édifices ; mais, comme le fait remarquer le *Mémorial bordelais*, on se tromperait étrangement si on voulait juger de ce mode de fabrication par les échantillons frais. Le temps les soumet à une rude épreuve ; et pour apprécier le mérite des travaux de M. Virebent, il faut se rappeler le tombeau qu'il exposa en 1834, et la cheminée qui décore actuellement, à Londres, le musée de Marlborough-House.

» Une branche de la céramique dont l'importance peut être méconnue au premier abord, c'est la fabrication des *boutons en porcelaine*. Elle naquit en Angleterre ; M. Bapterosses, qui l'introduisit en France, inventa des pâtes nouvelles, une presse qui frappait cinq cents boutons à la fois, et des fours où la cuisson s'opérait presque instantanément et avec une grande économie. La manufacture qu'il créa à Paris fut bientôt insuffisante, et il la transporta à Briare, petite ville marinière que les chemins de fer avaient doublement ruinée, en ne la traversant pas, et en diminuant la navigation fluviale. Aujourd'hui, M. Bapterosses y occupe un millier d'ouvriers et ouvrières, et livre chaque jour au commerce, grâce à un admirable outillage, près de quatre millions de boutons agate, de boutons strass, de boutons coloriés dans la pâte ou peints pour impression ; enfin de boutons d'un beau noir lustré, destinés à remplacer ceux de corne, d'os et de buffle. Il n'est guère de chemise, de col, de camisole, en Europe, en Amérique, qui ne soient attachés avec des boutons de M. Bapterosses.

» Si nous passons des produits céramiques français à ceux de l'étranger, nous trouvons en première ligne M. Minton, de Stoke-sur-Trent (Staffordshire). Sa spécialité est de tout faire : assiettes communes ou décorées ; porcelaines de Chine, de Saxe ou de Sèvres ; majoliques italiennes, bas-reliefs en terre émaillée de

Lucas della Robbia, grès de Flandre et d'Allemagne, rustiques figurines de Palissy, siéges de jardin en faïence émaillée, carrelages incrustés du moyen âge, vases en biscuit, tuiles peintes et unies, etc., etc. Considéré isolément, aucun de ses produits n'est supérieur aux produits analogues des autres exposants; mais M. Minton l'emporte sur tous par la variété infinie de sa fabrication.

» La ville de Stoke-sur-Trent compte encore, parmi ses représentants à l'Exposition, MM. Baker et Till, qui fabriquent de solides poteries de grès; MM. Cork, Fieder, Pratt, habiles faïenciers; M. Pepper, dont les services de table sont décorés par transport d'impressions; M. Copeland, dont les statuettes en biscuit dit *parian* péchent par le choix des modèles; M. Mayer, qui fournit des ustensiles faits avec soin à la chimie et à la photographie; et M. Wedgwood, digne héritier de Josias Wedgwood, qui inventa, en 1760, la porcelaine dite anglaise. Dans cette composition, le kaolin, et quelquefois l'argile plastique, sont mêlés à des frittes artificielles, à de la pegmatite, à du phosphate de chaux. La porcelaine anglaise est plus fragile que la porcelaine dure; mais elle se prête à la décoration, s'exécute rapidement, coûte peu, et reçoit des impressions en couleur vives et sans bavures.

» La Suisse n'a ni porcelaines, ni faïences, mais elle nous offre des tuyaux en terre cuite pour le gaz, l'eau, les fils télégraphiques; des bas-reliefs, statues et objets d'art en terre cuite, entre lesquels nous remarquons le bénitier gothique et la Melpomène de M. Ziégler-Pellis.

» M. Freppa, de Florence, tente de reproduire les anciennes majoliques de Giorgio Andreoli et de Francesco Xanto. Les pièces fines des grands artistes du seizième siècle étaient dégourdies par une première cuisson imparfaite, et plongées dans un liquide où l'on délayait un mélange de sable, de potasse, d'oxyde de plomb et d'étain. On les revêtait ensuite de peintures en couleurs vitrifiables, et on les reportait au four pour y recevoir une cuisson complète. Sans égaler la beauté des plats armoriés, des *sbiancheggiati*, des aiguières, des *rinfoscatoji* de la renaissance, les essais de M. Freppa méritent d'être encouragés.

» Voulez-vous avoir une idée exacte de ce qu'était la manufacture royale de Sèvres sous la restauration, regardez les produits de la manufacture de Berlin. La porcelaine est bien cuite et d'une pâte homogène, l'ornementation soignée; les médaillons, exécutés d'après Kaulbach, doivent reproduire fidèlement le dessin et le coloris des originaux. Mais que ces vases ovoïdes sont lourds et disgracieux! que ces allégories sont fades! Que de fausse majesté, que de vulgarité réelle dans les formes! Quelle malencontreuse composition que celle de cette vasque richement peinte et soutenue par un dauphin en biscuit blanc! Espérons qu'éclairée par les observations qu'elle a pu faire pendant le cours de l'Exposition de 1855, la manufacture de Berlin entrera dans une voie de rénovation.

» Parmi les exposants allemands, nous remarquons M. Maurice Fischer, de Herend (Hongrie), dont les porcelaines de Chine et de Saxe attestent l'étude des bonnes traditions. »

On trouvera dans l'ouvrage de M. Charles Laboulaye (*Essai sur l'art industriel, comprenant l'étude des produits les plus célèbres de l'industrie à toutes les époques, et des œuvres les plus remarquées à l'Exposition universelle de Londres en 1851, et à l'Exposition de Paris en 1855*) un certain nombre de gravures représentant, avec une exactitude parfaite, quelques-uns des produits signalés ci-dessus. Nous y renvoyons le lecteur.

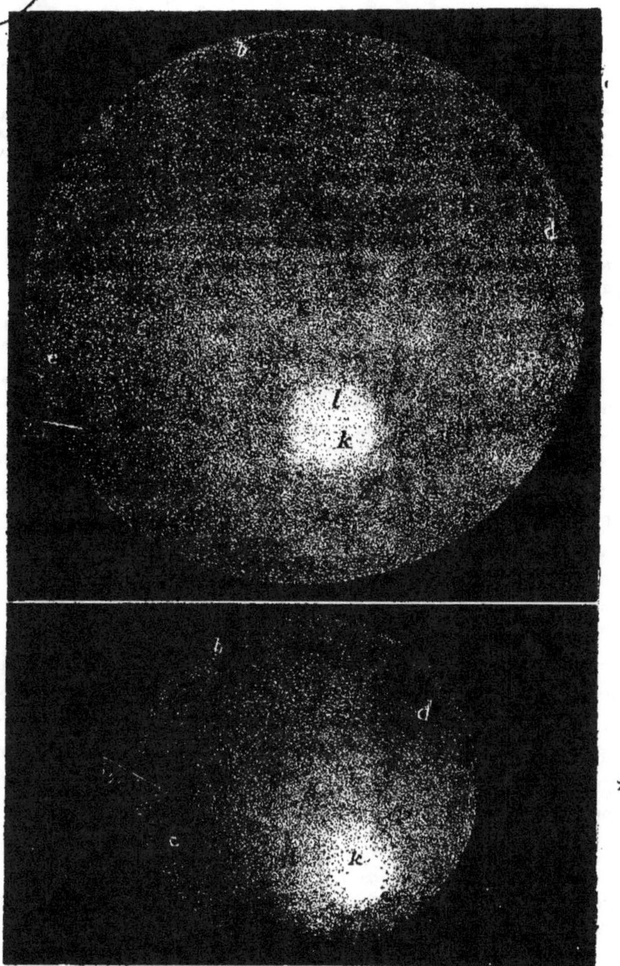

Vues télescopiques de la comète d'Encke, en 1828, par Struve.
FIG. 1. 7 novembre. — FIG. 2. 30 novembre.

CHAPITRE PREMIER.

I. Tendance du peuple à rattacher les événements de la terre aux phénomènes célestes. — II. Opinions populaires touchant les influences des comètes. — III. Explication des comètes : leur nature ; attractions ; leur forme, leur volume et leur masse ; queues ; densité ; non-lumineuses. — IV. Du choc de la terre par une comète ; conséquences ; comètes de 1832, de 1805 ; probabilités d'une collision. — V. La température des saisons est-elle affectée par les comètes ? — VI. Du passage de la terre à travers la queue d'une comète ; conséquences probables. — VII. Les comètes peuvent-elles donner naissance à des maladies épidémiques ? hypothèses admises par quelques auteurs ; comète de 1680 ; la grande peste de Londres ; comète de 1668, accusée d'une épidémie qui sévit sur les chats en Westphalie. — VIII. Comète de 1746 ; on lui attribue les tremblements de terre de Lima et de Callao. — IX. Influences diverses attribuées aux comètes : tremblements de terre, pestes, succès des Turcs sous Mahomet II.

I.

Dans tous les temps et chez tous les peuples, on a voulu rattacher les événements terrestres aux phénomènes célestes. Peu importe, en pareil cas, si l'opinion populaire a une base ; peu importe s'il existe un rapport quelconque de cause et d'effet ; on n'essaye même pas de l'établir ; on se contente de dire : « Voici un phénomène céleste ; c'est l'avant-coureur, le précurseur ou le présage d'un événement terrestre. » On se garde fort d'aller plus loin.

Lorsque les phénomènes célestes auxquels on attribue tant de pouvoir sont, de leur nature, récurrents, périodiques, comme les phases de la lune, on tente de généraliser les effets qu'on leur impute, et de les réduire à l'état de règles ; mais lorsque ces phénomènes sont tout occasionnels, rares, extraordinaires, sans périodicité connue, aucune règle générale ne saurait être établie. Dans ce cas, cependant, on n'est pas moins porté, en général, à attribuer à leur apparition tout événement extraordinaire arrivé en même temps qu'eux ou immédiatement après.

II.

Au nombre des phénomènes occasionnels, les comètes occupent la première place. Dans tous les temps, dans tous les pays, elles ont fortement frappé la portion superstitieuse du genre humain. Ont-elles inspiré moins de terreur dans les siècles modernes et de lumière que dans les temps reculés et d'ignorance ? Ont-elles moins été en horreur aux peuples les

plus civilisés qu'aux peuples les plus barbares ? Les a-t-on moins considérées chez les uns que chez les autres comme les avant-coureurs d'innombrables événements, tant dans l'ordre physique que dans l'ordre physiologique, social ou politique ? Non, peut-être. A-t-on jamais hésité à leur
attribuer les extrêmes de chaleur et de froid des saisons, généraux ou locaux ; les tempêtes de neige, de grêle, de vent et de pluie ; des ouragans,
des tremblements de terre, des éruptions volcaniques, des déluges, des
sécheresses et des brouillards ; les épidémies qui sévissent soit sur la race
humaine, soit sur les animaux inférieurs ; l'état des moissons et des vendanges, leur disette ou leur abondance, leur bonne ou leur mauvaise qualité ; la fécondité des femmes, la naissance et la mort des grands personnages, le mouvement des armées et la chute des empires ? Non.

III.

Sans insister, comme il serait facile de le faire, sur l'absurdité manifeste,
la contradiction flagrante, le peu de fondement de la plupart de ces influences hypothétiques, exposons, et le plus brièvement possible, la nature
des corps auxquels on fait jouer un rôle si vaste, si extraordinaire. L'écha-
faudage d'erreurs dont ils sont la base tombera ainsi de lui-même. On
comparera aussi les effets attribués à la présence et à l'influence des comètes avec les dates de l'apparition de ces corps, leur nombre, leur grandeur, leur rapprochement ; on sera, par ce moyen, à même de voir si les
coïncidences prétendues ont existé réellement.

Les comètes ne sont pas, comme on le supposait autrefois, des phénomènes atmosphériques. Elles se meuvent dans les régions de l'espace
occupées par les planètes. La plupart se rendent dans le système solaire
des parties de l'univers qui s'étendent infiniment au delà de ses limites, et,
après s'être fait jour au milieu des planètes, après s'être plus ou moins
approchées du soleil, elles disparaissent de nouveau, pour reparaître à des
distances non moins éloignées.

Le nombre des comètes vues jusqu'ici, et dont les apparitions ont été
enregistrées, s'élève à plusieurs centaines. Mais si l'on considère que ces
corps ne sont visibles que dans l'intervalle, souvent très-court, de leur
passage à travers le système solaire ; qu'un grand nombre d'entre eux ne
peuvent être aperçus qu'à l'aide de télescopes ; que leur position la plus ordinaire est telle qu'ils ne sont au-dessus de l'horizon des observateurs que
pendant le jour, ou ne se trouvent à portée de la vue que dans les latitudes où il n'y a pas d'observateurs, on comprendra sans difficulté que le
nombre des comètes aujourd'hui connues ne forme qu'une très-faible
fraction du nombre total des comètes qui ont visité notre système.

Arago, prenant pour base de son raisonnement les principes ordinaires
de la doctrine des probabilités, a prouvé que le nombre des comètes qui

ont traversé notre système n'est pas inférieur à trois millions et demi, mais qu'il peut, sans invraisemblance, s'élever à deux fois ce chiffre. Képler, malgré les notions incomplètes qu'il avait de ces corps, déclarait « qu'il y a plus de comètes dans l'espace que de poissons dans l'eau. »

Parmi les quelques centaines de comètes dont l'apparition a été enregistrée, deux cents environ ont été observées avec assez de précision pour permettre aux astronomes de calculer les orbites dans lesquelles elles se meuvent. Ces calculs ont conduit à un résultat de la plus haute importance; il est démontré que ces comètes sont des masses de matière pondérable. Les formes de leurs orbites le prouvent. Newton a fait voir que si un corps se meut dans une courbe d'une certaine forme, que les géomètres appellent une *section conique,* ayant un point, nommé son *foyer,* au centre du soleil, ce corps doit être soumis à l'attraction de la gravitation solaire, et, réciproquement, doit attirer le soleil. Or on a constaté que les comètes se meuvent suivant des courbes de cette espèce, et que le soleil est dans leur foyer commun. Il suit de là que les comètes et le soleil doivent s'attirer mutuellement, conformément à la loi générale de la gravitation. Donc les comètes sont des masses de matière pondérable.

Mais ces masses ne sont pas seulement attirées par le soleil; elles le sont aussi par les planètes primaires et secondaires près desquelles elles passent. On a constaté qu'elles dévient considérablement, à raison de ces attractions, des orbites ou routes qu'elles suivraient si elles n'étaient soumises qu'à la force attractive du soleil. — En vertu de la loi de gravitation, cette attraction est réciproque; il est constant que les comètes attirent les planètes avec autant d'énergie que les planètes les attirent elles-mêmes, et si les masses des comètes étaient aussi considérables que celles des planètes, elles feraient dévier les planètes de leur route ou orbite accoutumée autant que les planètes les feraient dévier de la leur. Mais si l'on trouve que la déviation des planètes, au lieu d'être, comme celle des comètes et en vertu de cette mutuelle attraction, fort considérable, est, au contraire, extrêmement minime, la conclusion à tirer de là, c'est que les masses des comètes sont plus petites que celles des planètes, et en raison de la force attractive que planètes et comètes exercent réciproquement les unes sur les autres ; en d'autres termes, plus l'attraction exercée par une comète sur une planète est puissante, plus la masse cométaire est considérable ; moins cette attraction est grande, plus la masse est faible.

Or on a trouvé que, tandis que la déviation des comètes, due aux attractions planétaires, est considérable, celle des planètes, des satellites, et même des astéroïdes (les plus petits corps du système solaire), est tellement minime qu'on ne possède aucun moyen de l'apprécier. On a même enregistré un cas dans lequel une comète est venue presque en contact avec les satellites de Jupiter, — si toutefois elle n'a pas traversé ces petits corps ; — eh bien, l'attraction exercée par elle sur ces corps était si faible qu'elle ne produisit aucun effet observable sur leurs mouvements, quoique la comète elle-même, par l'attraction de la planète, fût affectée au point que son orbite se trouva totalement changée.

Par les observations et les calculs dont il vient d'être parlé, on est donc arrivé à établir que, quoique les comètes soient des masses de matière pondérable, la quantité de matière dont est formée chacune d'elles est incalculablement moins grande que celle de la plus petite planète, primaire ou secondaire, du système solaire.

Ces corps sont aussi remarquables par leur étendue, l'étrangeté, la variété et la variabilité de leurs formes que par l'extrême petitesse de leurs masses.

Les comètes en général, et plus particulièrement celles qu'on aperçoit sans télescope, ont l'apparence d'une masse presque ronde de vapeur éclairée ou de matière nébuleuse, à laquelle se trouve attaché souvent, mais non toujours, un appendice d'une étendue plus ou moins grande, composé de matière d'un aspect identique. La première partie s'appelle la *tête* et la dernière la *queue* de la comète.

Les astronomes chinois donnent à la queue le nom plus significatif de *brosse*.

La lumière de la tête n'est pas toujours uniforme. Quelquefois, dans la matière nébuleuse dont elle est formée, on remarque un point central brillant. C'est ce qu'on appelle le *noyau*.

Le noyau paraît quelquefois comme un point stellaire brillant, et quelquefois il a l'aspect d'un disque planétaire vu au travers d'une vapeur nébuleuse. Généralement, toutefois, en examinant l'objet avec un télescope puissant, ces apparences ne sont plus telles, et l'objet semble n'être qu'une masse de vapeur éclairée de ses bords à son centre.

La vapeur nébuleuse qui toujours environne le noyau porte le nom de *chevelure*.

Le mot *comète* est tiré du grec *comé*, chevelure ; on suppose que la matière nébuleuse composant la chevelure et la queue ressemble à une chevelure, et l'objet, en conséquence, a reçu le nom de *cométès*, étoile ou astre chevelu.

On donne, en tête de ce chapitre, une vue télescopique d'une comète globulaire sans queue. C'est la comète connue sous le nom de comète d'Encke, du nom de l'astronome qui a calculé son orbite.

Cette comète peut donner une idée générale de la forme apparente des comètes sans queue. Leur forme réelle est évidemment globulaire ou sphéroïdale.

Les comètes à queue sont infiniment variées dans leurs formes. La figure 4 représente la comète dite comète de Halley, telle qu'elle se montra le 3 octobre 1835 ; on peut aussi la prendre pour type général des comètes à queue.

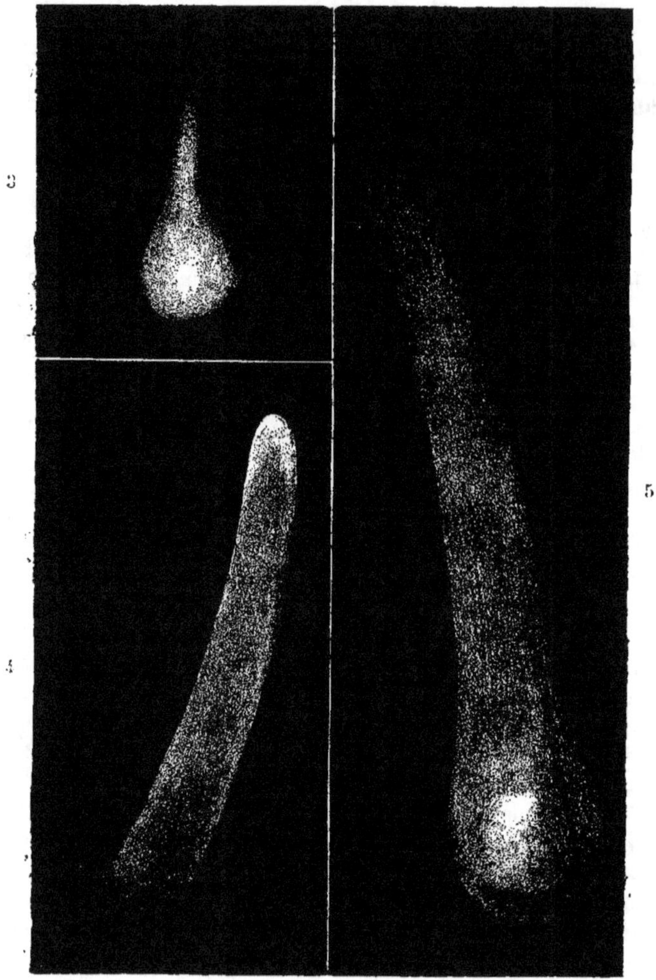

Vues télescopiques de la comète de Halley, en 1835, par Struve.

Fig. 3. 29 septembre. — Fig. 4. 3 octobre. — Fig. 5. 29 octobre.

Les formes capricieuses, rapidement changeantes, de ces corps singuliers, seront saisies facilement, grâce à la figure 7, qui représente la même comète quelques jours plus tard, le 9 du même mois d'octobre, et à la figure 12 (chapitre II, p. 131), qui la représente le 5 novembre.

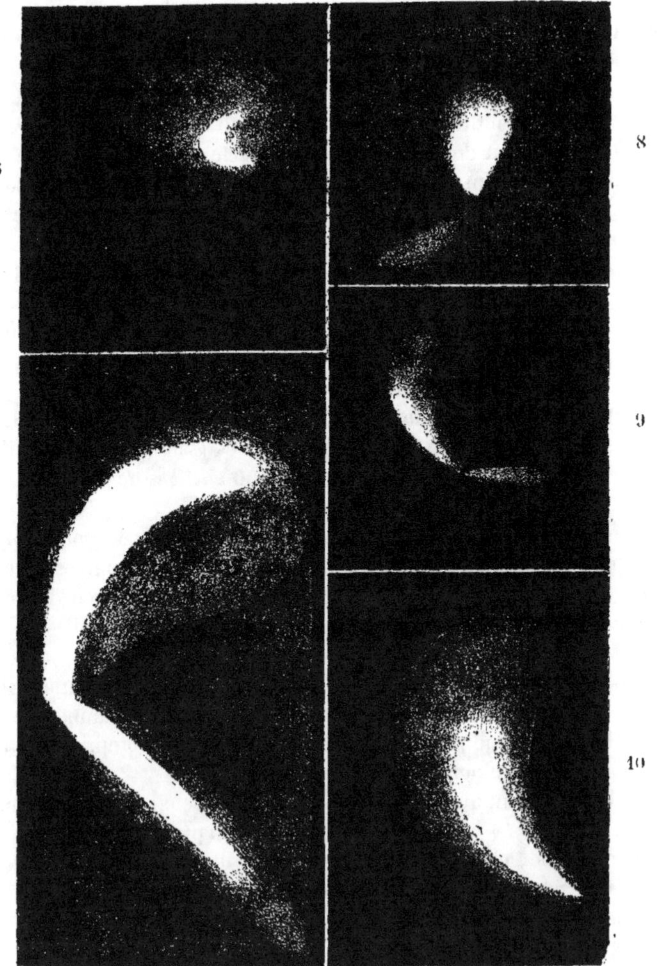

Vues télescopiques de la comète de Halley, en 1835, par Struve.

Fɪɢ. 6. 8 octobre. — Fɪɢ. 7. 9 octobre. — Fɪɢ. 8. 10 octobre. — Fɪɢ. 9. 12 octobre.
Fɪɢ. 10. 14 octobre.

Les dimensions prodigieuses de ces corps extraordinaires, voilà surtout ce qui frappe l'esprit d'étonnement. La tête de la grande comète de 1811 formait une masse globulaire dont le diamètre mesurait 1 250 000 milles. Son volume devait être, par conséquent, trois fois celui du soleil, et *environ quatre millions de fois celui de la terre*. — Les dimensions de la queue étaient plus imposantes encore. La queue avait une longueur de 130 millions de milles, de sorte que, si la tête eût été dans le soleil, la queue se serait étendue 30 millions de milles au delà de la terre!

En supposant que la matière composant cette queue était continue, voyons quelle quantité de matière elle devait avoir. Son diamètre, au point où elle sortait de la tête, était égal à celui de la tête; mais comme ses bords divergeaient légèrement, son diamètre augmentait en raison de la distance à la tête. Mais admettons que ce diamètre était simplement égal à celui de la tête.

La longueur de la queue étant 130 millions de milles et le diamètre de la tête un million et quart de milles, il s'ensuit que la longueur de la queue mesurait 104 fois le diamètre de la tête. Si les côtés de la queue, au lieu d'être divergents, eussent été parallèles, il suivrait de là que le volume ou masse cubique de la queue eût dû être 150 fois plus grand que celui de la tête; et comme le volume de la queue était quatre millions de fois celui de la tête, celui de la queue et de la tête réunies (sans tenir compte de la divergence de la queue) dut être *environ* 600 *millions de fois celui de la terre!*

Nous devons faire remarquer, cependant, que certains phénomènes observés dans les queues des comètes ont porté les astronomes à penser qu'elles étaient probablement creuses, c'est-à-dire qu'au lieu d'être des colonnes cylindriques ou coniques de matière vaporeuse, elles sont de minces tubes de vapeur cylindriques ou coniques, semblables au tuyau d'un poêle. Il va de soi que, s'il en est ainsi, le volume de matière vaporeuse entrant dans leur composition serait beaucoup moins grand que celui qu'on leur a attribué plus haut; mais le volume réel compris dans leurs limites resterait toujours le même.

Les comètes sont quelquefois droites, et quelquefois recourbées comme un cimeterre (fig. 4 et 5). La grande comète qui parut en 1456 avait cette dernière forme, et les esprits superstitieux de l'époque la regardèrent comme un signe assuré des succès des Turcs en Europe, à cause de sa ressemblance avec le sabre turc.

La queue n'est pas toujours unique. On a vu des comètes à deux queues et davantage. Une comète parut, en 1744, qui avait six queues; chacune avait à peu près la forme d'un quart de cercle.

La grandeur de ces accessoires immenses est moins étonnante encore que la brièveté du temps qui leur suffit pour se séparer de la tête. La grande comète de 1843 avait une queue qui mesurait 200 millions de milles, de sorte que si la tête eût été dans le soleil, la queue se fût prolongée cent millions de milles au delà de la terre. Cependant cette queue disparut en moins de vingt jours. Si, comme on doit le supposer, elle se composait entièrement de matière s'échappant de la tête, avec quelle inconcevable force ne dut pas être éjectée la matière qui formait l'extrémité de la queue! La matière, ayant disparu, sur une étendue de 200 millions de milles, en vingt jours, dut avoir une vitesse de 10 millions de milles par jour; ce qui lui donne une vitesse de 400 000 milles par heure, de 7 000 milles par minute, ou de 115 milles (46 lieues) par seconde.

Cette vitesse, environ six fois celle de la terre dans son orbite, est deux cent cinquante fois plus grande que celle d'un boulet de canon.

On comprend sans peine que la matière à laquelle une telle vitesse peut être impartie par la réaction d'un corps tel qu'une comète (qui, selon toute probabilité, se compose uniquement de vapeur) doit être infiniment atténuée.

Mais d'autres faits viennent prouver combien doit être légère et raréfiée la matière dont sont formés ces corps.

Puisque les masses des comètes sont d'une petitesse si infinie, tandis que leurs volumes sont si énormes, il en doit résulter que la densité de la matière qui les compose doit être extrêmement faible, si faible, en effet, qu'elles doivent être, à volume égal, infiniment plus légères que l'air ou la vapeur la plus étendue. D'autres phénomènes viennent aussi démontrer ce fait. Ainsi, l'on a trouvé que les plus petites étoiles, — celles-là mêmes que l'on voit à peine en se servant de télescopes puissants, — sont vues distinctement, et sans aucune diminution sensible de leur éclat, à travers le centre même de la tête de ces corps. Il s'ensuivrait que la matière qui les compose est si peu dense que, quoique son épaisseur soit de plusieurs millions de milles, cette matière n'éprouve aucune altération sensible dans sa transparence.

On est donc parfaitement en droit de conclure que la matière dont sont formées les comètes est vaporeuse ou aériforme, qu'elle se trouve dans un état d'atténuation dont on n'a pas d'idée, et que, selon toute probabilité, elle est plusieurs milliers de fois moins dense que notre atmosphère terrestre.

On a constaté aussi que cette matière n'est pas lumineuse; comme les nuages qui flottent dans notre atmosphère, elle est éclairée par le soleil et rendue visible par ce moyen. Quelques circonstances accompagnant la variation de grandeur de la substance visible de ces corps rendent probable qu'ils sont composés de vapeur; cette vapeur, élevée à une certaine température par leur voisinage du soleil, devient absolument transparente et invisible, et, à mesure que la comète s'éloigne du centre de la lumière et de la chaleur, se condense insensiblement et devient visible; en un mot, il se passe alors ce qui se passe lorsque la vapeur sort de la soupape de sûreté d'une chaudière : au moment où elle s'échappe et avant sa condensation, elle est transparente et invisible ; mais plus elle s'éloigne de la soupape et se trouve exposée à l'action condensatrice de l'air froid, plus son volume de matière nuageuse et blanchâtre augmente. Ainsi s'explique ce fait que le volume visible des comètes s'accroît, en général, à mesure qu'elles s'éloignent du soleil.

Tels sont généralement la nature et le caractère des corps cométaires ; telles sont les conclusions auxquelles sont arrivés les astronomes par une longue suite d'observations. Il nous reste à chercher si l'on trouve dans ces éléments une base sur laquelle on puisse raisonnablement établir les influences et les effets divers que l'on attribue aux comètes

IV.

De tous ces effets, le moins irrationnel peut-être est celui d'une collision avec la terre. — Qu'un événement de cette nature soit *possible,* on ne saurait le nier. Il reste donc à calculer son degré de probabilité et les effets qui en résulteraient s'il arrivait.

Pour qu'une comète puisse rencontrer la terre, deux conditions sont indispensables : 1° il faut que l'orbite de la comète coupe celle de la planète ; 2° il faut que les deux corps arrivent en même temps au point d'intersection.

Mais de toutes les comètes aujourd'hui connues, il n'en est pas une dont l'orbite coupe l'orbite d'une planète. On en connaît une, cependant, dont l'orbite passe si près de l'orbite terrestre que la distance entre les deux points où elles sont le plus rapprochées est inférieure au demi-diamètre de la comète ; il s'ensuit que, si la terre et la comète arrivaient en même temps sur ces deux points, la terre aurait à traverser la comète. Si la comète était solide, ce qui n'est pas, une collision serait inévitable. Mais elle n'est composée que d'une matière vaporeuse des plus légères, des plus déliées, et l'effet qui résulterait du passage ne serait pas plus sensible que celui résulterait du passage de la terre à travers un nuage très-faible.

Cette comète est l'une de celles, en petit nombre, dont on a constaté le mouvement autour du soleil, mouvement analogue à celui des planètes : seulement, son orbite est un ovale un peu allongé, au lieu d'être à peu près circulaire. La révolution de cette comète étant d'environ six ans trois quarts, il s'ensuit qu'elle franchit le passage dangereux pour la terre une fois dans cet intervalle.

Elle franchit ce passage en 1832, dans des circonstances qui excitèrent chez la plupart une certaine panique. On avait prédit sa venue, et personne n'ignorait qu'elle devait s'approcher de l'orbite terrestre. Les craintes, toutefois, n'eurent aucun fondement, car la comète passa à l'endroit périlleux le 29 octobre et la terre n'y arriva que le 30 novembre. Or, comme la terre se meut avec une vitesse de plus d'un million et demi de milles par jour, il s'ensuit que le 29 octobre, jour où la comète franchissait le point du danger, la terre devait s'en trouver à près de 50 millions de milles.

En 1805, la même comète franchit le même point dans des circonstances qui, si elles avaient été aussi généralement connues qu'en 1832, eussent pu avec plus de raison soulever des craintes; car la distance de la terre à la comète n'était que de 5 millions de milles.

On doit faire remarquer, toutefois, que, quoique le danger d'une rencontre avec les comètes dont les orbites sont connues soit insignifiant, le risque, par rapport aux comètes beaucoup plus nombreuses dont les mouvements sont indéterminés et qui sillonnent incessamment l'espace occupé par les planètes, est beaucoup plus considérable.

Au moyen de la théorie des probabilités, et en prenant pour base le nombre et la grandeur des comètes, on a pu calculer les chances de collision réellement à craindre. Il a été démontré que, en supposant aussi grand que possible le nombre des comètes qui passent dans l'orbite de la terre, en supposant aussi considérables qu'on peut l'imaginer les grandeurs de ces comètes, les chances contre une collision entre la terre et une comète seraient dans le rapport de 281 millions à 1.

Voici la signification de cette conclusion arithmétique.

Si une comète se montrait le mois prochain et que, par sa rencontre avec la terre, elle pût détruire toute la race humaine, comment évaluer le danger d'une telle catastrophe pour chaque individu? Supposons que dans une urne on a déposé 281 millions de boules blanches et une noire, et que la mort de l'individu sera la conséquence du tirage de la boule noire, tirage exécuté par la main d'un aveugle, et l'on aura l'évaluation exacte du danger couru.

Cette conclusion, basée sur le raisonnement mathématique le plus sévère, suffira, nous le croyons, pour rendre aux plus timides la plus complète assurance.

Partout l'opinion populaire veut que les comètes agissent sur la température des saisons. Quoique l'opinion populaire soit bien loin d'être toujours infaillible, on ne doit pas la rejeter sans examen.

Chacun sait que la supériorité de la célèbre vendange de 1811 fut, d'un accord presque unanime, attribuée à l'influence de la brillante comète qui parut cette même année. La réputation du *vin de la comète* fut immense: on en parla longtemps; les connaisseurs en parlent encore. Ce vin atteignit un prix exorbitant. L'abondance des récoltes de la même année fut aussi unanimement attribuée à la même cause.

En 1818, le *Gentleman's Magazine* publia un article sur les influences supposées de la comète de 1811. L'auteur de cet article affirmait que, quoique l'hiver eût été doux, le printemps humide et l'été froid ; quoique le soleil eût eu une force à peine suffisante pour mûrir les fruits de la terre, telle avait été, cependant, l'influence de la comète que la récolte des grains s'était trouvée d'une abondance exceptionnelle et que certaines espèces de fruits, les melons et les figues, entre autres, avaient à la quantité joint la qualité. On fit remarquer plus tard qu'il y avait eu peu de guêpes, que les mouches devinrent aveugles et disparurent de bonne heure, qu'il naquit beaucoup de jumeaux ! Il arriva même à la femme d'un cordonnier de Whitechapel de mettre au monde quatre enfants à la fois !... Et tous ces résultats merveilleux furent mis sur le compte de la comète.

La question de savoir si les comètes ont sur la température des saisons une influence, est une des plus simples et des plus faciles à résoudre. Dans tous les observatoires, on tient note des apparitions et des mouvements des comètes. Les moyennes températures diurnes, mensuelles et annuelles, sont pareillement observées et notées avec exactitude. Pour savoir donc si les comètes exercent réellement une influence sur la température des saisons, il suffit de mettre en regard les comètes et les températures, et d'examiner s'il y a entre elles quelque rapport.

C'est là ce que fit Arago. Les registres des observatoires fournissaient les données nécessaires pour établir la comparaison durant le siècle qui finissait avec l'année 1832 ; le résultat fut qu'il n'était pas possible de saisir aucun rapport. Il arriva quelquefois que les années de plus grande température moyenne furent celles où se montrèrent quelques comètes ; quelquefois ce furent celles où il n'en parut aucune. Dans plusieurs cas, les années signalées par les comètes les plus remarquables furent caractérisées tantôt par une haute, tantôt par une basse température moyenne. Ainsi, en 1737, année où l'on vit deux comètes, la température fut plus basse que dans les deux années précédentes, qui n'avaient point eu de comète. Des vingt années qui commencèrent en 1763, la plus froide, 1766, fut celle où se montrèrent deux comètes, dont l'une fut remarquable par son éclat. Dans un intervalle de seize années, la plus chaude fut l'année 1794, qui n'eut pas de comète, et la plus froide, 1799, qui en eut deux.

Mais laissons de côté cet examen détaillé ; voyons le résultat général des recherches d'Arago. Sur 74 années, 49 eurent une comète ou davantage, et 25 n'en eurent aucune. La moyenne température des premières fut 51°,6, et celle des dernières fut 50°,7 ; — différence, moins d'un degré.

Des 49 années où l'on vit des comètes, 25 en eurent une, et 24 deux ou davantage. Si ces corps exerçaient une influence sur la température, une différence devrait exister entre la température des dernières et celle des premières. Cependant on a trouvé que la moyenne température des 25 années à comète unique était 51°,6, tandis que celle des 24 années à plusieurs comètes était 51°,4 ; — différence, $^1/_5$ de degré seulement. Encore cette différence parle-t-elle *contre* l'influence des comètes, puisqu'elle est à l'avantage des années à comète unique.

En résumé, des observations cométaires et thermales poursuivies pendant tout un siècle, il résulte que l'opinion populaire, en vertu de laquelle les comètes auraient une action sur les saisons, est complétement dénuée de fondement.

VI.

De toutes les éventualités auxquelles peut donner lieu la marche des comètes à travers le système, la moins improbable et celle surtout dont les conséquences sont le plus difficiles à prévoir, c'est le passage de la terre à travers la queue d'un de ces corps.

Les comètes sont extrêmement nombreuses ; mais il en est peu qui possèdent des queues. En général, ces appendices ont une longueur fort limitée ; mais dans quelques exemples, comme on l'a dit, leur longueur est prodigieuse et couvre un espace égal à la trentième partie du diamètre extrême du système solaire. Une comète de cette espèce, dont la tête se trouverait à la surface du soleil et la queue dans le plan de l'écliptique, balayerait de sa queue l'espace dans lequel se meuvent les planètes Mercure, Vénus, la Terre et Mars, et pourrait, dans ce cas, rencontrer l'une de ces planètes et même toutes.

On ne saurait donc nier que l'immersion de la terre dans la queue d'une comète soit un événement possible. Cependant le peu de probabilité qu'il y a peut se prouver au moyen du raisonnement dont on a déjà fait usage dans la question de collision entre une comète et la terre. Une autre considération vient s'y joindre en outre, c'est le petit nombre des comètes possesseurs d'une queue considérable.

Mais, en admettant qu'un événement de cette nature ait lieu, quelles en seraient les conséquences probables ?

Il est certain que la matière dont se composent les queues des comètes est d'une nature telle que, quoique ces appendices aient souvent une épaisseur de plusieurs milliers de milles, les plus petites étoiles télescopiques sont visibles au travers, sans que leur éclat en soit affecté d'une manière sensible.

La matière des queues cométaires étant donc d'une transparence si complète et ne produisant en outre aucune réfraction appréciable, sa densité, — si elle est vaporeuse ou aériforme, — doit être extrêmement peu considérable, et, très-probablement, plusieurs milliers de fois inférieure à la densité de notre atmosphère.

Si telle est sa nature, lorsque la terre passerait au travers, la matière cométaire se mêlerait avec l'atmosphère terrestre ; et si sa densité était, par exemple, mille fois moins dense que l'air, l'atmosphère contiendrait une molécule de matière cométaire par mille molécules d'air pur.

Supposons que l'appartement où nous sommes renferme 10 000 pieds cubes d'air et qu'on y introduise 10 pieds cubes d'un gaz délétère quelconque, qu'on mélange avec l'air. En respirant, il entrera dans nos poumons une molécule du gaz délétère par mille molécules d'air pur. Évidemment, si le gaz inspiré ne peut nuire qu'à la condition d'être inspiré en quantité notable, on a peu dé craintes à avoir.

Cependant, on a d'innombrables exemples d'effets énergiques produits sur nos organes par les effluves dont l'air est parfois imprégné, quoique ces effluves se trouvent dans l'air en une proportion si faible que l'analyse la plus exacte, la plus minutieuse, ne sache les découvrir. Un grain de musc, une seule goutte d'essence de roses, agiront sur l'odorat dans un vaste appartement : ils agiront même pendant un laps de temps considérable. Néanmoins, la proportion des effluves matérielles, productrices d'un effet si énergique sur nos organes, par rapport à la quantité totale de l'air imprégné, est tout à fait inappréciable.

Quelques praticiens prétendent que les effluves inspirées en odorant certains médicaments peuvent déterminer sur le sujet les effets d'un apéritif, et personne n'ignore que certaines odeurs produisent souvent l'effet d'un émétique.

Ces analogies prouvent donc que l'état d'atténuation extrême qui vraisemblablement caractérise les queues de comètes, n'exclut pas nécessairement en elles la faculté d'amener dans le monde organique des perturbations redoutables, si la matière de ces queues se mêlait avec celle de l'atmosphère.

VII.

Cette hypothèse n'a pas manqué d'être admise par quelques auteurs, dont la plupart occupent dans le monde savant une position distinguée. Ils expliquent par ce moyen les maladies épidémiques qui font rage à diverses époques.

Gregory, dans un ouvrage d'astronomie, publié à Oxford en 1702, affirmait que partout et toujours les apparitions des comètes ont eu des conséquences de ce genre ; et il ajoute qu'il ne sied pas à un esprit philosophique de passer légèrement sur ces traditions, ou de les rejeter sans examen comme de pures fictions.

Dernièrement, en 1829, M. T. Forster, médecin anglais, publia un livre intitulé : *Preuves de l'origine atmosphérique des maladies épidémiques (Illustrations of the atmospherical origin of epidemic diseases).* Dans ce livre, il prétendait prouver que, depuis l'ère chrétienne, les époques où la santé a été le plus compromise sont invariablement celles où quelque grande comète a paru. Il soutient que l'influence maligne de ces corps n'est pas bornée à la race humaine, ni même au monde organique. Il leur attribue d'innombrables effets sur les animaux inférieurs, et tous les bouleversements atmosphériques violents, en outre des tremblements de terre, des éruptions volcaniques, des déluges, des sécheresses et des famines.

En moyenne, il parait chaque année à peu près deux comètes. Or il est généralement admis par ceux qui croient à leur influence que leur action se manifeste quelque temps avant leur apparition et quelque temps après leur disparition. Il n'est donc pas surprenant que les partisans de cette théorie trouvent une comète pour chaque visite épidémique ou autre, soit physique, soit physiologique, qu'ils veulent mettre sur son compte.

Néanmoins, quelque fréquentes que soient les apparitions de comètes, quelque divers les effets que les partisans de la théorie en question leur attribuent, on a vu des cas où les plus ardents champions de cette hypothèse étaient fort empêchés pour trouver une maladie ou un événement qu'ils pussent mettre en regard des plus épouvantables comètes; d'un autre côté, il est difficile parfois de trouver une comète qu'on puisse rendre responsable de quelqu'un des plus grands fléaux qui visitent l'espèce humaine.

Dans les temps modernes, l'une des plus remarquables et des plus belles comètes fut celle de 1680. Ce fut aussi celle qui passa le plus près du soleil, et à une distance assez voisine de la terre. Néanmoins les partisans des influences cométaires ont pu difficilement trouver une calamité à lui attribuer. Il n'y eut alors aucune épidémie, soit générale, soit locale. M. Forster la considère comme l'auteur d'un hiver froid, suivi d'un été sec et chaud, et de quelques météores vus en Allemagne.

L'année de la grande peste de Londres (1665) se distingua par une grande comète qui parut au mois d'avril; naturellement cette comète fut inculpée. Cependant personne n'a dit pourquoi Londres eut le monopole du fléau; pourquoi les autres capitales d'Europe en furent affranchies; pourquoi les autres grandes villes d'Angleterre, et surtout les nombreuses bourgades qui environnent Londres, n'en furent pas atteintes.

On peut objecter à toutes ces spéculations qu'en admettant comme possible l'influence des comètes, leur effet doit être général et non local. On ne voit pas pourquoi un corps de cette espèce influencerait, d'une manière spéciale, un point particulier à la surface du globe, tandis que les contrées voisines se trouveraient soustraites aux conséquences de son influence.

· Telle est la réponse péremptoire à adresser aux spéculations absurdes qui remplissent les longs traités de Gregory, de Sydenham, Lubienetski, Forster et autres. Quelques-uns de ces effets attribués aux comètes semblent si ridicules qu'il est difficile de les prendre au sérieux et de les discuter dans un livre de physique.

En 1668, il parut une comète, la même, à ce qu'on croit, que celle de 1843. Un des avocats des influences cométaires a découvert que l'apparition de ce corps, en 1668, donna naissance à une épidémie terrible qui sévit en Westphalie... *sur les chats !* Heureusement, pareille calamité ne s'est pas répétée en 1843. Du moins on n'en a pas parlé, que je sache.

VIII.

En 1746, une comète, que ne distinguèrent ni sa grandeur ni son éclat, passa près de la terre. On lui imputa la destruction des villes de Lima et de Callao par un tremblement de terre. Mais pourquoi les autres villes du continent sud-américain demeurèrent-elles sauves ? On n'en dit rien.

IX.

On met à la charge d'une autre comète la destruction de l'horloge d'un clocher, en Ecosse, par la chute d'une pierre météorique ; à une autre comète, on attribue la multitude de pigeons sauvages de l'Amérique ; à une autre, de grandes éruptions du Vésuve et de l'Etna. Les auteurs qui, à grand renfort de recherches, collectionnent des faits de cette nature, font une vaine dépense d'érudition, et, comme Arago le disait judicieusement, sont dans une illusion semblable à celle d'une dame dont parle Bayle. Cette dame ne se mettait jamais à la fenêtre de son appartement, situé dans un quartier très-fréquenté de Paris, et ne voyait jamais la rue pleine de voitures, sans s'imaginer que c'était son apparition à la fenêtre qui causait le rassemblement.

Le célèbre voyageur Rüppel écrivait du Caire, à la date du 8 octobre 1825 (année où parurent trois comètes), que « les Egyptiens attribuaient à la comète alors en vue les secousses de tremblement de terre ressenties dans ce pays le 21 août précédent, et l'épidémie qui sévissait sur leurs chevaux et leurs ânes. La vérité, c'est que les pauvres animaux mouraient de faim ; les débordements du Nil, qui fertilisent le pays, ne s'étaient pas accomplis, et le fourrage des bêtes avait subi une diminution considérable. »

« Si des considérations de politesse ne m'arrêtaient, disait Arago à l'occasion de cette lettre, je prouverais sans peine que, dans les questions astronomiques, tous les Egyptiens ne sont pas sur les bords du Nil. »

Ce ne sont pas des effets physiques seulement qu'on attribue aux comètes. La comète bien connue aujourd'hui sous le nom de *comète de Halley*, et dont la dernière réapparition périodique eut lieu en 1835, parut avec un éclat extraordinaire en 1305 ; on la décrit comme il suit : « *Cometa horrendæ magnitudinis visus est circà ferias Paschalis, quem secuta est pestilentia maxima ;* Une comète d'une grandeur effrayante parut vers les fêtes de Pâques ; elle fut suivie d'une peste terrible. » Ainsi, comme d'ordinaire, la grande peste fut mise sur le compte de la comète.

La même comète revint en 1456. On dit qu'elle avait une grandeur inouïe et une queue qui couvrait plus de 60 degrés du ciel, — les deux tiers de la distance du zénith à l'horizon. On la vit ainsi pendant le mois de juin ; l'Europe fut dans la consternation. On la considéra comme un présage des rapides succès des Turcs sous Mahomet II, qui prit Constantinople, s'avança jusque sous les murs de Vienne et répandit la terreur dans toute la chrétienté. Le pape Calixte II, dans ses inquiétudes pour l'avenir du christianisme, lança les foudres du Vatican contre les ennemis de la foi terrestre et céleste, et dans la même bulle exorcisa les Turcs et la comète. Afin de perpétuer le souvenir de cet acte d'autorité papale, il ordonna que les cloches fussent sonnées à midi, coutume observée encore dans les pays catholiques. Cependant, ni la marche de la comète, ni les armes victorieuses des Mahométans, ne furent arrêtées. La comète continua paisiblement sa route dans son orbite, sans égard pour les foudres de l'Église, et les Turcs établirent leur principale mosquée dans l'église Sainte-Sophie.

Il parut une comète en l'année 590. On attribua à sa présence et à son influence une épidémie épouvantable qui régna cette année-là. Au milieu des crises, les malades étaient pris d'éternuments d'une violence extrême et souvent suivis de mort. L'usage se répandit alors, quand une crise se manifestait, de dire au malade : « *Dieu vous bénisse !* » Aujourd'hui encore, dans beaucoup de pays, quiconque éternue est salué des mêmes paroles : « *Dieu vous bénisse* ou *vous assiste !* »

CHAPITRE II.

I. Naissance et mort des héros, etc. — II. Le brouillard sec de 1783 ou celui de 1831 eut-il pour cause l'immersion de la terre dans la queue d'une comète? — III. Influences des perturbations et des courants atmosphériques dans les maladies épidémiques; du vent périodique, nommé *harmattan*, venant de l'intérieur de l'Afrique. — IV. La terre a-t-elle, à une époque reculée, été atteinte par le noyau solide d'une comète? Conséquences. — V. La condition géographique de la terre a-t-elle été dérangée par le trop grand rapprochement d'une comète? Le déluge de la Bible a-t-il eu une cause de cette nature? — VI. Probabilité du dérangement de l'équilibre terrestre par le rapprochement d'une comète réduite à néant. — VII. Opinions de Laplace. — VIII. Curieux phénomènes présentés par la comète de Biela.

I.

Plus on remonte dans l'histoire, plus on remarque que les influences morales et politiques attribuées aux comètes se multiplient. Elles sont en raison directe de l'ignorance des temps.

On croyait surtout que les comètes présageaient la naissance et la mort des héros. Ainsi, l'an 43 avant Jésus-Christ, il parut une comète si brillante, dit-on, qu'on la voyait à l'œil nu pendant le jour; les Romains ne doutèrent pas que ce ne fût l'âme de Jules César (récemment assassiné) qui montait au ciel.

Une comète qui parut vers le temps de la naissance de Mithridate, et une autre qui parut immédiatement avant la naissance de Mahomet, furent l'une et l'autre considérées comme les précurseurs de ces personnages historiques.

Une comète, qu'on suppose avoir signalé la naissance du Christ, se montra, dit-on, pendant l'espace de vingt-quatre jours, avec un éclat *qui effaçait celui du soleil*. Elle couvrait un quart du firmament.

Ce sont là des contes faits à plaisir. L'impossibilité de ces faits saute aux yeux, car les comètes, ainsi que les planètes et la lune, tirent tout leur éclat du soleil.

Au mois de mars 1402, il parut une comète dont l'éclat était tel qu'on la voyait à midi, — on le prétend du moins. Une seconde parut au mois de juin de la même année; on la voyait, prétend-on encore, plusieurs heures avant le coucher du soleil. On assure que cette comète présageait la mort de Jean Galéas Visconti. Ce prince, qui avait foi dans l'astrologie, avait consulté les charlatans de l'époque, et l'effroi produit en lui par l'apparition de la comète contribua sans doute à l'accomplissement de la prédiction.

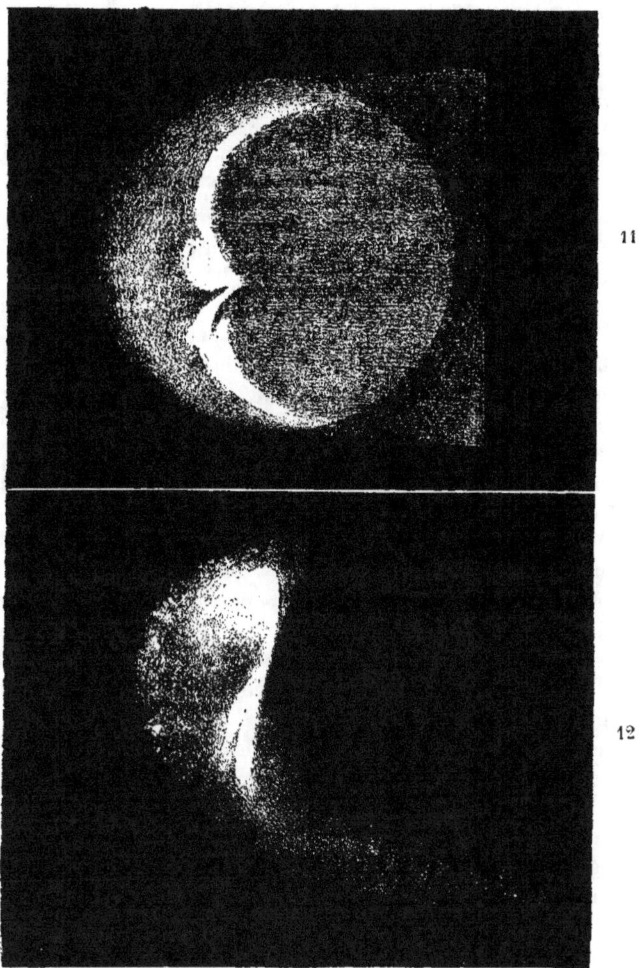

Vues télescopiques de la comète de Halley, en 1835, par Struve.
Fig. 11. 29 octobre. — Fig. 12. 5 novembre.

Une autre belle comète se montra en 1532, visible aussi avant le coucher du soleil. L'Italie septentrionale s'en émut fort ; on fut convaincu qu'elle présageait la mort de Sforza II.

II.

On a conjecturé, non sans quelque degré de probabilité, que les brouillards secs dont une grande partie du globe fut couverte en 1783 et 1831 eurent pour cause le passage de la queue d'une comète sur le terre ou sur une partie de la terre.

Le grand brouillard de 1783 offrit plusieurs particularités dignes d'attention. Il commença presque le même jour (le 18 juin) sur des points très-éloignés l'un de l'autre, à Paris, à Avignon, à Turin, à Padoue. Il couvrit une partie de la terre au nord et au sud, depuis l'Afrique jusqu'à la Suède. L'Amérique du Nord, comme le continent européen, s'en ressentit. On ne peut donc l'envisager comme un phénomène local, dans l'acception ordinaire de ce mot.

Le brouillard dont il s'agit persista durant un mois. L'atmosphère ne le transportait point dans les régions où il régnait; car sa position n'était point affectée par les vents. Quelle que fût la direction du vent, la position du brouillard demeurait la même. A toutes les hauteurs accessibles, il régnait également. Dans les plaines de France et sur le sommet des Alpes, sa densité était identique.

Les grosses pluies qui tombèrent sans relâche en juin et juillet, et les vents tempétueux dont elles furent accompagnées, ne purent le dissiper.

Sur différents points, sa densité et son opacité partielle varièrent. Dans le Languedoc, il fut tellement épais que le soleil était invisible aux altitudes inférieures à 12 degrés; aux altitudes supérieures, sa lumière était rouge et tellement affaiblie qu'on la pouvait fixer sans inconvénient.

Une sécheresse absolue, tel était le caractère saillant de ce brouillard. Les instruments hygrométriques n'accusaient en aucune façon la présence de l'humidité.

Une circonstance frappa vivement aussi les observateurs : le brouillard semblait doué d'un certain pouvoir lumineux ; ce qui permit de supposer qu'il avait un léger degré de phosphorescence. Ainsi, des déclarations d'un grand nombre d'observateurs, il résulta qu'au moment de la nouvelle lune, c'est-à-dire en l'absence totale du satellite terrestre, la lumière fournie par le brouillard suffisait pour qu'on pût voir les objets à la distance de 200 à 250 mètres.

Voyons maintenant si, par l'hypothèse du passage de la terre à travers la queue d'une comète, on peut expliquer les phénomènes ci-dessus.

En premier lieu, on doit remarquer que la *tête* de la comète, — s'il y eut alors une comète, — n'était pas visible ; ce qu'on ne saurait expliquer par l'hypothèse que la queue causait l'invisibilité de la tête, puisque le brouillard n'empêchait pas de voir les étoiles comme à l'ordinaire, pendant la nuit, sur tous les points où il s'étendait.

On a insinué que la tête de la comète pouvait avoir une position telle qu'elle se levait et se couchait avec le soleil, ou à peu près, et qu'on ne pouvait, par conséquent, la voir en l'absence de l'astre du jour, soit avant son lever, soit après son coucher. Mais, bien que cette supposition soit admissible pour un très-court intervalle de temps, la persistance du fait pendant un mois ne serait pas compatible avec ce que l'on sait du mouvement des comètes. S'il y eût eu, à l'époque dont s'agit, une comète, la queue étant en général tournée vers le soleil, la tête eût dû se trouver dans l'orbite de la terre, et entre la terre et le soleil, ou à peu près. Le mouvement angulaire de la comète eût dû lui faire abandonner sa position de conjonction inférieure en peu de jours, après et avant lesquels la tête se fût ou levée avant le soleil, ou couchée après lui, et eût ainsi été visible. Cependant on ne vit rien de semblable à l'époque ni vers l'époque du grand brouillard de 1783.

Aucune combinaison du mouvement orbitaire possible de la comète avec le mouvement orbitaire et diurne de la terre n'a été trouvée, et ne saurait l'être, qui soit compatible avec la position et la persistance du grand brouillard de 1783. On peut, par suite, conclure de là que ce phénomène n'avait pas pour cause l'immersion de la terre dans la queue d'une comète invisible.

Les mêmes observations peuvent à peu près s'appliquer au grand brouillard de 1831, et le même raisonnement doit faire écarter l'hypothèse d'une comète. Ce brouillard se manifesta pendant le mois d'août. Il se répandit sur les trois continents de l'hémisphère septentrional ; il commença sur la côte septentrionale de l'Afrique le 3, à Odessa le 9, à travers la France le 10, aux États-Unis le 15, et en Chine pendant la dernière partie du mois.

La lumière solaire en était tellement affaiblie qu'on la pouvait fixer sans le secours d'un verre coloré ou noirci. Sur la côte d'Afrique, le soleil fut complétement invisible aux altitudes inférieures à 15 ou 20 degrés ; cependant les nuits étaient si claires qu'on voyait les étoiles. Des observateurs du nord de l'Afrique, du sud de la France, des États-Unis et de la Chine, rapportèrent que le soleil vu à travers le brouillard avait une teinte d'azur, et sur plusieurs points, de vert émeraude.

Cette apparence fut expliquée par l'hypothèse des *couleurs accidentelles*, illusion bien connue en optique. Le brouillard ou les nuages répandus autour du disque solaire, et à travers lesquels on le voyait, étant (comme les brouillards et les nuages en général, qu'on voit par la lumière transmise du soleil) rougeâtres, le disque blanc du soleil, vu en juxtaposition avec eux, devait, par le simple effet du contraste, paraître bleuâtre ou verdâtre, suivant la teinte de rouge transmise par les nuages environnants. (Lardner, *Handbook of natural Philosophy*, § 1159.)

Comme le grand brouillard de 1783, celui de 1831 semblait posséder une lumière propre. Pendant sa durée, il n'y eut pas, à proprement parler, d'obscurité nocturne. Durant un mois, il y eut, à minuit, assez de lumière pour lire les plus petits caractères écrits ou imprimés. Ce fait fut signalé par les observateurs les plus éloignés l'un de l'autre, en Italie, en Prusse, en Sibérie, etc.

Comme le crépuscule cesse lorsque l'abaissement du soleil au-dessous de l'horizon excède 18 degrés, et comme dans ces lieux l'abaissement excède considérablement cette limite, il est d'évidence que la lumière observée ne pouvait être le crépuscule ordinaire.

Quelle que soit l'explication du phénomène, celle de l'immersion de la terre dans la queue d'une comète est complétement renversée par ce fait que le brouillard, quoique s'étendant au loin, n'était pas continu, uniforme. Sur plusieurs points du continent européen, il était nul ou à peu près, et sur d'autres points, il était plus ou moins grand. Sa durée varia aussi beaucoup selon les lieux, et de manière à ne pas permettre qu'on admît l'hypothèse d'une comète.

Cette hypothèse donc mise de côté, on a pensé que les brouillards pouvaient avoir des causes beaucoup plus prochaines et moins extraordinaires. On rappela que, pendant l'année 1783, de grandes commotions physiques avaient eu lieu aux extrémités opposées de l'Europe. Dans le mois de février, des secousses terribles et longtemps prolongées de tremblements de terre se firent sentir dans la Calabre ; elles causèrent de grands dégâts ; plus de quarante mille habitants du pays furent ensevelis sous les ruines des maisons et des édifices renversés, et dans les crevasses profondes de la croûte disloquée de la terre. Quelque temps après, la même année, le mont Hécla subit ses plus violentes éruptions, et de nouveaux cratères s'ouvrirent sur plusieurs points au fond de la mer environnante, et même à des distances considérables du rivage.

Partant de ces faits, quelques observateurs ont dit que la vapeur, la fumée et la matière gazeuse, éjectées en quantités énormes pendant les éruptions, et déversées par les vents, pouvaient avoir été disséminées à travers l'atmosphère sur les pays où régnait le brouillard.

Suivant une autre hypothèse, la cause de ces brouillards serait celle-là même qui détermine les pluies de pierres météoriques, dont il sera parlé dans le traité des *Aérolithes et Étoiles filantes*. Au nombre des formes qu'affectent ces corps, celle de pluie de fine poussière est fréquente. Or, en admettant la possibilité d'un degré d'atténuation plus grand encore, on réduit cette poussière à la condition de la matière composant un brouillard sec. Cette explication serait tout à fait compatible avec la distribution locale et inégale du brouillard dont on parle ici.

Quelques autorités médicales ont pensé que le brouillard de 1831 n'avait pas été étranger à l'épidémie cholérique qui régna vers cette époque. Mais cette hypothèse doit être écartée. En effet, depuis 1831, il y a eu de nombreuses épidémies cholériques, à des époques où l'on ne voyait aucune trace de brouillards analogues.

III.

Cependant il est positif que les perturbations et les courants atmosphériques produisent sur les maladies épidémiques des effets extraordinaires, et jusqu'à présent inexpliqués. Un exemple fort curieux et vraiment remarquable de cette influence est cité par Arago, qui l'a tiré de la narration d'un voyageur anglais, Matthew Dobson :

« Un vent périodique, nommé *harmattan,* souffle trois ou quatre fois par an de l'intérieur du continent africain vers la côte atlantique, entre les 15 degrés de latitude nord et 1 degré de latitude sud. Il se fait surtout sentir de la fin de novembre au commencement d'avril ; sa direction varie de l'est sud-est au nord nord-est. Sa durée varie chaque fois d'un à six jours, et sa force est toujours très-modérée. Un brouillard assez épais pour rendre le disque du soleil rouge accompagne constamment ce vent. Les particules déposées par ce brouillard sur les feuilles des végétaux et sur la peau noire des indigènes paraissent toujours blanches ; mais la nature de cette substance blanchâtre n'a pas été déterminée. On a remarqué que ce brouillard était promptement dissipé par la mer ; car, quoique le vent fût sensible en mer à plusieurs lieues de la côte, le brouillard diminuait rapidement de densité, et, à la distance d'un peu plus d'une lieue, on ne le voyait plus.

» Un des traits caractéristiques de ce vent et de ce brouillard est une sécheresse extrême. Lorsqu'il durait quelque temps, le feuillage de l'oranger et du citronnier se recroquevillait et desséchait. Les couvertures des livres, même renfermés, serrés dans des coffres et enveloppés dans de la toile de lin, se repliaient sur elles-mêmes comme si on les eût exposées à l'action d'un feu ardent. Les panneaux des portes, les châssis des fenêtres, les meubles, se crevassaient et se rompaient. Les yeux, les lèvres et le palais étaient brûlés et endoloris. Si le vent durait sans relâche quatre ou cinq jours, la pâleur s'emparait de la face et des mains. Les indigènes, pour empêcher ces effets, s'enduisaient de graisse. »

On peut naturellement conclure de ce qui précède que l'harmattan doit être insalubre au possible ; cependant l'observation a prouvé qu'il était bien loin d'en être ainsi. On a trouvé que, dès qu'il se mettait à souffler, les fièvres intermittentes cessaient. Ceux que des saignées répétées avaient affaiblis ne tardaient pas à recouvrer leurs forces. Les fièvres épidémiques et rémittentes disparaissaient comme par enchantement. Mais ce qu'il y avait de plus étonnant, c'est que les maladies contagieuses ne pouvaient plus se propager, et que l'influence artificielle même était incommunicable.

En 1770, il y avait à Wydah un négrier anglais nommé *l'Unité ;* il avait à bord plus de trois cents nègres. La variole ayant sévi sur eux, le propriétaire de la cargaison résolut d'inoculer ceux qui n'avaient pas eu la maladie naturellement. Tous ceux qui furent inoculés avant le commencement du harmattan prirent la maladie ; mais sur soixante-dix qui furent inoculés deux jours après qu'il eut soufflé, aucun ne la prit ; bien plus, quelques semaines après, quand le harmattan eut cessé de souffler, les soixante-dix nègres prirent la maladie naturelle ; mais bientôt le vent reparut, et la maladie s'en alla presque immédiatement.

Le pays sur lequel souffle le harmattan offre, pendant plus de cent lieues, une suite de plaines immenses couvertes de verdure, ornées çà et là de bouquets d'arbres, et sillonnées de quelques rivières formant plusieurs petits lacs.

IV.

Plusieurs phénomènes ont fait surgir une question. En un temps éloigné quelconque, la terre a-t-elle été atteinte par le noyau solide d'une comète?

On a exposé déjà les circonstances qui permettent de croire, avec un haut degré de probabilité, que les comètes sont purement et simplement des masses de matière aériforme ou vaporeuse. Néanmoins, quoiqu'il en soit certainement ainsi pour la grande majorité de ces corps, il en est quelques-uns, — plus spécialement ceux qui se sont montrés à des dates reculées, — dont l'éclat ne donne pas lieu de croire qu'il fût dû à la réflexion de la lumière solaire par de la matière simplement vaporeuse : et même dans les temps modernes, depuis que les instruments d'observation ont subi d'heureuses modifications et que le zèle, l'activité, la vigilance et le nombre des observateurs se sont accrus, on a remarqué des apparences de noyau que plusieurs astronomes ont considérées comme apportant une preuve assez concluante en faveur de l'existence d'un noyau solide au sein de l'enveloppe nébuleuse. Quoique beaucoup de savants en doutent encore, on ne peut affirmer que l'existence d'un noyau solide dans plusieurs des nombreuses comètes qui ont traversé le système soit absolument sans fondement.

Si donc l'on admet comme possible l'existence d'une comète solide, et si l'on admet l'éventualité possible (quoique improbable) du passage d'un tel corps et de la terre au même moment par le même point de l'espace, on peut demander avec raison :

Quels seraient les résultats d'une pareille catastrophe?

On doit, avant toute chose, observer que, en admettant la possibilité d'un noyau solide dans certaines comètes, sa masse doit être incomparablement moins grande que les plus petits corps du système solaire. On a vu précédemment sur quelle base est assise cette conclusion.

Maintenant, en admettant que la terre se meut autour du soleil et qu'elle possède en même temps une rotation diurne sur un certain diamètre, comme son axe, voyons ce qui résulterait du choc soudain qu'elle recevrait d'un corps solide beaucoup plus petit qu'elle.

Si, dans ce cas, la terre n'avait aucun mouvement de rotation préalable au choc, et si, comme il arriverait probablement, la direction du choc ne passait pas par son centre, elle recevrait un mouvement de rotation autour d'un axe à angles droits avec le plan mené suivant la direction du choc et par le centre de la terre, et le temps de rotation dépendrait de la distance du centre de la terre à la direction du choc.

Mais si, avant de recevoir le choc, la terre avait déjà un mouvement de rotation, l'effet du choc serait de changer, soit son axe de rotation, soit la durée de rotation, ou l'un et l'autre à la fois. Son nouvel axe de rotation aurait une certaine position entre son axe antérieur et celui sur lequel l'aurait fait tourner le choc, si elle n'eût pas eu de rotation préalable. La détermination de ce nouvel axe serait un problème d'une solution facile.

Telles seraient les immédiates conséquences d'un choc. Il reste à voir quels en seraient les résultats secondaires.

Si une voiture en marche sur la surface égale d'un chemin de fer, ou un bateau mû ou tiré uniformément sur la surface de l'eau, reçoit une impulsion qui change brusquement sa vitesse, tous les corps sur cette voiture et ce bateau, mais indépendants, seront entraînés en arrière ou en avant, selon l'augmentation ou la diminution de vitesse, car les corps ne participent pas d'abord à l'augmentation ou à la diminution de vitesse impartie au véhicule sur lequel ils se trouvent. Il suit de là que, lorsqu'un cheval est lancé et ralentit brusquement son train, ou lorsqu'il s'arrête, le cavalier est lancé en avant; lorsqu'il s'élance brusquement en avant et avec un redoublement de vitesse, le cavalier est jeté en arrière.

Un trouble analogue dans la position serait produit par un changement de direction du mouvement de la voiture. Si elle tourne soudainement à droite, les objets indépendants tomberont à gauche, et réciproquement.

La terre, en accomplissant sa révolution annuelle autour du soleil et son mouvement uniforme de rotation sur son axe, — ce qui donne lieu aux alternatives de jour et de nuit et à la succession des saisons, — doit être regardée comme une voiture sur laquelle tous les corps indépendants, tels que l'air, l'eau, et autres fluides, les animaux, et tous les objets naturels et artificiels qui ne sont pas plantés ni fixés dans le sol, sont transportés, d'abord autour de l'axe de rotation par le mouvement diurne, et ensuite autour du soleil par le mouvement annuel de la terre dans son orbite. Si, cela étant, l'un de ces mouvements venait à recevoir un changement soudain de vitesse ou de direction, les fluides qui composent l'atmosphère, et les océans, les lacs et les fleuves, ne participant pas à ce changement, verraient, par les raisons précédentes, leur équilibre relatif dérangé. De violentes commotions atmosphériques s'ensuivraient. Les eaux des océans et des mers, précipitées de leurs lits, inonderaient les continents ; les fleuves changeraient leurs directions et se creuseraient de nouveaux bassins ou envahiraient les plaines environnantes ; les lacs quitteraient leurs positions et se rendraient sur d'autres points. Les animaux seraient lancés contre tous les corps solides voisins, avec une force probablement beaucoup plus grande que celle d'un boulet de canon. Les arbres seraient séparés de leurs racines ; les édifices, surtout ceux d'une élévation considérable, seraient renversés ; et si le changement de mouvement avait une certaine intensité, les cimes des montagnes élevées seraient jetées dans les plaines ou les vallées adjacentes. Évidemment le monde organique subirait une destruction générale.

Mais, en supposant que le changement d'axe et le changement de vitesse de rotation de la terre fussent si peu importants, eu égard à la petitesse de la masse de la comète et pour d'autres motifs, qu'un cataclysme si épouvantable fût impossible, il en résulterait d'autres effets parfaitement sensibles. Le moindre changement dans l'axe amènerait un changement correspondant dans la position des pôles et de l'équateur terrestres. Les latitudes et les longitudes de tous les lieux de la terre subiraient un changement, dont l'étendue serait proportionnée au changement de position de l'axe de rotation.

En mécanique, il est démontré qu'un sphéroïde, comme la terre, ne peut tourner d'une manière permanente autour d'un axe quelconque, si ce n'est son plus court diamètre, c'est-à-dire le diamètre qui traverse les deux points formant les centres de son aplatissement, et l'on sait, par des observations exactes et nombreuses, que tel est l'axe sur lequel la terre tourne actuellement. Or si la terre venait, à la suite d'un choc par une comète solide, à tourner sur un autre diamètre, quel qu'il fût, elle ne tournerait plus de la même façon. Elle changerait son axe d'heure en heure jusqu'à ce qu'enfin elle tournât de nouveau sur son plus court diamètre.

Mais, pendant cet incessant changement d'axe, de quelle inconcevable confusion physique et géographique ne serait-on pas témoin ! Non-seulement les latitudes et les longitudes des lieux seraient constamment changées, mais leurs climats et leurs saisons, les conditions et les qualités de leurs productions végétales, subiraient des variations correspondantes. Les animaux passeraient d'un pays dans l'autre, cherchant un climat convenable et fuyant les vicissitudes et les extrêmes de température que leurs instincts ne manqueraient pas de leur signaler comme incompatibles avec leur bien-être. La distribution de terre et d'eau, quoique exempte peut-être des effets dévastateurs résultant d'un changement complet de vitesse et de direction, souffrirait graduellement un changement total et général, et la configuration géographique du globe, les limites des nations et des races, seraient tout à fait dérangées, effacées.

Donc, pour savoir si la terre a jamais été, à une époque quelconque, frappée par le noyau solide d'une comète, on n'a qu'à examiner s'il existe dans l'histoire quelque tradition ou quelques traces physiques à la surface du globe, de phénomènes analogues à ceux décrits plus haut.

Il est à peine nécessaire d'observer que, dans les annales et les traditions des nations, on ne trouve aucune trace, aucune mention d'une catastrophe comme celle qu'on a décrite. Le déluge, dont on va parler maintenant, ne remplit pas les conditions voulues. Qu'il existe sur la croûte du globe des indices prouvant que beaucoup de parties des continents, élevées aujourd'hui à des hauteurs considérables au-dessus du niveau de la mer, étaient autrefois submergées, cela est incontestable. Les recherches des géologues ont établi ce fait. Mais le mode suivant lequel ces dépôts marins se trouvent disposés n'est pas tel qu'un changement dans l'axe de la terre ou dans son temps de rotation puisse l'expliquer. Ces dépôts sont fréquemment horizontaux, d'une grande largeur, très-épais, très-réguliers. Les coquilles diverses et souvent fort petites qu'on y trouve ont conservé intactes leurs parties les plus délicates, les plus fragiles. Tout contribue donc à écarter l'idée d'un transport violent; tout indique que les dépôts se sont formés sur place. Que faut-il encore pour compléter l'explication sans avoir recours à une *éruption* de la mer? Il faut admettre que les montagnes et les fondements mobiles sur lesquels elles sont assises se sont élevés de bas en haut comme des champignons, qu'ils ont surgi du fond des eaux. En 1694, Halley présentait déjà cette hypothèse comme une explication *possible* de la présence des productions marines sur les flancs et sur les sommets des plus hautes montagnes. Cette explication est généralement admise aujourd'hui. Une comète qui altérerait d'une manière sensible, soit le mouvement de rotation, soit le mouvement de translation de la terre, donnerait lieu sans contredit à des convulsions épouvantables dans la croûte du globe; mais, on le répète, ces révolutions physiques différeraient en des milliers de points de celles qui sont actuellement l'objet de recherches géologiques.

V.

La condition géographique de la terre a-t-elle jamais été troublée par le voisinage prochain d'une comète? Le déluge biblique peut-il avoir été produit par une cause de cette nature?

Une comète remarquable parut en l'année 1680. Whiston l'a rendue célèbre par la tentative qu'il a faite pour prouver qu'elle était périodique et qu'elle avait été, lors d'une de ses anciennes visites, la cause prochaine du déluge mosaïque. Arago, dans ses travaux sur les comètes, a discuté magistralement la question soulevée par Whiston.

Whiston se proposait de montrer non-seulement de quelle façon une comète peut avoir donné lieu au déluge de Noé, mais il voulait surtout que son explication concordât de point en point avec toutes les circonstances de cette grande catastrophe telles qu'elles sont rapportées dans la Genèse. Voyons comment il a réussi dans son objet.

Le déluge biblique arriva dans l'année 2349 avant l'ère chrétienne, suivant le texte hébreu moderne, ou dans l'année 2926, d'après le texte samaritain, les Septante et l'historien Josèphe. Peut-on raisonnablement supposer qu'une comète parut à l'une de ces deux périodes ?

Parmi les comètes observées par les astronomes modernes, celle de 1680 peut être mise, à raison de son éclat, au premier rang.

Un grand nombre d'historiens, anglais et étrangers, font mention d'*une très-grande comète, d'un éclat semblable à celui du soleil, ornée d'une queue immense,* qui se montra en 1106. En remontant plus loin encore, on rencontre une comète fort grande, épouvantable, désignée sous le nom de *Lampadias,* parce qu'elle ressemblait à une lampe allumée, et dont l'apparition peut être fixée à l'année 531. Une comète parut au mois de septembre, dans l'année de la mort de César, pendant les spectacles donnés par Octave (l'empereur Auguste) au peuple romain. Cette comète était très-brillante ; on la voyait à partir de la onzième heure du jour, c'est-à-dire vers cinq heures du soir, ou *avant le coucher du soleil.* On fixe sa date 43 ans avant notre ère.

Comparons donc les dates de ces apparitions.

<pre>
De 1106 à 1680, on trouve. . . . .   574 ans.
      531 à 1106.   575
      43 avant Jésus-Christ à 531.   575
</pre>

Ces périodes, on les peut regarder comme égales, et il parut assez probable que les comètes de la mort de César, de 531, de 1106 et de 1680, ne furent que les réapparitions d'une seule et même comète, qui, après avoir parcouru son orbite, après avoir accompli sa révolution en 575 ans environ, redevenait visible pour la terre. Si donc l'on multiplie par 4 la période de 575 ans, on a 23 fois 100, ce qui, ajouté à 43, date de la comète de César, donne, avec une différence de 6 ans seulement, l'époque du déluge, telle qu'elle résulte du texte hébreu moderne. En multipliant par 5, on trouve la date des Septante, à 8 ans près.

Si l'on se rappelle les différences marquées de la comète de 1759 dans la période de sa révolution autour du soleil, on reconnaîtra que Whiston peut s'être cru en droit de supposer que la grande comète de 1680, ou de la mort de César, était près de la terre à l'époque du déluge de Noé, et qu'elle avait joué un rôle dans ce phénomène.

On ne s'arrêtera pas à expliquer minutieusement la série de transformations par lesquelles la terre, qui, suivant Whiston, fut dans le principe une comète, devint le globe que l'homme habite. Il suffit d'observer qu'il considérait le noyau de la terre comme une substance dure et compacte, qui fut autrefois le noyau de la comète ; que les matières de nature diverse, mêlées confusément ensemble, qui formaient la nébulosité, se déposèrent plus ou moins promptement, suivant leurs gravités spécifiques ; qu'alors le noyau solide fut d'abord entouré d'un fluide dense et épais ; que les matières terreuses se précipitèrent ensuite et formèrent une couche sur le fluide, une sorte de croûte comparable à la coque d'un œuf ; qu'à son tour, l'eau vint couvrir cette croûte solide ; qu'elle s'infiltra considérablement par les fissures et se répandit sur le fluide ; enfin, que les gaz restant suspendus se purifièrent peu à peu, et formèrent notre atmosphère.

Ainsi, d'après cette théorie, le grand abîme biblique consisterait en un noyau solide et deux orbes concentriques. De ces orbes, le plus voisin du centre est formé d'un fluide pesant qui s'est précipité le premier ; l'autre est formé d'eau ; c'est donc, à proprement parler, sur le dernier de ces fluides que repose la croûte extérieure et solide de la terre.

Il est bon maintenant de voir comment, après la constitution du globe (laquelle peut soulever plus d'une objection), Whiston explique les deux principaux épisodes du déluge décrit par Moïse.

« Dans la six centième année de la vie de Noé, dit le livre de la Genèse, le dix-septième jour du second mois, le même jour, *toutes les fontaines du grand abîme se rompirent et les fenêtres du ciel furent ouvertes.* »

A l'époque du déluge, la comète de 1680, dit Whiston, n'était qu'à neuf ou dix mille milles (environ 4 000 lieues) de la terre : elle attirait donc l'eau du grand abîme, comme la lune attire maintenant les eaux de l'Océan. Son action, par suite de sa grande proximité, devait produire une immense marée. La croûte terrestre ne put résister à l'impétuosité des flots ; elle se rompit sur beaucoup de points, et les eaux, libres alors, se répandirent sur les continents. Le lecteur reconnaîtra ici *la rupture des fontaines du grand abîme.*

Nos pluies ordinaires, prolongées même pendant quarante jours, n'eussent amené qu'une faible accumulation d'eau. En prenant pour pluie journalière celle qui tombe à Paris annuellement, le produit de dix semaines, loin de couvrir les plus hautes montagnes, eût à peine formé une profondeur de 80 pieds. Il était donc urgent de recourir à d'autres sources *que les cataractes du ciel.* Whiston les a trouvées dans la nébulosité et la queue de la comète.

D'après lui, la nébulosité atteignit la terre près du mont Ararat. Cette montagne intercepta toute la queue. L'atmosphère terrestre, chargée ainsi d'une immense quantité de particules aqueuses, suffit à produire une pluie de quarante jours d'une violence telle que l'état ordinaire du globe n'en peut donner aucune idée.

Malgré toute son étrangeté, nous avons cru devoir analyser la théorie de Whiston avec détail, tant à cause de la célébrité dont elle a joui si long-temps, qu'à cause de la considération due à l'homme que Newton lui-même se désigna pour successeur à l'université de Cambridge. Cependant sa théorie ne paraît pas pouvoir résister aux objections suivantes.

Whiston, ayant besoin d'une marée immense pour expliquer le mystère des phénomènes bibliques du grand abîme, ne s'est pas contenté de faire passer sa comète extrêmement près de la terre au moment du déluge, il lui a, en outre, donné une grandeur fort considérable, en la supposant six fois plus grande que la lune.

Une telle supposition est complétement gratuite, mais c'est là son moindre défaut, car elle ne suffit pas pour rendre compte des phénomènes. Si la lune produit une marée sur les eaux de l'Océan, cela tient à ce que son mouvement angulaire diurne n'est pas très-considérable ; durant plu-sieurs heures, sa distance à la terre varie à peine ; pendant un temps con-sidérable, elle demeure verticalement sur presque les mêmes points du globe ; le fluide qu'elle attire a, par conséquent, toujours le temps de céder à son action avant qu'elle s'éloigne dans une région où la force émanant d'elle soit autrement dirigée. Mais en était-il de même avec la comète de 1680 ? Non. Près de la terre, son mouvement angulaire apparent dut être extrêmement rapide ; en peu de minutes, il correspondait à un grand nombre de points situés sur des méridiens terrestres fort éloignés l'un de l'autre. Quant à la distance rectiligne dont elle se trouvait de la terre, sans doute elle put être très-faible, mais peu d'instants seulement. Toutes ces circonstances, on le voit, sont peu favorables à la production d'une grande marée.

A la vérité, pour atténuer la force de ces objections, il ne faut qu'aug-menter la comète, faire sa masse, non pas six fois, mais quarante fois plus grande que celle de la lune ; mais la comète de 1680 ne permet pas cette licence. Le 1ᵉʳ novembre de cette année, elle passa fort près de la terre. Il est prouvé qu'à l'époque du déluge sa distance ne fut pas moindre ; donc, comme elle ne produisit, en 1680, ni cataractes célestes, ni marées terres-tres, ni ruptures du grand abime ; comme, en outre, sa queue ni sa nébu-losité n'inondèrent la terre, on peut en toute assurance dire que la théorie de Whiston est purement et simplement un roman, à moins qu'on n'aban-

donne la comète de 1680 et qu'on ne se hasarde à attribuer la catastrophe
biblique à une autre comète beaucoup plus importante.

Enfin, on doit observer que l'argument même basé par Whiston sur
l'égalité apparente des apparitions successives qu'il suppose, apparitions
dont il déduit une période de 574 ou 575 ans pour la comète de 1680, est
renversé par des calculs plus récents, qui donnent à ce corps une orbite
elliptique dans laquelle la période est 8813 ans. (Lardner, *Handbook of
natural Philosophy and Astronomy*, § 3072.)

VI.

La probabilité de la rupture de l'équilibre terrestre par le trop grand
rapprochement d'une comète qui, néanmoins, ne vient pas aujourd'hui en
contact avec la terre, est réduite à néant par ce fait bien établi que les
masses de ces corps sont en général si complétement insignifiantes qu'aucun n'a produit encore par son voisinage la plus légère déviation du plus
petit corps du système solaire dans son orbite accoutumée.

VII.

Malgré les nombreux arguments exposés ici contre la probabilité d'une
influence fatale quelconque exercée par les comètes sur notre planète, on
ne doit pas taire que de graves autorités ont considéré ces influences
comme non impossibles. Ainsi Laplace, faisant allusion à la collision possible d'une comète solide avec la terre, dit : « Il est aisé de prévoir les conséquences d'un tel événement : l'axe et le mouvement de rotation changés;
les mers abandonnant leurs anciennes positions pour se précipiter vers le
nouvel équateur; une grande partie des hommes et des animaux noyés
dans ce déluge universel, ou détruits par la violente secousse imprimée au
globe terrestre; des espèces entières anéanties; tous les monuments de l'industrie humaine renversés! » Malgré les preuves évidentes et nombreuses
militant contre la production des phénomènes géologiques par une cause
de cette nature, Laplace ne la rejeta pas, probablement parce que, dans le
temps où il écrivait, ces phénomènes n'étaient pas aussi bien connus qu'aujourd'hui. « On voit alors, dit-il, pourquoi l'Océan a recouvert de hautes
montagnes, sur lesquelles il a laissé les marques incontestables de son séjour. On voit comment les animaux et les plantes du Midi ont pu exister
dans les climats du Nord, où l'on retrouve leurs dépouilles et leurs em-
preintes. Enfin, on explique la nouveauté du monde moral, dont les monuments ne remontent guère au delà de 5 000 ans. L'espèce humaine,
réduite à un petit nombre d'individus et à l'état le plus déplorable, uniquement occupée, pendant longtemps, du soin de se conserver, a dû perdre
entièrement le souvenir des sciences et des arts; et quand enfin de nou-

veaux besoins furent créés par les progrès de la civilisation, il a fallu tout recommencer, comme si aucun progrès n'avait été fait, comme si les hommes eussent été placés nouvellement sur la terre. »

VIII.

Nous en avons fini avec la question des influences physiques attribuées aux comètes. On terminera cette notice par le compte rendu d'un des phénomènes les plus extraordinaires, les moins expliqués, qu'on ait jamais vus dans le ciel ; qui non-seulement a été vu, mais observé de notre temps avec la plus scrupuleuse attention.

Une comète périodique, la comète de Biela (nom de celui qui l'a découverte), tourne autour du soleil dans une orbite ovale de 6 $^5/_4$ ans. Lors de son apparition en 1846, on la vit se décomposer en deux comètes distinctes qui, depuis la fin de décembre 1845 jusqu'à l'époque de sa disparition, en avril 1846, s'avançaient dans des orbites distinctes, indépendantes. Les routes suivies par ces deux corps étaient juxtaposées au point que tous deux se voyaient toujours ensemble dans le champ du télescope, et que le plus grand angle visuel entre leurs centres n'était pas plus du tiers de la largeur apparente de la lune.

M. Plantamour, directeur de l'Observatoire de Genève, calcula les orbites de ces deux comètes, considérées comme corps indépendants, et trouva que la distance réelle entre leurs centres était, sauf une légère variation pendant qu'ils étaient en vue, égale à environ 39 demi-diamètres terrestres, ou aux deux tiers de la distance de la lune. Les comètes s'avançaient côte à côte, sans qu'on pût saisir aucune perturbation réciproque, circonstance qui n'a rien de surprenant, si l'on réfléchit à l'infinie petitesse de leurs masses.

La comète primitive avait l'apparence d'une masse globulaire de matière nébuleuse, demi-transparente au centre même, et sans queue visible. Après son dédoublement, les deux comètes avaient de courtes queues, parallèles dans leur direction, et formant des angles droits avec la ligne joignant leurs centres ; chacune avait un noyau. A partir de leur séparation, la comète primitive diminua, et sa compagne augmenta d'éclat jusqu'au 10 février, où elles furent sensiblement égales. Ensuite celle-ci augmenta encore en éclat, et, du 14 au 16, fut non-seulement plus brillante que la comète principale, mais montra un noyau étoilé comparable au feu d'un diamant. Puis la comète principale recouvra sa supériorité et prit, le 18, l'aspect que présentait sa compagne du 14 au 16. Cette dernière s'affaiblit ensuite peu à peu, et disparut avant la disparition finale de la comète primitive, le 22 avril.

On remarqua aussi qu'une ligne ou arc lumineux mince s'étendait en travers de l'espace qui séparait les deux noyaux, spécialement quand l'un ou l'autre avait atteint son plus grand éclat. L'arc semblait émaner de celui qui, pour le moment, était le plus brillant.

Après la disparition de la seconde comète, la comète primitive émit trois petites queues formant entre elles des angles de 120 degrés. L'une d'elles se dirigeait vers l'endroit qu'avait occupé la seconde comète.

On soupçonne que la petite comète que le P. Secchi vit, à Rome, précéder la comète de Biela en 1852, pourrait bien avoir été la seconde comète qui s'en est détachée. Si cela est, la séparation doit être permanente ; car la distance entre les deux parties de cette comète est plus considérable que celle qui sépare la terre du soleil.

COMPLÉMENT.

Les documents qui vont suivre sont extraits du *Hand-Book of Astronomy,* t. II, p. 569 à 576, publié à Londres par le docteur Lardner.

§ 3091. *Dessins de la comète d'Encke par le professeur Struve.* — Le professeur Struve fit une suite d'observations sur la comète d'Encke au moment de sa réapparition en 1828, et exécuta, en se servant du grand télescope de Dorpat (observatoire russe), les dessins qu'on donne dans les figures 1 et 2.

Figure 1. Elle représente la comète à la date du 7 novembre. Les diamètres *ab* et *cd* mesuraient 18 minutes chacun. La partie la plus brillante de la comète s'étendait de *a* à *k* et lui était par conséquent excentrique, la distance du centre d'éclat au centre de grandeur étant *k*K. Dans l'intervalle du 7 au 30 novembre, la grandeur de la comète diminua et devint ce qu'on la voit dans la figure 2 ; mais l'éclat apparent avait pris une telle intensité qu'à cette dernière date on la voyait à l'œil nu comme une étoile de sixième grandeur. Le diamètre apparent était tombé alors à 9 minutes.

Le 7 novembre, on aperçut à travers la comète une étoile de onzième grandeur, si voisine du centre d'éclat *k* qu'on la prit un instant pour un noyau. L'éclat de l'étoile n'était pas le moins du monde affaibli par la masse de matière cométaire à travers laquelle passait sa lumière.

Évidemment, l'augmentation d'éclat que prit la comète le 30 novembre doit être attribuée à la contraction et à la condensation subséquente de la matière nébuleuse dont elle était formée, contraction et condensation qu'elle subit en s'éloignant du soleil ; car sa distance à la terre le 7 novembre, lorsqu'elle sous-tendait un angle de 18 minutes, était 0.515 (la distance moyenne de la terre au soleil étant égale à 1), tandis que le 30, lorsqu'elle sous-tendait un angle de 9 minutes, sa distance n'était plus que 0.477. Ses dimensions cubiques devaient donc avoir subi une diminution, et la densité de la matière qui la formait une augmentation de plus de huit fois.

§ 3092. *Phénomènes physiques remarquables fournis par la comète de*

Halley. — L'espérance si généralement partagée qu'à l'occasion de son retour au périhélie, en 1835, cette comète procurerait aux observateurs de nouvelles données pour établir quelques théories sur la constitution physique des corps dont elle est un spécimen si remarquable, ne fut pas trompée. Sa réapparition n'eut pas plus tôt lieu que des phénomènes se produisirent, précédant et accompagnant la formation graduelle de la queue, dont l'observation a été fort justement considérée comme faisant époque dans l'histoire de l'astronomie.

Ces apparitions étranges, importantes, furent observées avec le plus grand zèle, et dessinées avec la fidélité la plus scrupuleuse par plusieurs éminents astronomes des deux hémisphères. MM. Bessel à Konigsburg, Schwabe à Dessau, Struve à Pultowa, sir John Herschel, et M. Maclear au cap de Bonne-Espérance, ont individuellement publié leurs observations, accompagnées de nombreux dessins, indiquant les transformations successives subies par la comète sous l'influence physique d'une température différente, en s'approchant et en s'éloignant du soleil.

La comète parut d'abord comme une petite nébuleuse ronde, sans queue, et ayant un point brillant, beaucoup plus lumineux que le reste, placé excentriquement dans sa masse. Le 2 octobre, la queue commença à se former, et, augmentant rapidement, elle acquit une longueur d'environ 5 degrés le 5 ; le 20, elle atteignit sa plus grande longueur, c'est-à-dire 20 degrés. Elle commença ensuite à décroître, et sa diminution fut si rapide que, le 29, elle était réduite à 3 degrés, et le 5 novembre à 2 $\frac{1}{2}$. Le jour de son périhélie, la comète fut observée par M. Struve à l'observatoire de Pultowa ; elle n'avait encore aucune apparence de queue.

Les circonstances qui accompagnèrent l'augmentation de la queue, depuis le 2 octobre jusqu'à sa disparition, furent extrêmement remarquables. Elles ont été observées avec exactitude, en même temps, par Bessel à Konigsburg, par Struve à Pultowa, et par Schwabe à Dessau. Tous ont dessiné les changements successifs qu'elle subit.

Le 2, une éruption violente de matière nébuleuse, partie du côté de la comète qui s'offrait au soleil, signala le commencement de la formation de la queue. Cette éruption n'était toutefois ni uniforme ni continue. Comme la matière ardente qui sort du cratère d'un volcan, elle ne jaillissait que par intervalles. Après l'éruption, qui fut remarquable, suivant Bessel, le 2, elle s'arrêta, et l'on n'en vit pas de nouvelle pendant quelques jours. Vers le 8, cependant, elle recommença plus violente qu'auparavant et prit une nouvelle forme. Schwabe prit note à ce moment d'un phénomène qu'il dénomme une *seconde queue*, qui s'offrit dans une direction opposée à celle de la queue primitive, c'est-à-dire vers le soleil. Ce phénomène, toutefois, Bessel paraît ne l'envisager que comme l'éruption nouvelle de matière nébuleuse qui fut ensuite écartée du soleil, comme eût pu l'être une colonne de fumée par un courant d'air soufflant du soleil dans la direction de la queue primitive.

Du 8 au 22, la forme, la position et l'éclat des émanations nébuleuses subirent des changements divers et irréguliers. Leur éclat croissait et diminuait alternativement.

On vit une fois deux et une autre fois trois émanations nébuleuses s'échapper dans des directions divergentes. Ces directions variaient sans cesse, comme aussi leur éclat respectif. Quelquefois elles avaient la forme d'une queue d'hirondelle et ressemblaient à la flamme qui sort d'un bec de gaz. Le principal jet, ou la principale queue, on le vit aussi osciller d'un côté à l'autre d'une ligne menée du soleil par le centre de la tête de la comète, comme l'aiguille d'une boussole oscille entre les deux côtés du méridien magnétique. Cette oscillation était si rapide que la direction des jets ou queues changeait visiblement d'heure en heure. L'éclat de la matière qui les formait était très-intense au point du noyau dont il semblait partir, diminuait en s'éloignant et en se répandant dans la chevelure, et se recourbait en arrière, dans la direction de la queue principale, comme la vapeur ou la fumée que chasse le vent.

§ 3093. *Dessins de la comète qui s'approcha du soleil en* 1835. — Les curieux phénomènes qui précèdent seront parfaitement compris avec le secours des dessins admirables de M. Struve, qu'on a reproduits avec toute la fidélité possible dans les figures 3 à 12. Ces dessins ont été exécutés par M. Kruger, artiste éminent, d'après l'observation immédiate des apparitions de la comète, avec le grand télescope de Fraunhoffer, à l'observatoire de Pultowa. Les esquisses de l'artiste ont été corrigées par l'astronome et définitivement adoptées après révision seulement. Les dessins originaux sont conservés dans la bibliothèque de l'observatoire.

§ 3094. *Son aspect le* 29 *septembre.* — La figure 3 représente l'aspect de la comète le 29 septembre. Il était difficile d'en reconnaître la queue ; elle semblait composée d'une matière nébuleuse très-faible. Le noyau passa presque *centriquement* sur une étoile de dixième grandeur, sans affecter sensiblement son éclat apparent. On vit distinctement l'étoile à travers la partie la plus dense de la comète. La comète passa également sur une autre étoile sans que son éclat en fût affecté.

On donne ici l'échelle de ce dessin.

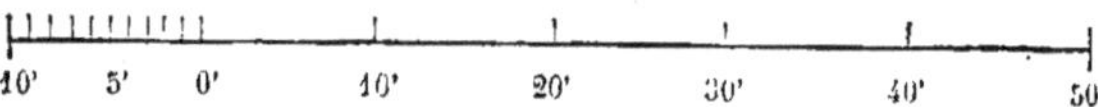

§ 3095. *Aspect le* 3 *octobre.* — Il est représenté dans la figure 4, sur la même échelle.

La comète changea de grandeur et de forme, ainsi que de position, à partir du 29 septembre. Ce jour-là, la direction de la queue fut celle du parallèle de déclinaison de la tête. Le 3 octobre, elle inclina de ce parallèle vers le nord en formant un petit angle, et au lieu d'être droite, elle fut courbe. Le diamètre de la tête augmenta dans le rapport de 2 à 3, et la longueur de la queue dans le rapport d'à peu près 1 à 3.

§ 3096. *Aspect le 8 octobre.* (*Voy.* fig. 6.) — Ce dessin est exécuté d'après l'échelle de secondes ci-jointe.

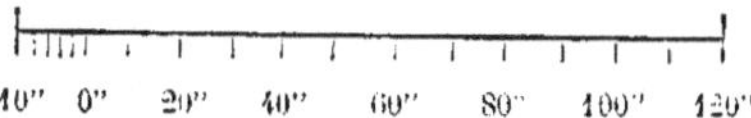

Les 5, 6 et 7, la comète subit plusieurs changements : le noyau devint plus évident. Le 6, il en sortit comme un jet de feu, qui disparut le 7 et reparut le 8 avec plus d'intensité, comme on le voit dans la figure. Le noyau avait l'air d'un charbon ardent, de forme oblongue et de couleur jaunâtre. L'étendue du jet lumineux était d'environ 30 secondes. La matière nébuleuse légère qui environne les noyaux s'étendait fort au delà des limites du dessin ; mais, affaiblie par la lumière de la lune, on ne put la mesurer.

§ 3097. *Aspect le 9 octobre.* — La figure 7 (même échelle) représente le noyau et le jet lumineux qui changèrent complétement de forme et de grandeur à partir de la nuit précédente. La queue (qu'on ne voit pas dans le dessin) mesurait environ 2 degrés. La flamme du jet se composait de deux parties ; l'une ressemblait à celle vue le 8, et l'autre jaillissait comme le jet d'un chalumeau, suivant une direction à angles droits avec la première. La figure représente le noyau et la flamme, tels qu'on les vit à 21 heures, temps sidéral, avec un grossissement de 254 fois.

§ 3098. *Aspect le 10 octobre.* (*Voy.* fig. 8, même échelle.) — La queue, qui mesurait encore près de 2 degrés, était alors beaucoup plus brillante et visible à l'œil nu, malgré toute la clarté projetée par la lune. La chevelure était évidemment plus vaste que la queue. Le noyau lumineux est représenté dans le dessin tel qu'il parut avec un grossissement de 86 fois, et un champ de vision de 18 minutes de diamètre que cette chevelure remplissait tout entier. Le diamètre de celle-ci devait, par conséquent, être supérieur à 18 minutes. Le dessin fut pris à 21 heures T. S.

§ 3099. *Aspect le 12 octobre.* (*Voy.* fig. 9, même échelle.) — La comète parut à 0 h. — 25 m. T. S., pendant un court intervalle, avec un éclat extraordinaire ; le noyau et la flamme toutefois étaient seuls visibles, comme on le remarquera dans le dessin. La plus grande étendue de la flamme mesurait 64".7. Son aspect était magnifique ; elle semblait partir du noyau, comme celle qui jaillit d'un chalumeau, ou comme celle qui s'échappe d'un mortier, environnée d'une fumée blanche qu'emporte le vent.

§ 3100. *Aspect le 14ᵉ octobre.* (*Voy.* fig. 10, même échelle.) — La
flamme principale s'était fort augmentée; sa longueur apparente était de
134 secondes. Sa déviation et sa courbure étaient fort remarquables.

§ 3101. *Aspect le 29 octobre.* — L'état du ciel vint arrêter les observations pendant douze jours. Le 27, la comète se montra à l'œil nu aussi
brillante qu'une étoile de troisième grandeur; la queue était parfaitement
visible. La chevelure entourant le noyau paraissait comme une nébuleuse
uniforme. La queue était recourbée et fort longue; mais on ne put la mesurer à cause de l'altitude peu considérable à laquelle on l'observa. Le 29,
cependant, la comète s'offrit dans des conditions beaucoup plus favorables,
et l'on exécuta les dessins des figures 5 et 11. La première représente toute
la comète, y compris toute l'étendue visible de la queue; elle est dessinée
d'après l'échelle de minutes ci-jointe.

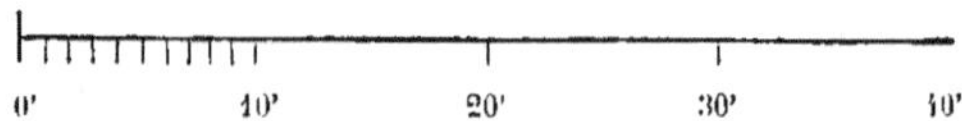

La seconde représente la tête de la comète seulement, et est dessinée
sur l'échelle de secondes ci-après.

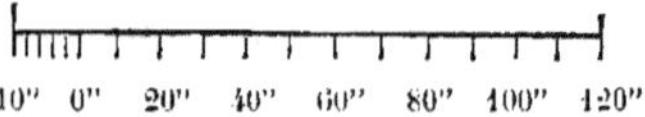

À 20 h. 30 m. T. S., la tête avait l'aspect qu'on voit dans la figure 11.
La principale chevelure était presque exactement circulaire; son diamètre
était de 165 secondes. Avec un grossissement de 198, le noyau se montrait comme dans la figure; son diamètre était environ 1″.25 à 1″.50. La
flamme qui sort du noyau, recourbée en arrière comme la fumée qu'emporte le vent, était parfaitement visible. L'aspect de la queue, à la sortie
du noyau, était remarquablement développé.

§ 3102. *Aspect le 5 novembre.* (*Voy.* fig. 12.) — Ce dessin représente
le noyau et la flamme qui en sort sur l'échelle de secondes ci-jointe.

Le noyau propre mesurait environ 2″.3. On voyait deux flammes en
sortir dans des directions presque opposées et recourbées l'une et l'autre
du même côté. La flamme la plus brillante, dirigée au nord, était marquée par des bords nettement définis. L'autre, dirigée vers le sud, était
plus faible et mal définie.

§ 3103. *Conséquences tirées de ces phénomènes par sir John Herschel.*

— Sir John Herschel, qui observa aussi cette comète au cap de Bonne-Espérance, tire de ces observations les inférences suivantes :

1. La matière de la comète, vaporisée par la chaleur du soleil, s'échappe en jets, imprimant à la comète un mouvement irrégulier par sa réaction, et changeant ainsi sa propre direction d'éjection.

2. Cette éjection a lieu surtout de la partie qui regarde le soleil.

3. Ainsi éjectée, elle rencontre une résistance de la part de quelque force inconnue qui la repousse dans la direction opposée, et forme ainsi la queue.

4. Cette force agit inégalement sur la matière cométaire qui n'est pas du tout vaporisée, et dont une portion notable est retenue de manière à former la tête et la chevelure.

5. Cette force ne peut être la gravitation solaire, car sa direction est contraire à celle-ci et son intensité est beaucoup plus grande, comme le prouve la vitesse énorme avec laquelle la matière formant la queue s'écarte du soleil.

6. La matière ainsi chassée à une telle distance d'un corps dont la masse est si petite, doit en grande partie échapper à la faible influence de la gravitation de la masse composant la tête et la chevelure, et, à moins qu'il n'y ait à l'œuvre quelque agent plus actif, une grande partie de cette matière vaporisée doit se perdre dans l'espace et ne se jamais réunir à la comète. Ceci mènerait à la conséquence qu'à chacun de ses passages au périhélie, la comète perdrait de plus en plus de ses constituants vaporisables, d'où dépend la formation de la chevelure et de la queue : ainsi, à chacune des apparitions de la comète, les dimensions de ces appendices seraient de moins en moins considérables, ce qui existe en effet, comme il est prouvé.

NOTES.

4. **Note sur le chap. I. § ii.** — Depuis l'antiquité la plus reculée jusqu'aux travaux de Newton, en 1680, les comètes ont été considérées comme des présages de malheurs publics. Leur aspect si différent de celui des autres corps célestes, leur marche bizarre au travers du ciel et dans des régions inaccessibles aux planètes, leur courte apparition, tout concourait à les faire regarder comme des prodiges. « Tel, dit Homère, on voit briller un de ces astres que Jupiter aux pensées profondes envoie en présage soit aux expéditions maritimes, soit aux grandes armées de terre. L'astre est éclatant, et on en voit jaillir des traînées d'étincelles. » Virgile et tous les poëtes latins, jusqu'à Claudien, qui a paraphrasé les vers d'Homère, se sont épuisés en épithètes funestes, et, jusqu'au dix-septième siècle, les comètes furent pour le genre humain le triste pronostic des maux dont la colère céleste menaçait l'humanité. Seul ou presque seul, le philosophe Sénèque opposa sa puissante logique aux idées superstitieuses de ses contemporains et de ceux qui avaient vécu dans les siècles antérieurs. Les comètes, suivant lui, se meuvent régulièrement dans des routes prescrites par la nature; et, jetant un regard prophétique vers l'avenir, il affirme que la postérité s'étonnera que son âge ait méconnu des vérités si palpables. Il avait raison contre le genre humain tout entier, ce qui équivaut à peu près à avoir tort, et pendant seize siècles encore la question ne fit aucun progrès, même dans le seizième siècle, si hardi pour secouer le joug d'autorités bien autrement puissantes. Képler lui-même, après 1600, Képler le libre penseur, le novateur astronomique, l'inventeur des lois qui règlent les mouvements célestes, admit les pronostics et les influences cométaires; et cependant on ne peut pas reprocher une faiblesse superstitieuse à celui qui osait dire aux théologiens attaquant la doctrine de Copernic et de Galilée : « Ne vous compromettez pas avec les vérités mathématiques. La hache à qui l'on veut faire couper du fer ne peut pas ensuite entamer même le bois. »

Les observateurs du ciel, habitués à la grande régularité des mouvements des astres, à ce calme, à cette paix, qui caractérisent les régions célestes, ne pouvaient voir sans surprise et sans effroi des astres qui semblent éclore subitement dans toutes les régions du ciel, dont la forme et les appendices diffèrent en aspect des autres astres, qui semblent suivis ou précédés de traînées lumineuses souvent immenses, enfin dont la marche, contraire à celle de tous les autres corps célestes mobiles, se termine par une disparition aussi brusque que leur arrivée a été subite. Il n'est point étonnant que la crainte prît naissance entre l'étonnement et l'ignorance, tant il est naturel de voir des prodiges dans les choses qui paraissent extraordinaires et inexplicables.

Pour faire disparaître le prodige, il fallait donc avoir les lois du mouvement des comètes : c'est ce que fit Newton à l'occasion de la grande comète de 1680. Ayant trouvé que, d'après la loi de l'attraction universelle qu'il avait découverte, la marche de la comète devait être une courbe très-allongée, il essaya, aidé de Halley, son collaborateur et son ami, de représenter mathématiquement la marche de l'astre nouveau, et il y réussit complétement. Halley s'empara activement de cette branche de l'astronomie, et reconnut plus tard que la comète de 1682 était tellement semblable, dans sa marche autour du soleil, à deux comètes précédemment observées, en 1531 et en 1607, que c'était sans doute la même comète, qui devait dès lors reparaître vers 1750.

Par les travaux théoriques de Newton et par les calculs de Halley, la prédiction de Sénèque était accomplie : les comètes, ou du moins quelques-unes d'entre elles, suivaient des orbites régulières. Leur retour pouvait être prévu ; elles cessaient d'être des existences accidentelles : c'étaient de vrais corps célestes à marche fixe et réglée. Le merveilleux cessait, ou plutôt il passait au génie qui avait percé le mystère de la nature ; car, après la puissance créatrice et organisatrice du monde, le premier rang appartient à l'intelligence qui a pénétré la pensée du Créateur. (*Voy.* Babinet, *Études et lectures sur les sciences d'observation et leurs applications pratiques*, t. Ier, p. 31 à 44 ; t. III, *in fine.*)

2. NOTE SUR LE CHAP. I, § V. — Dans les *Leçons d'astronomie professées à l'Observatoire de Paris par Arago*, l'influence attribuée aux comètes sur la température est combattue par les faits et réduite à néant.

En 1835, il y eut, comme on sait, une comète. Le nord de la France jouit, durant les mois d'octobre et de novembre, d'une température très-douce. On ne manqua pas de mettre le fait sur le compte de la comète. « Mais, dit Arago, ceux qui émirent si légèrement cette opinion ne savaient probablement pas qu'en même temps il faisait excessivement froid dans le midi, ce qui conduisait inévitablement à cette conséquence que la comète agissait en plus ou en moins, suivant la position des lieux. » Ajoutons qu'au moment où le froid si vif du mois de décembre se faisait sentir, la comète était encore visible, quoique le public n'y songeât plus guère ; que même elle venait de s'échauffer fortement en passant par son périhélie. Il faudrait donc supposer qu'elle échauffait l'horizon de Paris quand elle était froide, et qu'au contraire elle le refroidissait après s'être elle-même échauffée.

« Si je ne savais pas qu'en météorologie, ajoute Arago, on ne rencontre guère que des imitateurs imperturbables du célèbre abbé Vertot, que des personnes *dont le siége est irrévocablement fait*, j'aurais quelque confiance, je l'avoue, dans la valeur des arguments que je viens de développer. »

En 1843, il parut aussi une comète. Les observations météorologiques n'accusèrent rien de sensible relativement à son influence sur l'atmosphère. On dirigea les instruments thermométriques les plus délicats sur le noyau et sur les diverses régions de la queue, sans obtenir d'effet appréciable. Les déplorables inondations que le midi a éprouvées en 1843, et le tremblement de terre de la Guadeloupe, ont été attribués par le vulgaire à la comète ; mais personne n'a pu produire un argument bon ou mauvais pour justifier l'hypothèse : aussi nous contenterons-nous de remarquer que l'apparition de cet astre en 1668, dans la même saison, dans des circonstances toutes pareilles, ne fut marquée ni par des tremblements de terre ni par des débordements.

3. NOTE SUR LE CHAP. II, § V. — Les traînées lumineuses auxquelles on a donné le nom de *queues* sont ordinairement placées derrière la comète, à l'opposite du soleil ; mais quelquefois elles s'écartent plus ou moins de cette position. On a trouvé qu'en général la queue incline vers la région que la comète vient de

quitter. C'est peut-être là un effet de la résistance de l'éther, résistance qui agit plus fortement sur la matière gazeuse de la queue que sur le noyau. Cette hypothèse acquerra un nouveau degré de probabilité, si l'on remarque que la déviation est d'autant plus grande qu'on s'éloigne davantage de la tête. Dans ce système, la courbure qu'affecte quelquefois la queue serait le résultat de ces différences de déviation; et cette explication s'adapterait assez bien à cette circonstance, que la convexité de la courbure est toujours tournée du côté de la région vers laquelle la comète s'avance. La différence de densité et d'éclat de la matière nébuleuse et de la queue; la forme de celle-ci, mieux terminée du côté vers lequel le mouvement s'opère: toutes ces circonstances, et quelques autres que les observations ont fait connaître, trouveraient également dans cette hypothèse une explication naturelle. — La queue de la comète s'élargit à mesure qu'elle s'éloigne de la tête, et la région mitoyenne en est ordinairement occupée par un bande obscure que l'on a prise pour l'ombre du corps de la comète. Mais cette explication ne s'adapte pas à tous les cas, quelle que soit la situation de la queue relativement au soleil. Le phénomène s'explique mieux en supposant que la queue est un cône creux, dont l'enveloppe a une certaine épaisseur. On conçoit, en effet, que si les choses sont ainsi, l'œil doit rencontrer, en regardant les bords du cône, une plus grande quantité de particules nébuleuses qu'en regardant la région centrale : or, comme l'intensité de la lumière est en raison du nombre de ces particules, l'existence des bandes lumineuses et de l'intervalle comparativement obscur s'explique avec facilité...

La *nébulosité* des comètes semble, au premier coup d'œil, ne pouvoir être qu'un amas de vapeurs dégagées du noyau par l'action du soleil; mais cette explication si simple ne rend point compte de la formation des enveloppes concentriques, de la position variable de la chevelure relativement au soleil, de l'augmentation et de la diminution de son volume, etc. — Il y a cependant, sur ce dernier point, des notions acquises. Hévélius avait avancé que la nébulosité augmente de diamètre à mesure qu'elle s'éloigne du soleil, et Newton avait expliqué ce résultat en disant que, la queue des comètes se formant aux dépens de la chevelure, celle-ci doit diminuer de volume à mesure qu'elle s'approche du soleil, et, réciproquement, augmenter en dimension après le passage au périhélie, lorsque la queue lui rend la matière qu'elle en avait reçue. Cependant il paraissait difficile d'admettre qu'une masse gazeuse se dilatât à mesure qu'elle s'éloignait du soleil pour passer dans des régions plus froides, et l'importante remarque d'Hévélius obtint peu de faveur, jusqu'au moment où la comète à courte période (la comète d'Encke, qui ne met que douze cents jours à parcourir son orbite) vint lui donner une éclatante confirmation... *(Voy.* Arago, *Leçons d'astronomie.)*

4. NOTE SUR LE CHAP. II, § VIII. — La comète dont il est parlé dans ce paragraphe fut découverte le 27 février 1826, à Johannisberg, par Biela. Elle achève sa révolution autour du soleil en 6 ans ³/₄. Elle s'est montrée en 1772, en 1805, en 1826, en 1832, en 1846, et dans l'automne de 1852.

En 1832, le 29 octobre, elle perça l'orbite terrestre en un point où notre planète arriva environ un mois après. La distance qui séparait alors la comète de la terre était de plus de 20 000 000 de lieues. La crainte d'un choc, crainte qu'on ressentit vivement à cette époque, n'avait donc aucun fondement. En 1805, la même comète s'était beaucoup plus rapprochée de la terre, puisqu'elle en vint à 2 000 000 de lieues seulement.

En 1846, la comète de Biela s'est montrée, comme on l'a dit, séparée en deux comètes distinctes, marchant côte à côte. — En 1852, le même phénomène s'est reproduit ; seulement, la distance entre les deux noyaux a paru beaucoup plus considérable qu'en 1846, et l'on est porté à croire que le divorce entre les deux parties de la comète est définitif.

5. NOTE ADDITIONNELLE. *Le 13 juin 1857.* — Le 13 juin 1857, le monde, suivant une prédiction, devait périr, ou brûlé, ou noyé, ou pulvérisé par une comète. Le genre de mort n'était pas indiqué dans le programme.

On doit dire que, malgré tous les efforts des savants pour dissiper des craintes chimériques, la terreur a gagné un grand nombre d'individus, et en a même, dit-on, tué plusieurs.

L'histoire intellectuelle et morale du dix-neuvième siècle enregistrera ce fait, et ne manquera pas, sans doute, d'en tirer toutes les conséquences qu'il mérite.

LES INFLUENCES DE LA LUNE.

I. Opinions populaires sur les influences de la lune. — II. La lune rousse. — III. Époque pour abattre le bois. — IV. Influences supposées de la lune sur les végétaux. — V. Sur le teint. — VI. Sur la putréfaction. — VII. Sur les coquillages. — VIII. Sur la moelle des animaux. — IX. Sur le poids du corps humain. — X. Sur les naissances. — XI. Sur l'incubation. — XII. Sur l'aliénation mentale et autres maladies de l'homme ; exemples de cette influence prétendue pendant des éclipses, rapportés par Faber et Ramazzini ; anecdote curieuse d'un curé de campagne près de Paris ; exemples de Vallisnieri et de Bacon ; observations et exemples de Menuret, Hoffmann, docteur Mead, Pyson et docteur Gall. — XIII. Difficulté de démontrer l'inanité de ces opinions par le raisonnement ou par les faits ; réfutation partielle entreprise par le docteur Olbers ; opinion d'Arago sur ces opinions. — XIV. Conclusion générale : il y a fort peu de ces influences qui aient un fait pour base.

I.

Les astronomes ont démontré que les effets de la gravitation de la lune se manifestent par différents phénomènes à la surface de la terre. Les plus remarquables sont les marées de l'Océan. Mais l'opinion populaire est allée plus loin. A toutes les époques et chez toutes les nations, elle a réclamé pour notre satellite un grand nombre d'autres influences, qui ne paraissent pas appartenir à la simple attraction physique qu'il exerce. Les changements de temps qu'on a supposé suivre le cours des phases lunaires, on pourrait croire, s'ils avaient quelque réalité, qu'ils sont produits par des mouvements ou courants atmosphériques dus à l'attraction de la lune, comme les mouvements de l'Océan. Cependant on verra, dans une partie de cet ouvrage, qu'il n'existe aucune raison, soit théorique, soit pratique, pour accorder à la lune une influence météorologique de cette nature, et qu'en fait il n'y a aucun rapport, aucune correspondance entre les phases lunaires et les changements du temps.

Il est, toutefois, une classe nombreuse d'autres influences dont le préjugé rend notre satellite responsable. Quelque absurdes que puissent paraître, au point de vue scientifique, plusieurs de ces influences supposées, elles méritent d'être prises en sérieuse considération, **car elles ont** prévalu parmi les hommes dans la plupart des pays et dans **tous les temps.**

Suivant ces opinions populaires et traditions, la lune a la **responsabilité** d'un grand nombre d'influences sur le monde organique. **La circulation** de la sève dans les **végétaux**, les qualités du grain, l'excellence **de** la vendange, sont mises sur son compte ; et l'on doit planter, **transplanter,** abattre le bois, **couper et rentrer** les moissons, **exprimer le jus** de la grappe, régler son traitement subséquent, à des époques et **dans** des circonstances ayant des rapports **déterminés avec** les aspects de la lune, si l'on veut que ces **productions** du sol **soient de qualité** supérieure. D'après la croyance populaire, notre satellite préside encore aux maladies de l'homme, et ce qui se passe dans la chambre du malade est conduit, réglé par les phases lunaires ; son influence s'étend même jusque sur la moelle de nos os, et l'augmentation ou la diminution du poids de nos corps en dépend. Cette influence ne se borne pas à des effets purement physiques et organiques ; les phénomènes intellectuels sont aussi de son ressort, et il est notoire qu'elle agit souverainement dans les affections mentales.

Si ces doctrines, ces opinions étaient particulières à quelques nations, à quelques époques seulement, elles mériteraient moins qu'on s'y arrêtât. Mais c'est un fait curieux, un fait dont il est difficile de se rendre compte, que beaucoup de ces doctrines règnent et aient régné chez des nations si éloignées l'une de l'autre et si peu en relation entre elles qu'il est impossible de penser que ces erreurs aient eu la même origine. A tout événement, la longue durée de ces préjugés, l'étendue de pays qu'ils ont envahie, appellent sur eux l'attention. On se propose donc ici d'examiner quelques-uns des principaux faits, des principaux arguments portant sur ces points. Les recherches et les travaux d'Arago faciliteront notre tâche.

Si l'on voulait analyser toutes les opinions populaires, tous les préjugés qui ont trait aux influences lunaires, il faudrait un volume. On se bornera à signaler les principaux et à montrer en peu de mots combien ils se concilient peu avec les principes d'astronomie et de physique établis.

II

La lune rousse. — On croit généralement, surtout dans les environs de
Paris, que, pendant certains mois de l'année, la lune exerce une grande
influence sur les phénomènes de la végétation. Les jardiniers donnent le
nom de *lune rousse* à la lune qui est pleine entre le milieu d'avril et la fin
de mai. Suivant eux, la lumière de la lune à cette époque a une influence
fâcheuse sur les jeunes rejetons des végétaux. Ils disent que, quand le ciel
est clair, les feuilles et les bourgeons exposés à la lumière de la lune rous-
sissent et sont détruits, comme si la gelée les avait frappés, dans un temps
où le thermomètre, exposé à l'atmosphère, se tient à plusieurs degrés
au-dessus du point de congélation. Ils disent encore que si des nuages
interceptent la lumière lunaire, ils empêchent ces effets déplorables pour
les plantes, quoique la température, dans les deux cas, soit absolument la
même.

D'après les idées de ces agriculteurs, les rayons de la lumière lunaire
sont doués d'une certaine propriété calorifique ; et comme ceux-ci élèvent
la température des objets sur lesquels ils tombent, ceux-là, au contraire,
en abaissent la température.

En réalité, les choses se passent-elles ainsi ? Des expériences ont été faites,
qui ont donné un résultat tout opposé. La boule d'un thermomètre assez
sensible pour indiquer un changement de température d'un millième de
degré a été placée au foyer d'un réflecteur concave de grande dimension.
On a dirigé ce réflecteur vers la lune, et fortement condensé sur lui les
rayons lunaires. Cependant on n'a pas produit le plus léger changement
dans la colonne thermométrique ; ce qui prouve qu'une concentration de
rayons suffisante, s'ils émanaient du soleil, pour mettre l'or en fusion, ne
produit pas même un changement de température d'un millième de degré,
quand les rayons émanent de la lune.

Néanmoins, le fait observé par les jardiniers et les agriculteurs est réel ;
seulement, ils n'ont pas poussé assez loin l'observation. S'ils avaient
observé les effets produits pendant les nuits claires et nuageuses qui n'ont
pas de lune, ils auraient innocenté ce satellite du délit dont ils l'accusent.

Quiconque connaît les principes physiques qui régissent le rayonnement
et la réflexion de la chaleur, comprendra sans difficulté que les phénomènes
ci-dessus sont attribués à tort à l'influence de la lune.

Tous les corps, quelle que soit la matière dont ils sont formés et quelle
que soit leur température, émettent incessamment des rayons de chaleur,
absolument comme le soleil ou tout autre corps lumineux émet des rayons
de lumière. L'intensité avec laquelle cette émission ou rayonnement
s'opère dépend en partie de la température, en partie de l'espèce de matière, en partie de l'état de la surface du corps. Plus la température est

élevée (toutes choses égales d'ailleurs), plus le rayonnement est intense. Certains corps sont bons *radiateurs*, certains autres mauvais. Les métaux appartiennent à cette dernière classe, le charbon à la première. Les surface polies sont défavorables, les surfaces rugueuses favorables à la radiation (au rayonnement).

Tous les corps peuvent de même réfléchir les rayons de chaleur qui tombent sur eux. Mais leur puissance de réflexion est différente, suivant l'état de leurs surfaces; ceux qui possèdent la plus grande puissance de rayonnement ont le plus faible pouvoir de réflexion.

Un ciel clair et sans nuages, étant en réalité un espace vide, ne saurait réfléchir vers la terre aucune partie de la chaleur qui lui est envoyée par les corps terrestres; mais si le ciel est chargé de nuages, la chaleur ainsi envoyée est plus ou moins réfléchie vers la terre.

Si donc le firmament se trouve, la nuit, clair et sans nuages, tous les corps à la surface de la terre lui enverront de la chaleur par rayonnement, sans recevoir aucune partie de cette chaleur par réflexion; leur température s'abaissera, et ils deviendront plus froids. Cet abaissement de température sera plus considérable pour les corps bons radiateurs que pour les mauvais.

Mais si le firmament est couvert de nuages, la chaleur que tous les corps à la surface de la terre rayonneront leur sera réfléchie par les nuages, et comme ils recevront autant, ou à peu près autant qu'ils auront donné, la température de ces corps se maintiendra.

Tel est le pouvoir de refroidissement d'un ciel découvert, que dans les climats chauds l'eau devient glace quand on l'y expose. On la place dans des vases en terre poreuse (les *alcarrazas*), en plein air. Elle perd de la chaleur par rayonnement, et par sa surface, et par la surface du vase; elle en perd encore par l'évaporation qui se fait surtout à la surface du vase. Le résultat de ces effets réunis est que l'eau des vases se congèle, quoique la température de l'air et des objets environnants soit fort au-dessus du point de congélation.

Les feuilles et les fleurs des végétaux sont toujours bons radiateurs de la chaleur, et, par les nuits claires et sans nuages, leur température baisse incessamment par ce rayonnement, qui n'est pas compensé par la réflexion. Mais si, comme on l'a dit, le ciel est nuageux, les feuilles et les fleurs recevant alors autant qu'elles donnent, leur température demeure la même.

La lune n'est donc pour rien dans l'effet ci-dessus, et il est positif que les végétaux souffriraient dans les mêmes circonstances, soit que la lune fût au-dessus, soit qu'elle fût au-dessous de l'horizon. Il n'est pas moins positif que, la lune fût-elle au-dessus de l'horizon, les végétaux ne sauraient souffrir si elle n'était pas visible; car un *ciel serein* n'est pas moins nécessaire pour que les végétaux éprouvent un préjudice que la visibilité de la lune ; et, d'un autre côté, les mêmes nuages qui voilent la lune et interceptent sa lumière renvoient aux végétaux cette chaleur qui les empêche d'éprouver le dommage en question. L'opinion populaire est donc juste quant à l'*effet,* mais fausse quant à la *cause ;* et son erreur sera palpable si l'on fait attention que, par un ciel serein, lorsque la lune est nouvelle, c'est-à-dire invisible, les végétaux subiront le même préjudice.

III.

Époque pour abattre le bois. — Une opinion généralement répandue est celle qui veut que le bois soit abattu pendant le décours de la lune ; s'il était coupé pendant sa croissance, il ne serait pas de bonne qualité et ne se conserverait pas. On est bien convaincu de l'excellence de ce précepte en Angleterre. En France, on ne l'était pas moins au siècle dernier ; les lois forestières interdisaient formellement d'abattre le bois pendant la croissance de la lune. M. Auguste de Saint-Hilaire dit que la même opinion règne au Brésil. M. Francisco Pinto, agronome distingué de la province d'Espirito-Santo, lui assura comme un fait acquis que le bois non abattu pendant le décours était immédiatement attaqué par les vers et pourrissait très-vite.

Dans les vastes districts forestiers de l'Allemagne, c'est encore cette opinion qui domine. Un garde forestier général, Sauer, a même tenté d'expliquer ce qu'il croit être la cause physique du phénomène. Suivant lui, la force ascensionnelle de la séve est beaucoup plus grande pendant la croissance que pendant la décroissance de la lune, et il en conclut que le bois abattu pendant le premier ou le second quartier, temps où les vaisseaux sont plus remplis de séve, sera spongieux et plus facilement attaqué par les vers ; qu'il sera plus difficile à préparer, travaillera et se fendillera sous l'influence de variations de température très-faibles ; mais, au contraire, le bois abattu pendant le troisième ou le quatrième quartier, temps où la séve monte avec une force ascensionnelle plus petite, sera plus dense, plus durable et plus propre aux constructions.

Dans tout le domaine de la physique, est-il possible d'imaginer une liaison physique plus extraordinaire, plus bizarre, que cette correspondance supposée entre le mouvement de la séve et les phases de la lune ? Assurément, la théorie n'apporte pas le plus léger appui à une pareille hypothèse. Mais examinons le fait, et voyons si réellement la qualité du bois dépend de l'état de la lune au moment où il est abattu.

Un célèbre agronome français, Duhamel du Monceau, fit des expériences directes pour élucider cette question, et il prouva de la manière la plus claire que les qualités du bois abattu à telle ou telle époque du mois lunaire sont identiques. Il abattit un grand nombre d'arbres du même âge, excrus sur le même terrain, semblablement exposés, et ne trouva jamais aucune différence de qualité entre le bois abattu dans le décours de la lune et celui abattu durant sa croissance; en général, le bois avait la même qualité. Il ajoute toutefois que, par une circonstance sans doute fortuite, une légère différence se produit en faveur du bois abattu entre la nouvelle et la pleine lune; ce qui choque singulièrement l'opinion communément admise.

IV.

Influences de la lune sur la végétation. — Chez les jardiniers, il est passé à l'état d'aphorisme que les choux et les laitues qu'on veut faire pousser vite, les fleurs qu'on veut doubler, les arbres dont on veut obtenir des fruits précoces, doivent être semés, plantés et taillés pendant le décours de la lune. Pas une de ces opinions qui ne soit erronée. La croissance ni la décroissance de la lune n'ont aucune influence appréciable sur les phénomènes de la végétation, et les expériences, les observations de plusieurs agronomes français, de Duhamel du Monceau entre autres, l'ont positivement établi.

Comme Sauer, Montanari a essayé d'indiquer la cause physique de cet effet imaginaire. « Pendant le jour, dit-il, la chaleur solaire augmente la quantité de séve qui circule dans les plantes, car elle augmente le diamètre des tuyaux dans lesquels se meut la séve; le froid de la nuit produit l'effet opposé, car il resserre ces tuyaux. Or, au moment où le soleil se couche, si la lune est dans sa période de croissance, elle se trouvera sur l'horizon, et la chaleur émanant de sa lumière prolongera la circulation de la séve; mais, pendant le décours, la lune ne se lèvera qu'un certain temps après le coucher du soleil, et les végétaux se trouveront brusquement exposés au froid non atténué de la nuit; il en résultera une contraction soudaine des feuilles et des tuyaux, et la circulation de la séve s'arrêtera instantanément. »

Si l'on admet que les rayons de la lune ont un pouvoir calorifique quelconque, ce raisonnement mérite d'être pris en considération; mais on le trouvera sans force aucune si l'on réfléchit que l'extrême changement de température que la lumière lunaire peut produire n'est pas même d'un millième de degré du thermomètre ($^1/_{20000}$ de degré centigrade d'après Arago).

Il est curieux de voir que les idées ci-dessus régnent aussi en Amérique. M. Auguste de Saint-Hilaire dit qu'au Brésil les cultivateurs plantent, dans le décours de la lune, tous les végétaux à racines alimentaires, et, au contraire, pendant la lune croissante, la canne à sucre, le maïs, le riz, les haricots, etc., et généralement tous les végétaux sur les troncs et les branches desquels se trouvent les substances nutritives. Cependant,

des expériences faites à la Martinique et rapportées par M. de Chanvalon,
il résulte que des végétaux de l'une et de l'autre espèce, plantés à diverses
époques du mois lunaire, n'ont montré aucune différence appréciable dans
leurs qualités.

Dans la règle adoptée par les agronomes de l'Amérique du Sud, règle
en vertu de laquelle ils gouvernent différemment les deux classes de plantes
dont il vient d'être parlé, il y a peut-être quelques traces d'un principe
physique; mais il n'y en a pas dans les aphorismes européens. Les pres-
criptions de Pline sont plus spécifiques encore : ainsi il recommande
l'époque de la pleine lune pour semer les haricots, et celle de la nouvelle
lune pour semer les lentilles. « En vérité, dit Arago, ne faut-il pas une
foi bien robuste pour admettre, *sans preuves*, qu'à 80 000 lieues
(240 000 *miles*) de distance, la lune, dans une de ses positions, agisse
avantageusement sur la végétation des fèves, et que, dans une position
opposée, ce soit les lentilles qu'elles favorisent ! »

Influence de la lune sur le grain. — « Si l'on récolte le grain pour le
vendre immédiatement, dit Pline, que ce soit pendant la pleine lune ; car,
pendant la croissance de la lune, le grain augmente notablement de grosseur, mais si on veut le conserver, il faut choisir le temps de la nouvelle
lune ou celui du décours. »

Ce précepte agronomique, autant qu'il est compatible avec l'observation qu'il tombe plus de pluie pendant la période croissante que pendant
la période décroissante, n'est pas sans quelque fondement ; mais Pline,
ou ceux dont on l'a reçu, ne l'ont sans doute pas établi sur un tel fondement ; en outre, la différence dans la quantité de pluie qui tombe pendant les deux périodes est tellement insignifiante qu'elle ne saurait produire les effets auxquels on fait allusion.

Influence de la lune sur la fabrication du vin. — C'est une maxime des
propriétaires de vignobles que le vin, fabriqué sous deux lunes, n'est jamais de bonne qualité et ne se peut clarifier. Toaldo, le célèbre météorologiste italien, essaye de justifier cette maxime. « La fermentation vi-
neuse, dit-il, ne peut embrasser deux lunaisons que quand elle commence immédiatement avant la nouvelle lune ; comme alors ceci a lieu,
lorsque le côté éclairé de la lune se trouve du côté opposé à la terre,
notre atmosphère est privée de la chaleur des rayons lunaires ; par conséquent, la température de la terre est abaissée et la fermentation moins
active. »

Pour renverser ce raisonnement, il suffit d'un mot. Les rayons de la
lune n'affectent pas la température de l'air d'un millième de degré du
thermomètre, et la différence de température existant dans deux caves
voisines où se fabrique le vin doit être bien des fois plus grande à un moment donné dans l'une que dans l'autre ; cependant, il n'est jamais venu

à l'esprit de personne de penser qu'une telle circonstance puisse affecter la qualité du vin.

D'après les maximes météorologiques des anciens, le sort des vendanges était même beaucoup plus influencé par une étoile particulière, une étoile qu'on peut à peine mettre au nombre de celles de première grandeur, que par la lune. Cette étoile, ennemie de la grappe, se nomme Procyon, dans la constellation du Petit-Chien. Pline rapporte l'opinion qui avait cours de son temps, et suivant laquelle Procyon décidait du sort des vendanges et brûlait le raisin.

Mais, peut-on demander, comment l'action malfaisante de Procyon pouvait-elle être active pendant telles années et insensible pendant telles autres ? Procyon, étoile fixe, occupait et occupe toujours la même place dans le firmament ; et quelle que soit l'influence physique qu'elle exerce sur la terre, cette influence ne peut changer d'une année à l'autre. Si l'on répond que le nombre des nuits sans nuages est plus ou moins grand selon les années, on retombe alors dans le cas de la *lune rousse ;* l'explication qu'on en a donnée s'applique à Procyon, et Procyon devient alors un témoin pur et simple du mal, et non un malfaiteur.

Cependant, comme cette vieille erreur semble avoir perdu racine de nos jours, on ne s'arrêtera pas plus longtemps à la réfuter.

C'est une maxime des marchands de vin d'Italie, que le vin ne doit jamais être transvasé dans les mois de janvier ou de mars, si ce n'est pendant le décours de la lune, sous peine de le voir gâté.

Toaldo n'a pas daigné nous donner une raison physique de ce précepte ; mais il est à remarquer que Pline, sur l'autorité d'Hyginus, recommande justement le contraire. De deux opinions si opposées, on peut conclure avec raison que la lune n'a aucune influence dans le cas dont il s'agit.

Parmi les préceptes de Pline, on trouve que les grappes doivent être vidées la nuit pendant la nouvelle lune, et le jour pendant la pleine lune.

Quand la lune est nouvelle, elle est sous l'horizon pendant la nuit et au-dessus pendant le jour ; quand elle est pleine, elle est sur l'horizon pendant la nuit, et pendant le jour elle est au-dessous. La maxime de Pline équivaut donc à cette condition que les grappes doivent être vidées quand la lune se trouve sous l'horizon. Évidemment, l'absence de la lune n'est pas requise dans l'espèce à cause d'un effet quelconque que sa lumière pourrait produire si elle était présente ; car quand la lune est nouvelle, elle ne donne aucune lumière, même quand elle est sur l'horizon, son côté éclairé se trouvant à l'opposé de la terre. Si la maxime est fondée sur quelque raison, ce doit donc être ou sur une influence que la lune est supposée produire quand elle est présente, indépendamment de sa lumière (dont on redoute l'influence et qu'on évite), ou sur quelque effet qu'elle est supposée produire à travers la masse solide du globe terrestre

quand elle est de l'autre côté de lui, effet qu'elle ne saurait produire sans
son interposition. Cette maxime est probablement aussi absurde, aussi
dénuée de fondement, que les autres effets attribués à la lune.

V.

Influence de la lune sur le teint. — Dans plusieurs contrées de l'Europe, on tient pour certain que la lumière de la lune a pour effet de brunir
le teint.

Que la lumière exerce une influence sur la couleur des substances matérielles, c'est là un fait bien connu en physique et dans les arts. Le procédé du blanchiment par l'exposition au soleil est un exemple sensible
de cet ordre de faits. Les végétaux et les fleurs qui croissent loin de la
lumière solaire ont une couleur différente de celle des végétaux soumis
à son influence. L'exemple le plus frappant, toutefois, de l'effet de certains rayons de la lumière solaire pour noircir une substance colorée par
la lumière est fourni par le chlorure d'argent, substance blanche, mais
qui devient immédiatement noire lorsqu'on fait tomber sur elle les rayons
voisins de l'extrémité violette du spectre. Cette substance, cependant,
malgré sa susceptibilité et quoique la lumière agisse si facilement sur sa
couleur, ne change pas d'une manière sensible quand on l'expose à la
lumière de la lune, même lorsque cette lumière a été condensée au foyer
de la lentille la plus puissante. Il semblerait donc, autant du moins qu'on
peut tirer une analogie des qualités de cette substance, que l'opinion populaire qui accorde aux rayons de la lune le pouvoir de noircir la peau
pèche complétement par la base.

Arago (qui inclinait généralement à favoriser plutôt qu'à combattre les
opinions populaires en vogue) regardait comme possible que la peau,
exposée au serein, subît quelque influence, influence qu'on pouvait expliquer par le même principe que celui d'après lequel on a précédemment
expliqué les effets attribués à la *lune rousse*. La peau, étant, comme les
feuilles et les fleurs des végétaux, un bon *radiateur* de la chaleur, doit
supporter, quand elle est exposée au serein et par le même motif, un
abaissement de température. Quoique cette perte soit jusqu'à un certain
point compensée par la chaleur animale, toujours est-il que le refroidissement amené par le rayonnement n'est pas tout à fait sans conséquence.
Chacun sait qu'une personne qui dort en plein air pendant la nuit, lorsqu'il
tombe de la rosée, peut éprouver un froid intense, quoique l'atmosphère
ambiante ait une température modérée et qu'aucun dépôt de rosée ne se
fasse sur la peau. Cela doit résulter de l'abaissement de température incessant qui a lieu à la surface de la peau par le rayonnement.

Le *hâle du bivouac* est un mot familier aux soldats français qui ont
pris part aux campagnes de guerre. Le mot hâle exprime une certaine

propriété hypothétique de l'atmosphère, propriété en vertu de laquelle
elle tanne ou brunit la peau. Le soldat n'ignore pas que cet effet se produit seulement pendant les nuits sereines, quand la face est exposée à l'air.
Mais l'atmosphère n'est pas responsable du mal. Pour s'en convaincre, il
suffit de disposer entre le ciel et le visage un écran ; alors, quoique le visage soit complètement au contact de l'air, il ne brunit pas.

Dans le sud de la France, les mères prémunissent leurs filles contre
les promenades nocturnes, en leur rappelant un vieux proverbe : Songez,
leur disent-elles,

> Que lou sol y la sereine
> Fan veni la gent mouraine (noirâtre).

Il est à remarquer que ce proverbe n'accuse nullement la lune d'un
mal... qu'elle ne produit pas. La science n'y peut trouver à redire.

VI.

Influence de la lune sur la putréfaction. — Pline et Plutarque ont
transmis comme une maxime que la lumière de la lune hâte la putréfaction des substances animales et les couvre d'humidité. La même opinion
règne dans les Indes occidentales et dans l'Amérique du Sud. On y croit
aussi que certaines espèces de poisson, exposées à la lumière de la lune,
perdent leur goût et deviennent molles et flasques ; que, quand un mulet
blessé est demeuré exposé à cette lumière pendant la nuit, la blessure
s'irrite et devient souvent incurable.

Tous ces effets, si toutefois ils sont réels, peuvent s'expliquer de la
même façon que les effets attribués à la *lune rousse*. Les substances animales, exposées la nuit à un ciel serein, sont susceptibles de recevoir de
la rosée ; or, l'humidité accélère la putréfaction. Mais il n'en serait ni plus
ni moins si le ciel était serein, soit que la lune fût sur l'horizon, soit
qu'elle fût au-dessous. La lune, dans l'espèce, n'est donc qu'un *témoin*,
non un *acteur*, et on doit la renvoyer, comme on dit, des fins de la
plainte.

VII.

Influence de la lune sur les coquillages. — Les huîtres et autres coquillages sont plus gros pendant la croissance que pendant le décours de la
lune. Cette opinion n'est pas nouvelle. Le poëte Lucilius, Aulu Gelle et
autres, en ont parlé, et les membres de l'Académie *del Cimento* semblent
l'avoir tacitement admise, puisqu'ils essayent d'en donner une explication.
Cependant le fait a été soigneusement étudié par Rohault ; il a comparé
les coquillages pêchés à toutes les périodes du mois lunaire sans y jamais
trouver une différence de qualité.

VIII.

Influence de la lune sur la moelle des animaux. — La plupart des bouchers sont convaincus que la moelle des os est en plus ou moins grande quantité suivant la phase de la lune où l'animal est abattu. Rohault s'est aussi livré à l'examen de la question ; ses observations, il les a poursuivies pendant vingt ans, et il a prouvé qu'il n'en était rien.

IX.

Influence de la lune sur le poids du corps humain. — Sanctorius, dont l'invention du thermomètre a illustré le nom, tenait pour certain qu'un homme bien portant gagnait deux livres au commencement de chaque mois lunaire et qu'il les perdait vers la fin. Cette opinion, à laquelle arriva Sanctorius en expérimentant sur lui-même, montre qu'il ne faut jamais se hâter de généraliser. En effet, ce n'est là qu'une coïncidence fortuite, et Sanctorius eût reconnu son erreur s'il avait poursuivi ses expériences plus longtemps.

X.

Influence de la lune sur les naissances. — Les accouchements, croit-on encore, sont plus fréquents au décours de la lune que pendant la croissance. On comparé le nombre des naissances avec les périodes du mois lunaire, et l'on a cru voir que cette opinion était fondée. Cependant, pour qu'elle ait force de loi, on devrait la soumettre à un nouvel examen. Jusque-là, il y aura doute. — D'autres phénomènes relatifs à la génération, et qu'on suppose avoir aussi quelque rapport avec le mois lunaire, n'en ont, en réalité, aucun.

XI.

Influence de la lune sur l'incubation. — Suivant Pline, on doit mettre les œufs à couver quand la lune est nouvelle. En France, c'est une maxime adoptée généralement, que les poulets sont meilleurs et s'élèvent plus facilement, quand ils brisent la coque vers la pleine lune. Les expériences et les observations de M. Girou de Buzareingues ont donné du poids à cette opinion. Mais ces observations veulent être multipliées, avant que le précepte soit considéré comme établi. M. Girou pense que, pendant les nuits obscures de la nouvelle lune, les poules se tiennent immobiles sur leurs œufs, et qu'ainsi elles tuent leurs petits ou arrêtent leur développement par trop de chaleur; au contraire, pendant les nuits éclairées par la lune, les couveuses sont moins calmes, et l'effet ci-dessus ne se produit pas.

XII.

Influence de la lune sur les affections mentales et autres maladies. —
L'influence attribuée à la lune sur les maladies de l'homme est fort ancienne. Hippocrate croyait si fermement à l'influence des corps célestes
sur les êtres animés qu'il recommande expressément de ne pas s'adresser
à un médecin qui ignore l'astronomie. Galien, à l'exemple d'Hippocrate,
partageait cette opinion ; mais il croyait surtout à l'influence de la lune.
Il s'ensuivit que, dans les maladies, on fit correspondre les périodes
lunaires aux différentes périodes du mal. Les jours critiques, ou *crises*
(comme on les appela par la suite), furent le septième, le quatorzième et
le vingt et unième jour de la maladie, lesquels jours correspondent aux
intervalles qui séparent les principales phases de la lune. Pendant le règne
de l'alchimie, on considérait le corps humain comme un microcosme
(petit monde) ; le cœur, qui représentait le principe de la vie, on le plaçait sous l'empire du soleil ; le cerveau était sous la dépendance de la lune.
Chaque planète avait une influence propre : Jupiter avait la haute main
sur les poumons, Mars sur le foie, Saturne sur la rate, Vénus sur les reins,
et Mercure sur les organes de la génération. De ces idées grotesques, il ne
reste plus rien aujourd'hui qu'un mot, le mot *lunacy,* qui désigne encore
l'insanité d'esprit. Mais ce mot lui-même, on peut dire qu'il est à peu près
banni de la terminologie médicale, et qu'il s'est réfugié dans le réceptacle
de toutes les absurdités surannées de la phraséologie, — le droit. *Lunatic,*
je crois, est encore le mot dont on qualifie l'individu incapable de gérer
ses affaires. (En France, c'est le mot *prodigue* (Code civ., 513) ou *imbé-
cile,* ou *dément* (489). La qualification de *lunatique* est donnée, dans le
langage ordinaire, à ceux qui ont le cerveau malade.)

Quoique l'ancienne croyance dans la connexion des phases de la lune
avec les phénomènes de l'aliénation mentale paraisse à peu près abandonnée, cependant elle a encore quelques partisans, et je ne sache pas
qu'on ait tenté de faire quelques expériences sérieuses, vraiment scientifiques, pour renverser cette prétendue connexion. Des médecins distingués, intelligents, se rencontrent même qui soutiennent encore que les
paroxysmes des aliénés sont plus violents lorsque la lune est pleine qu'en
tout autre temps.

Mathiolus Faber cite l'exemple d'un fou qui, au moment même d'une
éclipse de lune, devenait furieux, se précipitait sur une épée, et frappait à
droite et à gauche sur les assistants. On observa que plus le jour de
l'éclipse approchait, plus le malade devenait sombre et mélancolique ;
d'où l'on peut conclure, il semble, que l'imagination, excitée par l'approche du phénomène, avait plus de part à la crise que la lune.

Ramazzini rapporte que, dans la fièvre épidémique qui sévit sur l'Italie en 1693, les malades périrent en nombre extraordinaire le 21 janvier, au moment d'une éclipse de lune. Sans discuter ce fait (pour qu'il fût constant, toutefois, il serait besoin d'avoir la statistique des décès quotidiens), on peut objecter que les malades qui mouraient de la sorte et en si grand nombre, au moment de l'éclipse, avaient eu peut-être l'imagination surexcitée, et que l'approche de l'événement les avait frappés d'une crainte insurmontable, si l'opinion commune attachait à l'éclipse quelque danger. Cette supposition n'a rien que de vraisemblable.

A une date assez voisine de la précédente, au mois d'août 1654, on raconte que les malades étaient, par ordre des médecins, mis sous le verrou dans des appartements parfaitement clos, chauffés et parfumés. Le but de cette mesure était de les soustraire à l'influence maligne de l'éclipse de soleil qui eut lieu alors. Telle était la consternation des personnes de toutes les classes, tel était le nombre de ceux qui accouraient à confesse, se croyant à leur dernier jour, que les ecclésiastiques ne pouvaient administrer à tout le monde ce sacrement. A ce propos, on a fait un curé des environs de Paris le héros d'une anecdote plaisante. Ce brave homme, pour rassurer l'esprit de ses ouailles et se procurer le temps nécessaire pour vaquer à ses affaires, les convoqua et leur assura que l'éclipse était remise à quinzaine.

Au nombre des plus remarquables exemples de l'influence attribuée à la lune sur le corps humain, il en est deux, ceux de Vallisnieri et de Bacon, qui fixent surtout l'attention. Vallisnieri dit qu'étant à Padoue convalescent d'une longue maladie, il ressentit, le 12 mai 1706, pendant l'éclipse de soleil, une fatigue et des frissonnements inaccoutumés. Jamais Bacon n'était témoin d'une éclipse de lune sans s'évanouir ; il ne recouvrait le sentiment que lorsque la lune avait recouvré son éclat.

« Au reste, dit Arago, pour que ces deux exemples prouvassent sans réplique l'existence des influences lunaires, il faudrait établir que la faiblesse de caractère, que la pusillanimité, ne sont jamais alliées à d'éminentes qualités de l'intelligence ; or c'est une thèse dans laquelle je ne prétends pas m'engager. »

Menuret est convaincu que les maladies cutanées ont une connexion manifeste avec les phases lunaires. Dans l'année 1760, il observa lui-même, à ce qu'il dit, un malade affligé d'une teigne. Ce malade, pendant le décours de la lune, souffrait de plus en plus jusqu'à la nouvelle lune, période où le visage et la poitrine étaient envahis eux-mêmes, et où se manifestaient des démangeaisons insupportables. A mesure que la lune croissait, ces symptômes disparaissaient peu à peu, l'éruption abandonnait le visage ; mais dès que la pleine lune était passée, les mêmes accidents se répétaient. Cet état de choses dura trois mois.

Menuret prétend aussi qu'il a remarqué une correspondance semblable entre les phases lunaires et la gale ; mais le mal avait justement pris le contre-pied de l'affection précédente ; son maximum se trouvait dans la pleine lune, et son minimum dans la nouvelle.

Sans mettre en doute l'exactitude de ces faits, sans frapper de suspicion la bonne foi du médecin qui les garantit, on doit observer que ces faits ne prouvent autre chose qu'une coïncidence étrange. S'il avait existé un rapport de cause et d'effet entre les phases lunaires et les phénomènes de ces deux maladies, la même cause n'eût pas manqué d'amener le même effet dans des circonstances pareilles, et l'on ne serait pas réduit, pour savoir positivement à quoi s'en tenir sur l'influence de la lune, à quelques cas isolés, observés et rapportés par un médecin qui était lui-même un partisan de cette influence, un croyant.

Maurice Hoffman rapporte un cas qui se présenta dans sa propre pratique. Il s'agissait d'une jeune femme, fille d'une épileptique. L'abdomen du sujet enflait chaque mois pendant la croissance de la lune, et reprenait toujours sa forme naturelle pendant le décours.

Si Hoffman était entré dans plus de détails ; si, en outre, on était sûr que ce fait singulier eût persisté longtemps, on ne pourrait nier légitimement l'existence d'un rapport de cause et d'effet entre les phases de la lune et la maladie de la jeune femme ; mais le fait est présenté d'une manière vague ; on ne sait pas pendant combien de temps il se reproduisit : qu'en conclure ? C'est que là encore il existe une coïncidence fortuite, et qu'on doit mettre ce fait dans la catégorie des rêves, des prodiges, etc., etc.

Comme on peut naturellement s'y attendre, les affections nerveuses ont offert les traces les plus fréquentes d'un rapport avec les phases lunaires. L'illustre Mead croyait non-seulement à l'influence de la lune, mais à celle de tous les corps célestes sur l'homme. Il cite le cas d'un enfant qui éprouvait toujours des convulsions au moment de la pleine lune. Pyson, autre croyant, cite le cas d'un paralytique dont le mal revenait à la nouvelle lune. Menuret parle d'un épileptique dont la pleine lune ramenait les accès. Les comptes rendus des sociétés savantes abondent en exemples de vertiges, de fièvres malignes, de somnambulisme, etc., dont les paroxysmes correspondaient plus ou moins aux phases de la lune. Gall prétend avoir observé lui-même que les individus faibles ont toujours deux époques par mois où leur irritabilité est particulièrement excitée, et dans un ouvrage publié à Londres, en 1829, pas plus tard, on assure que ces deux époques sont la nouvelle et la pleine lune.

XIII.

Pour combattre tous ces exemples d'effets attribués à l'influence de la lune, on a peu de preuves directes à mettre en ligne. Soutenir la négative n'est pas chose facile. Il serait à souhaiter que, dans quelques-uns de nos grands établissements d'aliénés, on consignât sur un registre le moment de tous les accès, de tous les paroxysmes remarquables. Une comparaison subséquente de ces phénomènes avec l'âge de la lune fournirait une base pour des conclusions légitimes et sûres. Je ne sache pas qu'un savant ait dirigé toute son attention sur le sujet qu'on traite ici, sauf le docteur Olbers, de Brême, que la découverte des planètes Pallas et Vesta a rendu célèbre. Il déclare que, dans le cours d'une longue pratique médicale, il n'a jamais pu saisir la moindre liaison entre les affections morbides et les phases de la lune. Arago, néanmoins, dit qu'il est d'une sage philosophie de ne pas décider trop légèrement contre cette influence.

« Le système nerveux, dit-il, est à beaucoup d'égards un instrument infiniment plus délicat que les plus subtils appareils des physiciens modernes. Qui ne sait, en effet, que les nerfs olfactifs nous signalent, dans l'air, des matières odoriférantes dont aucune analyse chimique ne pourrait saisir les traces ? Pour avoir un second exemple de cette extrême sensibilité, faisons pénétrer dans l'œil cette faible lumière lunaire qui, énormément condensée, n'a agi ni comme chaleur sur le thermomètre le plus sensible, ni chimiquement sur le chlorure d'argent : eh bien, à l'instant, *la pupille se contractera !* Cependant les téguments de cette membrane semblent complétement inertes quand la lumière ne frappe qu'eux ; cependant la pupille reste complétement immobile quand on la gratte avec une pointe d'aiguille, quand on l'humecte avec des liqueurs acides, quand on amène à sa surface des étincelles électriques ; cependant la rétine elle-même, dont l'irritation devait, dit-on, se communiquer sympathiquement à la pupille, ne paraît pas avoir avec elle de connexion directe, et n'offre aucun indice d'irritation sous l'action des agents mécaniques les plus actifs ! Ce mystérieux phénomène montre de quelle réserve il faut s'entourer quand on veut passer des expériences qui se font sur des substances inanimées au cas beaucoup plus difficile des corps doués de la vie. »

XIV.

Disons en terminant, — et ce sera notre conclusion, — que de toutes les influences qu'on suppose, en général, s'exercer à la surface de notre globe, il en est peu qui soient réellement fondées.

NOTES.

———

1. **Note sur le § ii.** — Personne, avant M. Wells, n'avait imaginé que les corps terrestres, sauf le cas d'une évaporation prompte, pussent acquérir la nuit une température différente de celle de l'atmosphère dont ils sont entourés. Ce fait important est aujourd'hui bien constaté. Si l'on place en plein air de petites masses de coton, d'édredon, etc., on trouve souvent que leur température est de 6, de 7, et même de 8 degrés centigrades au-dessous de la température de l'atmosphère ambiante. Les végétaux sont dans le même cas. Il ne faut donc pas juger du froid qu'une plante a éprouvé la nuit par les seules indications d'un thermomètre suspendu dans l'atmosphère : *la plante peut être fortement gelée, quoique l'air se soit constamment maintenu à plusieurs degrés au-dessus de zéro.*

Ces différences de température entre les corps solides et l'atmosphère ne s'élèvent à 6, 7 ou 8 degrés du thermomètre centésimal, que par un temps parfaitement serein. Si le ciel est couvert, la différence disparaît tout à fait ou devient insensible. (Arago, *Ann. pour* 1833, p. 216.)

Dans le § ii, auquel nous ajoutons cet extrait d'Arago, on a dit la raison de cette différence de température : le rayonnement. Mais le rayonnement n'a lieu d'une manière sensible qu'autant que le ciel est découvert. Un ciel découvert, telle est donc la condition *sine quâ non* de l'abaissement de température des corps exposés au plein air pendant la nuit.

2. Pline, outre les recommandations qu'on a vues, fait encore celle-ci : *On doit faire cuire le raisiné pendant la nuit si la lune est en conjonction, et pendant le jour si elle est pleine.*

Cela ne peut signifier qu'une chose, c'est que, pour faire cuire le raisiné, il faut que la lune soit *couchée.* Or, dit Arago, dans le temps de la conjonction, la lune, même lorsqu'elle se trouve sur l'horizon, n'éclaire point la terre. Ainsi, dans le cas actuel, l'action de notre satellite ne saurait dépendre de sa lumière. Cette action, quelle qu'en fût la nature, devrait, au surplus, ne pas pouvoir se transmettre au travers de la substance de notre globe, puisqu'elle cesserait dès que l'astre serait couché. Voilà une circonstance qui ne semble pas propre à faire adhérer à l'aphorisme de Pline, sans les preuves les plus positives.

3. On n'a pas traité, dans les *Influences de la lune*, la question de savoir si ce satellite exerce une influence sur les pluies, les vents, etc. L'examen de cette question est renvoyé au traité des *Pronostics du temps.*

ÉTOILES FILANTES. PIERRES MÉTÉORIQUES.

Météore du 18 août 1783, vu à Windsor. — Les deux figures du bas de la gravure
le représentent quelques secondes avant l'explosion.

CHAPITRE PREMIER.

I.

Quand on pense à tout le temps qui s'est écoulé depuis que Bacon a
livré au monde une méthode certaine pour sonder la nature, on est étonné

de voir combien ces inestimables préceptes sont fréquemment négligés, transgressés. On dirait qu'une disposition inhérente à l'esprit humain (disposition procédant sans doute de cette arrogance, de cette vanité qui sont invariablement filles de l'ignorance) nous porte à former à la hâte des théories, à supposer des causes, à faire fi de l'obligation si importante, mais moins ambitieuse, d'analyser les faits. Ces observations, il est vrai, s'appliquent moins aux esprits élevés sous la discipline sévère de nos vieilles universités, où les œuvres de Bacon, les ouvrages classiques de Newton et de Laplace, sont étudiés avec un zèle, une persévérance qui transportent infailliblement l'esprit de ces grands hommes à ceux qui ambitionnent d'être leurs successeurs. Mais dans la classe beaucoup plus nombreuse de ces hommes qui ne veulent relever que d'eux-mêmes, qui sont leurs professeurs, la disposition d'esprit dont on parle est fréquente, retarde plus ou moins leurs progrès et nuit à la valeur de leurs travaux.

On ne doit donc, quand on professe, laisser échapper aucune occasion d'inculquer dans le cerveau de ses disciples le véritable esprit de la philosophie inductive, qui, à notre époque, a fourni une si riche moisson de découvertes. Nous profiterons nous-même de l'occasion que nous offre l'étude des aérolithes pour donner un exemple de l'observance rigoureuse des règles philosophiques de Bacon dans l'investigation de la nature.

Quiconque est un tant soit peu au courant des choses du jour, se figure connaître les pierres météoriques. Il sait qu'elles tombent de l'air, et qu'elles sont accompagnées de flamme et de bruit. Avec ce bagage de faits, il n'hésite pas à conjecturer leur origine, à édifier une théorie pour les expliquer. Comme on peut s'y attendre, la théorie enfantée de la sorte est toujours indigeste, absurde, et tombe en pièces dès qu'on la met en regard des phénomènes.

Lorsqu'un phénomène nouveau, inexpliqué, s'offre à nous, on doit d'abord s'enquérir, avec le soin le plus minutieux, de tous les faits, petits et grands, qui l'accompagnent; et si, dans le passé, on ne trouve rien qui mette sur la voie d'une explication, on doit patiemment attendre le retour d'un phénomène semblable et l'observer scrupuleusement. Quand on a ainsi rassemblé tous les faits qui peuvent apporter la lumière, on est alors, mais alors seulement, à même de chercher la cause qui l'a produit.

II.

Examinons donc les faits qui ont accompagné les anciennes apparitions de météorites.

Ces météores se manifestent diversement. Souvent leur chute est précédée d'un jet de feu qui traverse rapidement une portion plus ou moins grande du ciel, et se termine par une explosion quelquefois si forte que les fenêtres, les portes et les maisons elles-mêmes sont ébranlées comme par un tremblement de terre. Ce phénomène est appelé parfois *éclair en boule*, mot susceptible d'objection en ce qu'il implique une analogie, ou identité d'origine, entre ces météores et l'éclair ordinaire ; ce qui non-seulement n'est pas prouvé, mais n'est pas probable.

Quelquefois on voit un petit nuage noir se former soudain dans un ciel parfaitement découvert ; il fait explosion avec un bruit semblable à une suite de décharges d'artillerie, et il en tombe une sorte de pluie de pierres. Un nuage de cette nature, en passant au-dessus d'une grande étendue de pays, a quelquefois lancé sur terre des milliers de pierres météoriques de grosseurs diverses, mais d'une composition et d'un extérieur semblables.

L'apparence lumineuse et l'explosion consécutive qui signalent ces météores étaient connues depuis longtemps ; mais ce n'est qu'à notre époque qu'on a prouvé et qu'il a été généralement admis que des substances pesantes, aujourd'hui nommées pierres météoriques (bolides, aérolithes, météorites), étaient tombées à la surface de la terre au même moment. Cependant on doit au zèle des savants contemporains un ensemble de preuves imposant sur la réalité de ces dépôts. Chladni, dans son ouvrage sur la matière, a donné un catalogue chronologique étendu des pierres météoriques ; on y trouve que ces phénomènes se produisirent plusieurs fois, chaque année du dernier siècle, sur différents points du monde.

III.

On observa de remarquables chutes d'aérolithes à Barbotan, dans le département des Landes (France), le 24 juillet 1790 ; à Sienne (Italie), le 16 juin 1794 ; à Weston, dans le Connecticut (États-Unis), le 14 décembre 1807 ; et à Juvenas, dans le département de l'Ardèche (France), le 15 juin 1821.

Le phénomène se manifeste quelquefois par un ciel tout à fait découvert et sans nuages. Le 16 septembre 1843, un énorme aérolithe tomba à Kleinwenden, près Mulhouse, avec un bruit de tonnerre ; le ciel n'avait pas un nuage.

On peut donc regarder ce fait comme bien établi, que des masses de pierre, de grosseurs diverses et souvent d'un poids fort considérable, traversent souvent le ciel avec une grande vitesse apparente, et se précipitent ensuite sur la terre avec une force extraordinaire.

Un autre fait digne d'attention est le suivant : rarement les aérolithes viennent frapper la surface du sol verticalement ou à peu près ; en général, ils s'y rendent en suivant une direction très-oblique au plan de l'horizon. On peut demander comment la direction suivant laquelle ils frappent la terre peut être déterminée, si on ne les voit, ce qui arrive rarement, au moment de leur chute. On reconnaît cette direction par la manière dont ils pénètrent dans sol, ce qu'ils font toujours, et à une profondeur plus ou moins grande.

La vitesse de leur mouvement quand ils rencontrent la terre est un autre fait de beaucoup d'importance. On reconnaît cette vitesse en observant leur mouvement lorsqu'ils sont visibles, et en calculant la force avec laquelle ils ont frappé la terre d'après la profondeur à laquelle ils ont pénétré.

Au moyen de ces observations, on a trouvé que la vitesse des météorites appartient à l'espèce de mouvements qui caractérisent les corps du système solaire, et qu'on ne rencontre jamais dans les mouvements des corps terrestres. C'est une vitesse qu'on ne saurait supposer impartie par la gravitation de la terre à des masses attirées de points compris dans les limites de l'atmosphère.

IV.

En examinant la condition physique et la composition des masses ainsi précipitées, plusieurs faits dignes de remarque se présentent. Soit qu'elles tombent de boules de feu visibles la nuit, d'un nuage pendant le jour, ou d'un ciel découvert et serein, elles ont toutes une ressemblance générale et frappante dans leur forme, leur enveloppe, leur composition. Lorsqu'elles viennent de tomber, leur température est toujours plus ou moins élevée. Leur surface est d'un noir brillant, comme brûlée. On y trouve généralement du fer, du cobalt, du nickel, du manganèse, du chrome, du cuivre, de l'arsenic, de l'étain, du potassium, du sodium, du soufre, du phosphore, et du carbone, c'est-à-dire environ le tiers des substances élémentaires auxquelles les corps terrestres ont été réduits par l'analyse chimique. Sauf quelques exceptions, ces constituants sont les mêmes, à quelque époque et sur quelque point du globe que les aérolithes qu'ils forment soient tombés.

Il est important de remarquer ici que le fer et le nickel se présentent presque toujours sous la forme métallique, état dans lequel ils ne se présentent jamais naturellement à la surface de la terre. Ces deux métaux, à la surface du globe, sont invariablement combinés avec l'oxygène, et ce sont leurs oxydes seulement qui occupent une place parmi les substances terrestres à l'état naturel. Le fer et le nickel employés dans les arts sont obtenus par la décomposition des minerais suivant les procédés métallurgiques.

Dans quelques cas exceptionnels, le fer que renferment les aérolithes diffère extrêmement, dans sa quantité comme dans sa qualité. Ceux qui tombèrent à Agram, dans l'Inde ; ceux qu'on trouve à Sisim, dans le gouvernement de Jeniseisk ; ceux qu'apporta Humboldt de Mexico, ne renfermaient pas moins de 96 pour 100 de fer très-malléable, tandis que l'aérolithe de Sienne n'en contenait pas plus de 2 pour 100, et ceux de Jonzac n'en avenas aucune trace.

V.

La croûte qui recouvre presque toujours les météorites n'a que quelques centièmes de pouce d'épaisseur ; Humboldt la considère comme tout à fait caractéristique. Elle est souvent lustrée comme la poix, et quelquefois marbrée. Cette croûte noire est séparée de la masse légèrement grise de l'intérieur par une ligne aussi nettement tranchée que celle de la croûte sombre et plombée des blocs de granit blanc rapportés par Humboldt des cataractes de l'Orénoque, et qu'on rencontre aussi dans d'autres parties du monde, près de beaucoup de cataractes, notamment près de celles du Nil et du Congo. Humboldt fait remarquer que la plus grande chaleur des fours à porcelaine ne peut produire rien qui ressemble à la croûte des aérolithes, si nettement, si parfaitement distincte de la masse interne. Certains signes, paraissant indiquer un amollissement des fragments, ont été reconnus quelquefois ; mais, en général, l'état de la plus grande partie de la masse, — l'absence de tout aplatissement qui eût pu se produire au moment de la chute, et le faible degré de chaleur perçue en touchant les aérolithes nouvellement tombés, — sont loin d'indiquer une fusion interne pendant son rapide trajet à travers l'atmosphère.

VI.

Les observations auxquelles ont donné lieu la grosseur et la vitesse des corps météoriques ont fourni des résultats surprenants.

On a observé des météores ignés dont le diamètre variait de 500 à 2 600 pieds. Le globe de feu vu à Weston, dans le Connecticut, le 14 décembre 1807, mesurait 500 pieds. Le Roi en vit un, le 10 juillet 1771, qui mesurait environ 1 000 pieds ; et sir Charles Blagden estimait le diamètre d'un autre, qu'il observa le 18 janvier 1713, à 2 600 pieds. Ces mesures, toutefois, n'embrassent pas seulement la masse solide, mais la matière ignée dont elle pouvait être entourée.

Des blocs météoriques trouvés à la surface de la terre, les plus gros que l'on connaisse sont ceux de Bahia, au Brésil, et d'Otumpa, décrits par Ruben de Celis. Leur diamètre est de 7 à 7 $\frac{1}{2}$ pieds. La pierre météorique d'Ægos Potamos, célèbre dans l'antiquité, dont il est fait mention dans la *Chronique des marbres de Paros*, et qui tomba vers le temps de la naissance de Socrate, était, dit-on, large comme deux meules de moulin, et lourde comme une voiture pesamment chargée. Au commencement du dixième siècle, un énorme bloc météorique tomba dans le fleuve d'auprès de Narni ; sa grosseur était telle que du fond il se projetait 4 pieds au-dessus de la surface.

II.   12

Suivant une tradition populaire au Mongol, il existe dans une plaine, non loin des sources du fleuve Jaune, dans la Chine occidentale, un fragment de roche noire de 40 pieds de haut, tombé du ciel.

Humboldt fait observer que, quelle que soit l'énormité de ces blocs, on ne peut les regarder que comme des fragments du bloc qui a fait explosion dans le globe de feu, ou qui a été lancé du nuage.

VII.

Tels sont les faits qu'on a réunis sur les aérolithes. Voyons maintenant par quelles méthodes on a essayé de les expliquer. Quatre hypothèses ou théories ont été proposées dans ce but.

Première hypothèse. — On suppose que la matière dont sont formés les aérolithes a été soustraite à la terre dans un état de division infinie, comme la vapeur est soustraite aux liquides ; que, réunie en nuages dans les parties plus élevées de l'atmosphère, elle s'y est agglomérée, réunie en masses, et qu'elle tombe par son propre poids à la surface de la terre ; que si elle s'écarte de la direction verticale qu'elle devrait suivre en vertu de la gravité, c'est à cause des courants atmosphériques : ils la font dévier, et elle frappe ainsi la terre obliquement. Nous appellerons cette hypothèse l'*hypothèse atmosphérique*.

Deuxième hypothèse. — On suppose que les blocs météoriques sont lancés par des volcans avec une force assez grande pour les transporter à de grandes hauteurs dans l'atmosphère ; c'est en retombant de ces hauteurs qu'ils acquièrent la vitesse et la force avec lesquelles ils frappent la terre. La ligne oblique suivant laquelle ils frappent le sol s'explique en supposant qu'ils sont lancés par les volcans avec une obliquité correspondante, et que, d'après les principes qui régissent les projectiles, ils doivent frapper la terre avec la même, ou à peu près la même inclinaison que celle avec laquelle ils ont été lancés. Telle est l'*hypothèse volcanique*.

Troisième hypothèse. — On a supposé que les météorites étaient des corps lancés par les volcans de la lune : la force de projection aurait été telle qu'ils se seraient écartés de la lune d'une distance considérable, si considérable qu'ils auraient gagné la sphère d'attraction de la terre, qui, l'emportant sur l'attraction lunaire, aurait déterminé leur chute directe, ou les aurait entraînés autour d'elle dans une orbite curviligne ; mais comme l'atmosphère terrestre retardait incessamment leur mouvement, ils ont dû s'approcher de plus en plus de la terre, et finalement tomber à sa surface. Cette hypothèse est l'*hypothèse lunaire*.

Quatrième hypothèse. — On a supposé que les météorites sont des corps planétaires ; qu'ils se meuvent dans des orbites autour du soleil ; que ces orbites coupent l'orbite annuelle de la terre ; que, quand la terre arrive au point d'intersection, ils la rencontrent directement et tombent à sa surface, ou bien, pénétrant dans son atmosphère, ils sont immédiatement retardés dans leur marche par la résistance que leur oppose ce fluide, et amenés alors à la surface par l'attraction terrestre.

Afin d'expliquer par cette hypothèse le grand nombre de météorites qui apparaissent simultanément quelquefois et tombent à la surface de la terre, on a supposé que ces corps planétaires circulent autour du soleil par groupes composés de nombreux individus qui se meuvent ensemble avec des vitesses égales, ou à peu près égales, dans des orbites parallèles, et qu'ils conservent ainsi, pendant fort longtemps, leur position relative, et traversent l'espace comme une bande d'oiseaux. Or admettons que les orbites parallèles d'un certain nombre de ces corps soient représentées par A, A, et que l'orbite terrestre EE′ les traverse ; il est clair que si, pendant

que la terre passe de e en e', ces corps arrivent à ce point de leur orbite, une rencontre aura lieu ; ils traverseront en plus ou moins grand nombre l'atmosphère terrestre, et seront amenés à la surface par l'attraction de la terre.

En admettant l'existence possible d'un essaim d'aérolithes composé de plusieurs centaines, ou même de plusieurs milliers de ces corps (cette supposition n'a rien d'impossible, pour ne pas dire d'improbable), on explique d'une manière satisfaisante les phénomènes les plus extraordinaires de pluies météoriques qu'on ait vus ou dont l'histoire fasse mention.

VIII.

Telles sont les diverses théories mises en avant pour expliquer les pierres météoriques et les étoiles filantes. Pour expliquer le dégagement de lumière dont elles s'accompagnent, on suppose que, pendant la marche rapide du corps, l'air qui se trouve dans son orbite est condensé au point qu'il devient lumineux lui-même ou qu'il acquiert une chaleur assez grande pour rendre le bloc incandescent, ou peut-être pour y produire cette combustion superficielle dont on voit des indices dans le noircissement et l'élévation de température de sa surface. Une expérience bien connue, celle de la *fire-syringe* (seringue ou pompe à feu), vient appuyer ce raisonnement. L'instrument consiste en un piston qui s'adapte dans un cylindre, de manière que l'air ne puisse passer, et porte à son extrémité un morceau d'amadou ou toute autre substance aisément inflammable. Quand on refoule brusquement le piston, de façon à produire une compression parfaite, instantanée, de l'air au-dessous, l'amadou s'enflamme, et si le cylindre est en verre, un jet de lumière se voit au travers. On a donc conclu de là que, dans cette expérience, l'air qui s'étend au-dessous du piston acquiert, par la compression, une température suffisante pour le rendre lumineux.

Cependant, des expériences plus récentes, faites en France, ont jeté du doute sur la validité de cette conclusion. On a dit que la matière grasse employée d'ordinaire pour lubrifier le piston de la machine est, en réalité, la cause de l'ignition ; car, lorsqu'on avait voulu faire les expériences sans oindre le piston, il ne s'était pas produit de jet de lumière. On a conclu de là, par conséquent, qu'il n'était pas suffisamment prouvé que l'air devînt lumineux par une compression mécanique. Toujours est-il, néanmoins, qu'on peut soutenir que, quoique l'air ne devienne pas lumineux, il peut toutefois s'élever par la compression à une température telle que, par son contact avec l'aérolithe, il lui soit possible de rendre celui-ci lumineux.

Mais voici une autre difficulté. Si cette hypothèse est admissible quand il s'agit de l'air voisin de la terre ou de celui qui se trouve à une faible élévation, en est-il de même de celui qui se trouve à ces hauteurs où l'on voit les aérolithes? Les expériences et les observations barométriques faites sur la durée du crépuscule du matin et du soir ont prouvé qu'au delà de 30 milles (12 lieues), l'atmosphère ne doit posséder aucun pouvoir mécanique sensible. On en peut conclure qu'à ces hauteurs l'air doit être raréfié, atténué au point de n'avoir plus aucune force de résistance ou d'inertie sensible. Là, le vide doit être en quelque sorte plus complet que celui du récipient de la machine pneumatique la plus parfaite. Comment imaginer alors que la compression d'un air si raréfié puisse être assez considérable pour développer l'énorme température sans laquelle la matière composant les pierres météoriques ne saurait devenir lumineuse?

À cette objection, il a été fait une réponse très-plausible. On sait que la quantité de chaleur latente contenue dans un volume d'air donné est d'autant plus grande que l'air est plus rare, plus atténué. On peut prouver le fait bien facilement. Personne n'ignore que, quand un volume d'air à telle ou telle température se dilate, sa température tombe, quoiqu'on ne lui ait rien soustrait de sa chaleur. Or, puisqu'il contient absolument la même quantité de chaleur qu'avant sa dilatation, et que, malgré cela, sa chaleur sensible est moins grande, comme le prouve son abaissement de température, il s'ensuit que la portion de chaleur sensible qui a disparu doit être devenue latente, c'est-à-dire que l'air a augmenté sa chaleur latente aux dépens de sa chaleur sensible.

Donc, puisque l'air très-raréfié contient beaucoup plus de calorique latent que l'air plus dense, puisque cet excès de calorique latent est d'autant plus considérable que la raréfaction est plus grande, il en résulte que la chaleur latente de l'air dans les strates les plus élevées de l'atmosphère doit être infiniment plus grande que dans les strates inférieures, et que le degré de compression soudaine qu'il subit dans les premières doit développer une somme beaucoup plus grande de cette chaleur latente, et, par conséquent, déterminer une élévation de température beaucoup plus considérable que dans les régions inférieures.

On soutient donc que, malgré la raréfaction de l'air dans les strates supérieures, et *à cause* de cette raréfaction même, un aérolithe qui se jette au travers de l'air avec une vitesse planétaire doit, par la compression soudaine de l'air qu'il chasse devant lui, produire une élévation de température suffisante pour enflammer la surface de l'aérolithe et même pour déterminer son explosion, en dilatant et en enflammant instantanément la substance volatile ou combustible qui peut faire partie de ses constituants.

IX.

Il y a encore une autre hypothèse fort plausible et des plus ingénieuses. On la doit à Poisson, l'éminent géomètre français. Elle a pour but d'expliquer l'évolution de lumière et de chaleur observée pendant le passage des aérolithes au firmament. Poisson regardait comme probable l'existence d'une atmosphère d'électricité autour de la terre et au-dessus de l'atmosphère d'air. Il supposait que le météorite, en traversant cette atmosphère électrique, décomposait le fluide électrique, absolument comme le frottement d'une machine électrique le décompose entre le verre et le coussin, et qu'il résultait de cette décomposition électrique un dégagement de chaleur et de lumière.

On peut alors admettre que toutes les hypothèses ci-dessus rendent également compte du dégagement de lumière et de chaleur, et qu'elles sont aussi sujettes aux mêmes objections et aux mêmes difficultés sur ce point-là.

Examinons-les séparément, toutefois, et voyons si, sous d'autres rapports, elles nous donneront une explication des phénomènes.

X.

L'hypothèse atmosphérique est susceptible d'objections tellement irréfutables qu'on la peut considérer comme abandonnée. Pour supposer que des aérolithes puissent se former dans l'atmosphère, il faut démontrer que les éléments dont ils se composent y peuvent exister. On sait que la grêle et la neige peuvent se former au sein de l'air, parce qu'il est aisé de prouver que de la vapeur aqueuse y est suspendue et qu'il s'y produit parfois une température assez basse pour convertir cette vapeur d'abord en liquide, puis en solide. Mais l'analyse la plus rigoureuse n'a jamais surpris dans l'atmosphère aucun des éléments des pierres météoriques, et il n'est pas prouvé que les principes constituants de l'air puissent dissoudre, évaporer ou sublimer ces substances. Et qu'on ne dise pas que, quoique l'atmosphère qui nous environne immédiatement ne possède pas ces propriétés, cependant, aux élévations auxquelles se forment les aérolithes, l'air peut avoir des constituants différents ; car il a été prouvé par analyse directe que l'atmosphère, à toutes les hauteurs où l'homme est jusqu'ici parvenu, se compose exactement des mêmes constituants dans des proportions identiques ; mais, en outre, il existe une loi générale qui régit toutes les substances gazeuses, en vertu de laquelle tous les gaz superposés, quels que soient leurs degrés de légèreté, finissent par se mélanger, de manière à former une masse uniforme. Ainsi, une strate d'air s'étend au sommet de l'atmosphère ; ses constituants sont différents de ceux de l'atmosphère qui nous entoure ; eh bien, cette strate se mélangera insensiblement avec les strates inférieures, jusqu'à ce que le tout ait acquis une qualité identique. Il est donc physiquement impossible qu'il y ait dans les hautes régions de l'air des substances capables de sublimer la matière des pierres météoriques.

Mais ces objections ne sont pas les seules. Quoiqu'on puisse admettre, comme le prétend Arago, que les constituants des aérolithes peuvent réellement exister dans l'atmosphère et qu'ils n'échappent à l'analyse qu'à cause de leur extrême petitesse, il faudrait encore expliquer avec ces éléments faibles et dispersés une précipitation soudaine, produisant des pierres de plusieurs centaines de livres, comme celles d'Ensenheim, en Alsace, ou des milliers de pierres de dimensions différentes, comme celles que lança un météore aux environs de l'Aigle (Orne). Il faudrait dire la cause qui combine les molécules éparses et les groupe en une masse unique. Ce n'est pas l'affinité, car les éléments qui forment les aérolithes ne sont pas généralement à l'état de combinaison, mais simplement agglomérés et retenus ensemble par juxtaposition. Et cependant, s'ils n'étaient soumis à quelque force mutuellement attractive, ces petits globules devraient tomber séparément comme ils sont formés. Vainement objectet-on qu'ils peuvent être suspendus, pendant un temps plus ou moins long, par une cause analogue à celle qui, suivant l'ingénieuse hypothèse de Volta, tient en suspens les particules de grêle entre deux nuages, de façon à leur donner le temps de prendre de l'accroissement en s'adjoignant de nouvelles couches de glace. Il reste encore un fait à expliquer; on n'a jamais vu de grêlons peser plusieurs centaines de livres, quoique les éléments qui forment la grêle soient beaucoup plus abondants dans l'air que ceux dont on suppose les aérolithes formés. En outre, dans la théorie de Volta, la suspension de la grêle dans l'atmosphère est attribuée à l'action réciproque des nuages électriques, cause qu'on ne saurait en aucune façon appliquer à la formation des aérolithes, puisque les météores qui les charrient font explosion par le plus beau temps du monde.

Mais en concédant tout ce qui précède et en admettant la formation des aérolithes dans l'atmosphère par une cause inconnue, comment rendre compte des faits qui accompagnent la collision des aérolithes avec la terre? Dans l'hypothèse ci-dessus, ils se mouvraient à la surface de la terre en vertu de la gravité terrestre seulement, et rencontreraient la terre avec une vitesse proportionnelle à la hauteur dont ils tombent. Or on sait que les vitesses réelles suivant lesquelles ils frappent la terre, ils ne les acquerraient jamais en vertu de la gravité terrestre seule, de quelque hauteur de l'atmosphère qu'ils vinssent.

Mais si la vitesse des météorites est incompatible avec cette théorie, leur direction l'est davantage encore. Leur obliquité ne saurait avoir pour cause un courant atmosphérique.

On peut donc prononcer en toute sécurité que la théorie atmosphérique est incompatible avec les faits constatés, et exige qu'on admette des suppositions que rejettent les principes physiques établis.

XI.

La théorie volcanique soulève des objections non moins décisives. La nature des substances que projettent les volcans est bien connue, et l'on n'y trouve pas celles dont les météorites sont formés; en outre, les pierres météoriques tombent sur des points tellement éloignés de volcans, à de telles distances des grandes éruptions connues, qu'il n'est pas possible d'admettre cette cause. Par ces motifs et d'autres encore, sur lesquels il n'est pas besoin d'insister, l'hypothèse volcanique est mise à l'écart.

XII.

L'hypothèse lunaire a été sérieusement soutenue par un grand nombre des plus éminents géomètres du dernier siècle. Suivant Chladni, le premier auteur de cette hypothèse est Paolo-Maria Terzago, philosophe italien. Elle date de 1660. Ignorant cette circonstance, le docteur Olbers la remit en lumière à l'occasion de la grande chute de météorites qui eut lieu à Sienne, le 16 juin 1794. Cet astronome entreprit, l'année suivante, de rechercher la force avec laquelle un aérolithe devrait être projeté d'un cratère lunaire, pour pouvoir passer de la sphère d'attraction de la lune dans celle de la terre. Le même problème fixa ensuite l'attention de Laplace, Biot, Brandes et Poisson, pendant plusieurs années. On supposait alors que, malgré l'absence d'air et d'eau dans la lune, il y avait des volcans en activité.

Cette idée reçut quelque force d'un phénomène remarquable, que plusieurs observateurs affirmèrent avoir vu sur le disque obscurci de la lune pendant des éclipses lunaires. Ils virent ou crurent voir des points extrêmement lumineux, à des distances considérables dans l'intérieur du limbe lunaire. Or ces apparences, si réelles, ne pouvaient s'expliquer que par l'existence de volcans lunaires en activité, ou par l'hypothèse très-peu vraisemblable de trous dans la lune, à travers lesquels la lumière du soleil passait. Quant à l'hypothèse d'une cause telle qu'une aurore boréale, l'absence d'une atmosphère lunaire la fit rejeter.

Laplace, Biot et Poisson s'accordent dans leurs calculs de la vitesse suivant laquelle les aérolithes doivent être projetés de la lune pour gagner la terre. Cette vitesse doit être d'environ 8000 pieds par seconde. Mais Olbers a prouvé que, quoiqu'une force de projection de cette espèce pût porter les aérolithes sur la terre, elle ne leur communiquerait pas, lorsqu'ils y arriveraient, une vitesse supérieure à 35000 pieds par seconde, vitesse trois ou quatre fois moins grande que celle avec laquelle les météorites frappent la terre.

Laplace penchait, avec une certaine hésitation pourtant, plutôt vers l'hypothèse lunaire que vers l'hypothèse planétaire. Mais alors la vitesse prodigieuse avec laquelle les aérolithes traversent l'atmosphère terrestre n'était pas aussi bien déterminée que maintenant.

En résumé, la considération de ces vitesses considérables, jointe à l'improbabilité de l'existence de volcans actifs dans la lune, *improbabilité* à laquelle les recherches et les observations de MM. Beer et Maedler ont donné plus de force, — si elles ne l'ont convertie en *impossibilité*, — a décidé l'opinion du monde savant sur cette question si longtemps controversée, et l'hypothèse lunaire a été, comme les autres, et d'un commun accord, mise à l'écart.

XIII.

Donc il est généralement admis que l'hypothèse planétaire doit être considérée comme la solution vraie du problème des aérolithes.

Regardons-la comme établie sur des fondements solides; supposons que les aérolithes sont des corps planétaires que la terre rencontre dans sa

marche annuelle autour du soleil : il reste à examiner plus minutieusement les faits particuliers qui se sont produits lors de leur apparition, afin
d'avoir sur leur compte des notions plus exactes, plus spéciales.

Nous admettrons aussi, — ce qui, dans la suite, demeurera on ne peut plus
évident, — l'identité des aérolithes avec les étoiles filantes. Entre les men-
tions nombreuses, anciennes et modernes, qui ont été faites d'apparitions
remarquables de ces corps, nous choisissons les suivantes, comme dignes
d'attention.

XIV.

Suivant les historiens arabes, dans la nuit où mourut le roi Ibrahim-ben-
Ahmed, au mois d'octobre 902, une grande chute d'étoiles filantes eut
lieu ; on eût dit, d'après la narration, *une pluie de feu.*

Dans la nuit du 25 avril 1095, en France, des étoiles, dit-on, *tombèrent
du ciel comme de la grêle.* L'épouvantable phénomène eut des témoins sans
nombre, et fut mentionné au concile de Clermont comme le présage d'un
grand mouvement dans la chrétienté.

Le 19 octobre 1202, des étoiles, à ce qu'on raconte, tombèrent toute
la nuit comme une *pluie de sauterelles.*

Dans la *Chronique de l'Église de Prague,* page 389, on rapporte que, le
21 octobre (vieux style) 1366, le matin, pendant plusieurs heures, il
tomba des étoiles en si grand nombre que personne ne put les compter.

XV.

Humboldt raconte qu'un de ses amis vit, en 1788, à Papayana, ville située à 2° 26′ de latitude nord, et à une élévation de 5 880 pieds, tout son
appartement éclairé par une boule de feu. Il était midi ; le soleil brillait de
tout son éclat et le ciel était sans nuages. Il se tenait, en ce moment, adossé
à la fenêtre, et, en se retournant, il put voir encore une grande partie de
la trace brillante laissée par le météore.

Le 12 novembre 1799, après minuit, Humboldt et Bonpland furent
témoins d'une pluie prodigieuse d'étoiles filantes, à Cumana. Ce phénomène ne fut pas local, car il s'étendit à une grande partie du globe.

XVI.

Dans la nuit du 12 novembre 1822, Kloden vit, à Potsdam, une multitude d'étoiles filantes, entremêlées de boules de feu.

Dans la nuit du 13 novembre 1831, le capitaine Bérard, de la marine
française, commandant le brick *le Loiret,* à distance de la côte espagnole
voisine de Carthagène, vit par un ciel parfaitement découvert, à quatre
heures du matin, une multitude d'étoiles filantes et de météores lumineux
de dimensions considérables. Durant plus de trois heures, il en coula en

moyenne trois par minute, c'est-à-dire cinq cent quarante pendant les trois heures. Un de ces météores, qui traversa le zénith, était spécialement remarquable; il avait une queue lumineuse de moitié la largeur de la lune, où l'on distinguait parfaitement toutes les couleurs de l'arc-en-ciel. Cette queue demeura visible pendant plus de six minutes.

XVII.

Une des plus intéressantes descriptions qu'on ait faites de ces phénomènes est celle du docteur Olmsted, de Newhaven, dans le Massachusetts (États-Unis); on y trouve le récit parfaitement circonstancié des magnifiques pluies d'étoiles qui tombèrent aux États-Unis dans la nuit du 12 au 13 novembre 1833.

Les météores commencèrent à fixer l'attention par leur fréquence vers neuf heures, dans la soirée du 12 novembre; vers onze heures, ils revêtirent un éclat splendide; mais vers quatre heures, et sans interruption jusqu'à la venue du jour, le spectacle fut magnifique. Même après le lever du soleil, on vit encore quelques globes de feu. L'étendue du théâtre de l'événement n'est pas déterminée, mais elle dut embrasser une portion considérable de la surface de la terre. On l'a renfermée entre le 61ᵉ degré de longitude dans l'océan Atlantique, et le 100ᵉ degré de longitude dans le Mexique central et entre les lacs américains du Nord et le côté sud de la Jamaïque. Partout, dans ces limites, on eût cru voir des feux d'artifice grandioses, couvrant toute la voûte céleste de myriades de globes de feu semblables à des fusées volantes. Mais en examinant plus attentivement, on distingua dans les météores trois variétés distinctes : la première se composait de *lignes phosphoriques,* indiquées à l'œil par un point; la seconde, de *gros globes de feu* glissant par intervalles sur le ciel; en laissant de nombreuses traînées qui restaient en vue, les unes pendant quelques minutes, les autres pendant une heure et au delà; la troisième se composait de *corps lumineux* indéfinis, qui demeuraient fort longtemps à peu près stationnaires.

Ce qu'il y avait de plus remarquable, c'est que les météores semblaient tous émaner d'un seul et même point. Ils partaient à diverses distances de ce point, et s'avançaient avec une vitesse immense, en décrivant quelquefois un arc de 30 ou 40 degrés en moins de quatre secondes. A Poland, sur l'Ohio, un météore (appartenant à la troisième variété) fut parfaitement visible au nord-est, pendant plus d'une heure. A Charleston, dans la Caroline du Sud, un autre météore, d'une grosseur extraordinaire, parcourut longtemps le ciel, et, en éclatant, fit entendre le bruit d'un canon. Le point d'où semblaient émaner les météores, ceux qui fixèrent sa position parmi les étoiles le mirent dans la constellation du Lion; et, ce qui est à remarquer, ce point fut *stationnaire* parmi les étoiles tout le temps de l'observation ; en d'autres termes, il ne suivait pas la terre dans son mouvement diurne vers l'orient, mais il accompagnait les étoiles dans leur mouvement apparent vers l'occident. On ignore si les météores faisaient généralement entendre quelque bruit. Quelques observateurs ont dit avoir entendu un sifflement comme celui d'une fusée volante, et de petites explosions comme celles de ces mêmes corps. Il ne paraît pas qu'il soit tombé sur la terre quelque substance qu'on puisse regarder, sans crainte d'erreur, comme un résidu ou dépôt émanant des météores dont s'agit.

<h2 style="text-align:center">XVIII.</h2>

On a tenté d'obtenir le chiffre approximatif des étoiles filantes qui parurent dans la circonstance. Au moment où elles semblaient le plus nombreuses, un observateur de Boston estima leur nombre à environ moitié de celui des flocons qui tombent pendant une forte bourrasque de neige. Quand leur densité fut devenue telle qu'on pouvait les observer distinctement, il en compta, dans une zone verticale embrassant 36 degrés de l'azimut, 650 en quinze minutes ; **mais ce chiffre**, suivant lui, ne s'élevait pas à plus des deux tiers du nombre total de celles qui parurent réellement dans cet intervalle : ainsi, le nombre total aurait été de 1 000, et, en supposant que tout l'hémisphère eût eu la même part dans cette libéralité, le nombre d'étoiles vues par quart d'heure serait 10 000, c'est-à-dire 40 000 par heure. Comme le phénomène dura sept heures, le nombre total dut s'élever fort au-dessus de 280 000, car l'estimation ci-dessus fut basée sur des observations faites dans un moment où la densité des étoiles était loin d'atteindre son maximum.

On peut donc conclure de là que, dans cette nuit mémorable du 12 au 13 novembre 1833, trois cent mille (300 000) corps faisant partie du système solaire, et étrangers à la terre, traversèrent la partie de l'atmosphère terrestre visible à Boston.

<h2 style="text-align:center">XIX.</h2>

D'après la grandeur apparente de beaucoup de météores, et d'après leur distance probable, on a conjecturé que c'étaient des corps d'une grosseur considérable, quoiqu'il fût impossible de déterminer leurs dimensions avec certitude. On a supposé qu'ils n'étaient qu'arrêtés dans l'atmosphère, et ne pouvaient gagner la terre à cause de la transmission de leur mouvement à des colonnes d'air dont ils déplaçaient brusquement et avec violence d'énormes volumes. On a remarqué que l'état du temps, que la condition des saisons à la suite de cette pluie météorique, furent précisément tels qu'on l'avait prévu, en considérant la rupture d'équilibre atmosphérique à laquelle ils pouvaient donner lieu.

Telles sont les théories que ce phénomène remarquable a fait surgir.

Météore vu dans la soirée du dimanche 13 novembre 1803. — Petits globes l'accompagnant colorés en jaune, en orangé, en pourpre. Une seconde et demie avant la disparition du météore, il prit la forme d'un œuf. (*Philosophical Magazine,* vol. XVII.)

CHAPITRE II.

I. Calcul de la direction des étoiles filantes vues pendant les années 1833 à 1838, par Encke. — II. Grandeurs apparentes de ces étoiles. — III. Le train lumineux qui les suit n'est pas une illusion d'optique. — IV. Hypothèses pour les expliquer. — V. Hauteurs, directions et vitesse des étoiles filantes calculées par Brandes. — VI. Calcul semblable de Quetelet. — VII. Calcul semblable par Wartmann. — VIII. Étoiles filantes et boules de feu identiques. — IX. Rejet de leur origine lunaire. — X. Explication reçue du phénomène. — XI. Difficultés et objections. — XII. Description d'une grande pluie d'étoiles vue, en 1799, par Humboldt et Bonpland. — XIII. Description de pluies semblables en 1833-40. — XIV. Météores d'août. — XV. Halley indique l'emploi de ces météores pour déterminer la longitude. — XVI. Tableau d'étoiles filantes, depuis 763 jusqu'en 1836. — XVII. Conséquences à en tirer. — XVIII. Observation de sir John Herschel en 1836. — XIX. *Idem* de Wartmann en 1857. — XX. *Idem* de Tharand en 1832. — XXI. Époques de l'année où prédominent ces météores. — XXII. Pourquoi ces masses ne sont pas visibles, comme la lune et les planètes, par la lumière réfléchie du soleil. — XXIII. Lumière zodiacale. — XXIV. La matière nébuleuse qui la produit peut produire aussi les étoiles filantes. — XXV. Des étoiles filantes peuvent devenir satellites de la terre. — XXVI. M. Petit prétend en avoir découvert un. — XXVII. Pierres du soleil.

I.

D'après un calcul basé sur l'ensemble des observations auxquelles donnèrent lieu les météores qui parurent, en novembre 1833, aux États-Unis, sur une étendue de pays comprise entre les 35° et 42° degrés de latitude, le professeur Encke a conclu que tous ces corps météoriques avaient une direction commune, et que leur mouvement était exactement contraire à celui qu'avait la terre au moment de leur apparition. Dans les grandes pluies d'étoiles filantes qui furent ultérieurement observées, en 1834, 1837 et 1838, le même parallélisme général des directions de leur mouvement fut constaté, et, comme précédemment, on remarqua qu'elles procédaient d'un point situé dans la constellation du Lion.

Le même parallélisme de direction a été observé dans les pluies d'étoiles filantes qui paraissent à d'autres époques de l'année, et il est constant que celles qui reparaissent dans le même mois ont toujours la même direction.

Le 13 novembre 1834, une pluie semblable d'étoiles filantes se produisit dans l'Amérique du Nord ; mais son importance numérique était beaucoup moins grande.

Le 13 novembre 1835, un météorite tomba en France, dans le département de l'Ain, et mit le feu à une grange.

Dans la même nuit, une étoile filante, plus grosse et plus brillante que Jupiter, parut à Lille. Derrière elle, on voyait une traînée d'étincelles comme celles qui jaillissent d'une fusée.

II.

Quelle que soit l'origine de ces phénomènes, il est certainement intéressant de connaître les circonstances et les faits principaux que l'observation a recueillis à leur sujet.

Leurs grandeurs sont très-variées. Quelquefois les étoiles filantes ne sont pas plus brillantes ni plus grosses que la plus petite étoile visible à l'œil nu ; quelquefois leur éclat surpasse celui de la plus brillante des planètes. Quelquefois aussi on y peut parfaitement reconnaître la forme sphérique, et l'on ne saurait les distinguer des météores nommés boules de feu *(fire-balls*.

III.

Les étoiles filantes paraissent n'affectionner pas plus un climat qu'un autre, ni tel et tel état du temps. On en voit dans toutes les saisons, mais plus fréquemment en été ou à la fin de l'automne. D'ordinaire elles sont suivies d'une queue lumineuse d'une blancheur intense.

Ici, une question se présente. Cette queue, ou ligne de lumière, est-elle continue, ou bien ne semble-t-elle ainsi que par la même raison qui nous fait voir un cercle de lumière sans solution de continuité, lorsqu'on fait décrire rapidement un cercle à un bâton enflammé? Dans ce dernier cas, le cercle de lumière n'existe pas en réalité ; c'est une illusion d'optique. Il a été prouvé que la membrane de l'œil, affectée par la lumière, retient l'impression produite sur elle un dixième de seconde environ après que la cause productrice de cette impression a cessé d'agir. En conséquence, on voit encore un objet dans une position un dixième de seconde après qu'il a abandonné cette position. Si donc un objet lumineux se meut dans un certain espace en un dixième de seconde, l'œil le verra en même temps sur chaque point de cet espace, et cet espace paraîtra une ligne continue de lumière.

Il suit de là que si la queue lumineuse qui escorte une étoile filante s'étend sur un espace où l'étoile s'est mue en un dixième de seconde, cette queue lumineuse peut n'être qu'une illusion d'optique, que le résultat pur et simple du rapide mouvement de l'étoile. Mais si l'espace est plus considérable, si le train lumineux est visible en un lieu plus d'un dixième de seconde après que l'étoile l'a abandonné, cette explication n'est plus possible, et il faut admettre que cette queue est réellement une traînée de lumière. Or ceux qui ont observé les météores dont s'agit ont constaté qu'on voit parfois pendant plusieurs minutes les queues des étoiles filantes. Le docteur Olbers a observé dans des *fire-balls* (boules de feu, météores lumineux) des queues qui demeuraient visibles de six à sept minutes, et Brandes a calculé une fois qu'il s'était écoulé quinze minutes entre l'extinction de la boule de feu qu'il avait en vue et la disparition de la queue lumineuse dont elle était suivie. Pendant un voyage autour du monde, l'amiral Krusenstern vit la queue d'une boule de feu briller l'espace d'une heure après que la boule elle-même eut disparu ; pendant cet intervalle, la queue semblait presque stationnaire.

En général, les trains lumineux des *fire-balls* ont la même apparence cylindrique, creuse, que les queues des comètes ; leur intérieur semble dépourvu de matière lumineuse, et, comme elles, ils ont parfois la forme d'une courbe.

IV.

On a expliqué ces trains lumineux de plusieurs manières, souvent contradictoires. On les a attribués à une vapeur sulfureuse existant dans l'atmosphère, laquelle, disposée en couches minces et s'enflammant, présenterait l'aspect d'une étincelle brillante en passant rapidement d'un point à un autre. Beccaria et Vassali les considéraient comme des étincelles électriques ; cette hypothèse est abandonnée. Lavoisier, Volta et autres les expliquaient en supposant que le gaz hydrogène accumulé, en vertu de sa légèreté, dans les hautes régions de l'atmosphère, se trouvait enflammé. Mais la loi générale qui régit les gaz, et qui les contraint à se mélanger, quelles que soient leurs gravités spécifiques, s'oppose à l'admission de cette hypothèse.

V.

En 1798, Brandes à Leipsick, et Benzenberg à Dusseldorf, entreprirent de rechercher les hauteurs des étoiles filantes. Ayant choisi une ligne de base (d'environ 3 lieues de long), ils se placèrent à ses extrémités, aux nuits convenues, et observèrent toutes les étoiles filantes qui parurent; ils tracèrent leur marche dans le ciel sur une carte céleste, et notèrent les instants de leurs apparitions et disparitions avec des chronomètres parfaitement d'accord. La différence des routes suivies dans le ciel fournit des données pour la détermination des parallaxes, et partant les hauteurs ainsi que les longueurs des orbites. Pendant six soirées, entre les mois de septembre et de novembre, le nombre total des étoiles filantes vues par les deux observateurs s'éleva à 402; sur ce chiffre, 22 furent observées de façon que l'altitude du météore au-dessus du sol, au moment de sa disparition, pût être calculée. La moins considérable des altitudes était d'environ 6 milles anglais (2 lieues). L'altitude de 7 d'entre ces 22 étoiles filantes était de 45 milles; celle de 9 autres était de 45 à 90 milles; 6 avaient une altitude de plus de 90 milles; enfin, l'altitude de la plus grande était de plus de 140 milles (46 lieues). Deux étoiles seulement furent assez complétement observées pour fournir des données qui permissent de déterminer la vitesse. Celle de l'une était de 25 milles (8 lieues environ), celle de l'autre de 17 à 21 milles par seconde. On remarqua, et c'est là certes une chose à noter, que l'une d'elles ne se dirigeait pas vers la terre, mais s'en éloignait.

Les observations ci-dessus donnèrent une idée nette des altitudes, des distances et des vitesses de ces singuliers météores. En 1823, Brandes forma de nouveau un plan d'observation, mais sur une échelle plus vaste; il occupa et fit occuper Breslau et les villes voisines par un grand nombre de personnes qui devaient, à la fois et pendant des nuits indiquées d'avance, se livrer aux observations. Entre les mois d'avril et d'octobre, 1 800 étoiles filantes furent notées; sur ce chiffre, 62 furent observées simultanément dans plusieurs stations, de manière à ce que leurs altitudes respectives pussent être déterminées, et 36 autres fournirent des données permettant de calculer leurs orbites entières. De ces 98 étoiles, il y en eut 4 dont les hauteurs (au moment de la disparition) furent estimées inférieures à 15 milles anglais (5 lieues de France), 15 dont les hauteurs varièrent de 15 à 30 milles, 22 dont les hauteurs varièrent entre 30 et 45, 33 entre 45 et 70, 13 entre 70 et 90, et 11 dont les hauteurs passaient 90 milles (30 lieues). Parmi ces dernières, deux avaient une altitude d'environ 140 milles; une, de 220 milles; une autre, de 280; et enfin une dont la hauteur devait excéder 460 milles (153 lieues).

Sur les 36 orbites calculées, dans 26 cas le mouvement fut descendant;

dans 1 cas, horizontal, et dans les 9 autres, plus ou moins ascendant. Les vitesses étaient de 18 et 36 milles par seconde. Les trajectoires étaient rarement droites, mais infléchies, quelquefois dans une direction horizontale, quelquefois dans une direction verticale ; quelquefois aussi elles faisaient des sinuosités. La direction prédominante du mouvement des météores du nord-est au sud-ouest, contraire à celui de la terre dans son orbite, était remarquable, et n'est pas sans importance pour leur théorie physique.

VI.

Une série d'observations fut pareillement faite en Belgique, en 1834, sous la direction de M. Quetelet. Les résultats en ont été publiés dans l'*Annuaire de Bruxelles pour* 1837. M. Quetelet voulait surtout déterminer la vitesse des météores. Il obtint six observations correspondantes, dont cet élément put être déduit, et le résultat fut de 10 à 25 milles anglais (3 à 8 lieues) par seconde. La moyenne des six observations fournit une vitesse de près de 17 milles (6 lieues) par seconde, c'est-à-dire un peu moins grande que celle de la terre dans son orbite.

VII.

Des observations ont aussi été faites en Suisse, le 10 août 1838. Il en a été rendu compte par M. Wartmann dans la *Correspondance mathématique de Quetelet pour juillet* 1839. M. Wartmann et cinq autres observateurs, munis de cartes célestes, s'établirent à l'observatoire de Genève, et les observations correspondantes furent faites aux Planchettes, village distant d'environ 60 milles (20 lieues), et au nord-est de cette ville.

Dans un laps de 7 heures $^1/_2$, le nombre des météores observés par les six observateurs placés à Genève s'éleva à 381, et pendant 5 heures $^1/_2$, le nombre observé aux Planchettes par deux personnes s'éleva à 104. Toutes les circonstances accompagnant les phénomènes, le lieu de l'apparition et de la disparition de chaque météore pendant le temps qu'il fut visible, son éclat par rapport aux étoiles fixes, son train lumineux ou l'absence de ce train, etc., tout fut enregistré avec soin. Les trajectoires décrites par les météores étaient fort différentes, et variaient de 8 à 70 degrés d'espace angulaire. Les vitesses apparentes différèrent aussi considérablement ; mais M. Wartmann a supposé que la vitesse moyenne était de 25 degrés par seconde. On trouva, en comparant les observations faites simultanément, que la hauteur moyenne au-dessus du sol était d'environ 550 milles (183 lieues) ; on en conclut que la vitesse relative était d'environ 240 milles (80 lieues) par seconde. Mais comme le plus grand se mouvait dans une direction opposée à celle de la terre dans son orbite, la vitesse relative doit être diminuée de la vitesse de la terre (environ

19 milles ou 6 lieues par seconde) ; ce qui laisse encore plus de 220 milles par seconde pour la vitesse absolue du météore, vitesse qui se trouve ainsi plus de 11 fois la vitesse orbitaire de la terre, 7 fois $\frac{1}{2}$ celle de la planète Mercure, et probablement plus grande que celle de beaucoup de comètes à leur périhélie.

VIII.

Tels sont les principaux faits qui ont été jusqu'ici constatés relativement aux hauteurs, aux vitesses et aux orbites des étoiles filantes. Ce sont eux surtout qui nous permettent de former quelques conjectures probables sur l'origine de ces météores. Et comme il est établi maintenant qu'il n'existe aucune différence observable entre les plus grosses étoiles filantes et les petites boules de feu, puisque leurs altitudes et leurs vitesses sont semblables et qu'elles présentent absolument les mêmes apparences, on peut dire que les unes et les autres ont une nature identique, et que tout ce qui s'applique aux étoiles filantes doit s'appliquer également aux boules de feu *fire-balls*. Les météores auxquels on donne le nom d'étoiles filantes ne peuvent-ils pas comprendre des objets de natures totalement différentes ? C'est là une question qui permet le doute. Il est possible que, parmi les étoiles filantes, il se rencontre des étincelles électriques, des gaz spontanément inflammables, connus ou inconnus, existant dans l'atmosphère ; mais on doit considérer le plus grand nombre comme identiques aux boules de feu.

IX.

L'hypothèse lunaire avancée par Laplace, Berzélius et autres, pour expliquer les pierres météoriques, semble fort difficile à admettre, en supposant qu'elle ne soit pas complétement incompatible avec les phénomènes des étoiles filantes. Pour pénétrer dans notre atmosphère avec une vitesse de 20 milles (7 lieues) par seconde, il faudrait, si elles venaient de la lune, qu'elles fussent lancées de la surface de ce satellite terrestre avec une vitesse d'environ 120 000 *feet* (36 480 mètres, ou plus de 9 lieues) par seconde, ce qu'on peut regarder comme à peu près impossible.

Il semble donc que ces étoiles filantes *(shooting-stars)* et ces boules de feu *(fire-balls)*, dont la vitesse planétaire est de 20 à 40 milles par seconde, ne sauraient être, avec quelque probabilité, considérées comme ayant leur origine dans la lune. Quelques corps particuliers, se mouvant avec une vitesse moins grande, peuvent-ils avoir une origine lunaire ? A cette question, on ne peut faire aucune réponse décisive. « Cela ne me paraît pas du tout probable, dit le docteur Olbers ; et je regarde la lune, dans son état actuel, comme une voisine extrêmement pacifique ;

son manque d'atmosphère et d'eau ne lui permet pas de fortes explosions. »

X.

L'hypothèse émise par Chladni semble avoir rencontré le plus de faveur ; elle a été adoptée par les plus éminents astronomes de cette époque. D'après Chladni, indépendamment des grandes planètes, il existe dans les régions planétaires des myriades de petits corps circulant autour du soleil, par bandes généralement ; quelques-unes de ces bandes coupent l'écliptique, et sont, par suite, rencontrées par la terre dans sa révolution annuelle. Cette théorie n'est pas sans soulever des objections ; voici les principales.

XI.

1° Les corps qui se meuvent par groupes, dans les circonstances supposées, doivent nécessairement suivre la même direction et, par conséquent, apparaître de tel point et marcher vers le point opposé. Or, quoique les observations semblent prouver que la direction prédominante est celle du nord-est au sud-ouest, cependant on voit dans les mêmes nuits des étoiles filantes émaner de tous les points du ciel et se mouvoir dans toutes les directions possibles.

2° Leur vitesse moyenne (surtout celle déterminée par Wartmann) excède considérablement celle qu'un corps quelconque circulant autour du soleil peut avoir à la distance de la terre.

3° D'après leur aspect, d'après le train lumineux qu'elles laissent en général derrière elles, et qui souvent demeure visible pendant plusieurs secondes, quelquefois même pendant plusieurs minutes, d'après leur situation dans l'ombre de la terre et à des hauteurs excédant de beaucoup celles où l'atmosphère peut être supposée capable de favoriser la combustion, il est évident que la lumière des étoiles filantes n'est pas réfléchie du soleil ; elles doivent donc être lumineuses par elles-mêmes, ce qui est contraire à toute analogie du système solaire.

4° Si des masses de matière solide approchaient de la terre aussi près que beaucoup d'étoiles filantes, quelques-unes seraient indubitablement attirées par elle ; mais, parmi les milliers d'étoiles filantes qu'on a observées, il n'y a pas d'exemple authentique qu'aucune ait réellement gagné la terre.

5° Loin que les météores soient attirés par la terre, quelques-uns s'en éloignent et décrivent des orbites convexes à l'égard de la terre, circonstance dont il est difficile, dans l'hypothèse présente, de donner une explication rationnelle.

D'après les objections qu'ont soulevées toutes les hypothèses émises jusqu'ici, on peut dire qu'on sait fort peu de chose encore touchant la nature des étoiles filantes. Il est positif qu'elles se montrent à des altitudes considérables au-dessus de la terre et qu'elles se meuvent avec une vitesse prodigieuse; mais tout le reste est enveloppé d'un profond mystère. De l'ensemble des faits dont on dispose, M. Wartmann pense que l'explication la plus rationnelle qu'on puisse adopter est celle d'un dégagement d'électricité, ou de quelque substance analogue, qui aurait lieu dans les régions célestes chaque fois que les conditions nécessaires pour la production des phénomènes se présenteraient.

La présomption en faveur de l'origine cosmique des étoiles filantes se base principalement sur leur retour périodique à certaines époques de l'année, et sur leur nombre considérable pendant des années différentes dans les nuits du 12 au 13 novembre.

On va ici passer en revue les circonstances principales qui accompagnèrent les étoiles filantes de 1799; ces circonstances ne permettent pas d'admettre l'hypothèse lunaire.

XII.

Dans la matinée du 12 novembre 1799, avant le lever du soleil, Humboldt et Bonpland, se trouvant alors sur la côte du Mexique, furent témoins d'une apparition remarquable d'étoiles filantes et de boules de feu. Elles occupaient la partie du ciel qui s'étendait de l'est à 25 degrés environ vers le nord et le sud. Elles partaient de l'horizon entre les points est et nord-est, décrivaient des arcs d'inégales grandeurs et venaient tomber au sud; quelques-unes s'élevèrent à la hauteur de 40 degrés, toutes au delà de 25 ou 30 degrés. Un grand nombre parurent faire explosion, mais la plupart disparurent sans émettre d'étincelles; quelques-unes possédaient un noyau égal en apparence à Jupiter. Ce spectacle intéressant se vit en même temps à Cumana, sur les frontières du Brésil, dans la Guyane française, dans le canal de Bahama, sur le continent nord-américain, en Labrador, et dans le Groënland. Le même jour, on vit aussi beaucoup d'étoiles filantes à Carlsruhe, à Halle, et sur d'autres points de l'Allemagne. A Nain et à Hoffenthal dans le Labrador, à Neuernhut et Lichtenau dans le Groënland, les météores se montrèrent le plus rapprochés de la terre. A Nain, ils tombaient vers tous les points de l'horizon, et quelques-uns avaient un diamètre que les spectateurs estimèrent à une aune et demie. (*Voy.* Humboldt, *Recueil des voyages,* etc., vol. II.)

XIII.

Une apparition de météores non moins étonnante eut lieu dans l'Amérique du Nord pendant la nuit du 12 novembre 1833. En 1834, pareil phénomène se produisit dans la nuit du 13 novembre, mais les météores étaient moins volumineux. En 1835, 1836 et 1838, on vit des étoiles filantes, dans la nuit du 13 novembre, sur différents points du globe; mais, dans les mêmes nuits des années 1839 et 1840, quoique l'éveil fût donné, et qu'on fût en observation, les météores ne parurent pas plus nombreux que pendant les autres nuits de la même saison de l'année.

XIV.

La seconde grande époque météorique est celle du 10 août, signalée d'abord par M. Quetelet. Si le nombre des météores vus pendant la nuit du 10 août est moins grand que celui des météores de novembre, on possède plus d'exemples de leur périodicité. En 1838, 1839 et 1840, on en a observé beaucoup les 9 et 10 août; mais ils semblent généralement plus nombreux pendant les deux premières semaines du mois. Les autres périodes météoriques remarquées sont le 18 octobre, le 23 ou le 24 avril, le 6 et le 7 décembre, les nuits du 15 au 20 juin, et le 2 janvier.

XV.

Halley le premier émit l'opinion que les étoiles filantes pouvaient servir de signaux pour déterminer les différences de longitude au moyen d'observations simultanées, et Maskelyne publia, en 1783, un mémoire où il appelle l'attention des astronomes sur les phénomènes dont il s'agit et signale cette application. L'idée fut reprise en 1802 par Benzenberg; mais tant que les étoiles filantes furent regardées comme des faits purement accidentels, on ne pouvait guère espérer de les voir mis en usage par l'astronome praticien. Aussitôt, cependant, que leur périodicité fut devenue probable, ils acquièrent un intérêt nouveau, et quelques tentatives récentes pour déterminer les longitudes par leur intermédiaire ont prouvé que la méthode n'était pas à dédaigner.

La probabilité de la conjecture en vertu de laquelle les phénomènes météoriques, observés pendant les mois d'août et de novembre, auraient pour cause une extraordinaire quantité de matière météorique agglomérée dans les régions particulières du système solaire que traverse la terre à ces deux saisons de l'année, cette probabilité doit dépendre en grande partie des observations qui prouveraient que ces météores dominent réellement à chacune de ces deux saisons.

XVI.

Dans ce but, nous avons réuni les dates des apparitions météoriques les plus remarquables depuis le huitième siècle jusqu'à nos jours. Dans le tableau suivant, le jour du mois, lorsqu'il a été noté, se trouve placé dans la colonne au-dessous du mois et sur la même ligne que l'année de l'apparition. Lorsqu'il se trouve un astérisque sous le mois, c'est que la nuit de l'apparition n'a pas été notée et qu'on n'a fait que mentionner l'apparition.

TABLEAU *des étoiles filantes depuis le huitième siècle jusqu'à nos jours.*

ANNÉES.	JANVIER.	FÉVRIER.	MARS.	AVRIL.	MAI.	JUIN.	JUILLET.	AOÛT.	SEPTEMBRE.	OCTOBRE.	NOVEMBRE.	DÉCEMBRE.
763	..	..	*									
902	..	..	..	..	..	..	..	*	..	*		
1029	..	..	..	..	..	..	..	*				
1092	..	..	..	*	..	..	..					
1202	..	..	..	..	..	..	..	..	..	19		
1741	..	..	..	..	..	..	..	..	..	..	..	25
1777	..	..	..	..	..	17	..					
1779	..	..	..	..	..	..	..	9				
1781	..	..	..	..	..	..	..	8				
1784	..	..	..	..	..	..	27	9				
1785	..	..	..	..	..	..	27					
1798	..	..	..	..	..	..	..	..	..	..	..	7
1799	..	..	..	..	..	..	..	9	..	..	11	
1803	..	..	..	22	..	..	..					
1805	..	..	..	..	..	..	..	..	..	23		
1806	..	..	..	..	..	..	..	10				
1811	..	..	18	..	..	..	..	10				
1812	..	..	..	..	..	..	..	..	..	..	?	
1813	..	..	..	..	..	..	..	11	..	..	8	
1815	..	..	..	..	..	..	..	10				
1818	..	..	..	..	..	..	..	14	..	..	19	
1819	..	..	..	..	..	..	..	6				
1819	..	..	..	..	..	..	..	13				
1820	..	..	..	..	..	..	..	9	2	..	12	
1822	..	..	..	..	..	..	..	..	10	..	12	
1823	..	..	..	..	..	..	..	15				
—	..	..	..	..	..	..	..	10				
1824	..	..	..	..	..	..	..	14				
1826	..	..	..	..	..	..	..	14	..	..	6	
—	..	..	..	..	..	..	..	10				
1827	..	..	..	..	..	..	..	14				
1828	..	..	..	..	..	..	..	10				
1829	..	..	..	..	..	..	..	14				
1830	..	..	..	..	..	..	..	..	..	..	12	
1831	..	..	..	..	..	..	..	..	..	..	13	
1832	..	..	..	..	..	..	..	..	..	..	13	
1833	..	..	..	..	..	..	..	10	..	..	13	
1834	..	..	..	..	..	..	..	10	..	..	13	
1835	..	..	..	..	..	..	..	10	..	..	13	
1836	..	..	..	..	..	..	..	8	..	..	13	
—	..	..	..	..	..	..	..	10				
1837	..	..	..	..	..	..	..	10				

XVII.

Il y a, comme on voit, cinquante-deux nuits où les apparitions sont tellement fréquentes qu'elles méritent une mention particulière. Sur ce nombre, vingt-six apparitions ont eu lieu entre le 8 et le 15 août, et treize entre le 6 et le 19 novembre. Ainsi les trois quarts des nuits mentionnées correspondent aux époques signalées précédemment.

En 1837, on fut un peu désappointé. Dans la nuit du 12 au 13 novembre, le nombre des étoiles filantes fut extraordinairement restreint. On se figurait que c'était la nuit où leur retour périodique devait s'effectuer. On verra cependant dans le tableau que ces apparitions ne sont en aucune façon limitées à la nuit du 12 ; mais, indépendamment de ce fait, la nuit du 12, à Paris, était si brillante qu'on ne voyait pas même les étoiles de deuxième grandeur, et, par conséquent, en supposant même qu'ils eussent un éclat semblable ou inférieur, il n'était pas possible d'observer des météores. On doit faire remarquer, en outre, que leur non-apparition dans un lieu particulier n'est pas une preuve de leur non-existence dans l'atmosphère. Ils peuvent se produire pendant le jour ou sur un point de l'atmosphère invisible du lieu d'où l'on observe. Ainsi, en 1833, pendant qu'une pluie de météores répandait la terreur en Amérique, l'Europe ne savait rien de ce qui se passait. Quelquefois, au contraire, des apparitions ont lieu simultanément des deux côtés du globe. En 1837, le navire français *la Bonite*, qui se trouvait de l'autre côté de la terre, vit de nombreux météores, et le même jour, en Europe, on en vit pareillement un grand nombre.

<h3 style="text-align:center">XVIII.</h3>

Dans la nuit du 12 novembre 1836, Sir John Herschel observa ces phénomènes au Cap de Bonne-Espérance. Leur nombre n'était pas fort considérable, mais leur mouvement avait une régularité marquée ; ils semblaient diverger d'un centre ou foyer qui gardait une position fixe par rapport à l'horizon, mais n'en avait aucune de cette nature par rapport aux objets du firmament. Ce point, ou ce centre, vers lequel convergeaient leurs directions communes, était d'environ 30 degrés au-dessus de l'horizon et de 60 degrés nord-ouest.

<h3 style="text-align:center">XIX.</h3>

Dans la nuit du 9 août 1837, M. Wartmann observa ces phénomènes à Genève ; depuis 9 heures du soir jusqu'à minuit, il en vit 82 dans différentes parties du ciel. Vers 10 heures, ils se montrèrent en plus grand nombre et semblaient alors émaner d'un centre ou foyer situé entre l'étoile B dans la constellation du Bouvier, et l'étoile A dans la constellation du Dragon. A 10 heures $^1/_4$, il en parut 27, remarquables par leur éclat et leur couleur bleuâtre. D'autres observateurs placés aux environs en comptèrent, dans la même nuit, 149, entre 9 heures moins un quart et 11 heures $^1/_2$.

Sur ces 149 météores, 3 avaient l'apparence de disques ronds ou de globes d'un rouge vermeil, ayant un diamètre de 4 à 5 minutes, c'est-à-dire égal à la sixième partie de celui de la lune ; 26 étaient plus brillants que la planète Vénus et d'une blancheur éclatante ; les autres avaient l'apparence d'étoiles de première, de seconde et de troisième grandeur, et leurs couleurs étaient tantôt bleues, tantôt jaunes et orange.

XX.

Dans la nuit du 11 novembre 1832, M. Tharand, officier retiré à Limoges, dit que les ouvriers occupés aux travaux du pont qu'on jetait sur la Vienne, observaient le ciel brillant de météores. Ce spectacle les amusa d'abord ; mais ensuite le nombre et l'éclat de ces apparitions lumineuses s'accrurent tellement, que la frayeur se répandit chez eux ; ils abandonnèrent leurs travaux et s'en retournèrent, en disant que la fin du monde était prochaine. Le lendemain on les interrogea, et ils répondirent suivant leurs impressions personnelles. Les uns disaient qu'ils avaient vu des ruisseaux de flammes bleues ; les autres, qu'ils avaient vu des barres de fer rouge se croisant dans toutes les directions ; d'autres, enfin, qu'ils avaient vu d'innombrables fusées volantes. Tous s'accordaient sur un point, c'est que tous les points du firmament étaient envahis et que le phénomène avait commencé à onze heures et duré jusqu'à quatre heures du matin.

XXI.

Il semble qu'il y ait quelque raison de supposer que les mois d'août et de novembre ne sont pas les seules époques du retour annuel de ces météores. Arago plaçait leur retour périodique entre le 22 et le 25 avril. Humboldt croit qu'on peut admettre d'autres périodes annuelles, le 6-12 décembre ; et Capocci a indiqué le 17 juillet, les 27-29 novembre comme dates de leur retour périodique.

Dans la nuit du 6 décembre, Brandes observa et compta 2 000 étoiles filantes ; et le 11 décembre 1836, d'après Humboldt, une pluie immense d'aérolites tomba au Brésil, près du village de Macao, sur les bords du fleuve Assu.

De 1809 à 1839, Capocci montre que douze pluies d'aérolithes ont eu lieu les 27 et 29 novembre, sans compter celles du 13 novembre, du 10 août et du 17 juillet.

En résumé, voici les dates qui paraissent celles du retour de ces météores :

1° 22-25 avril.
2°   17 juillet.
3°   10 août.
4° 12-14 novembre.
5° 27-29 novembre.
6° 6-12 décembre.

On doit conclure de ce qui précède que les parties de son orbite annuelle traversées par la terre aux dates ci-dessus sont coupées par les orbites des corps dont il est question, et que ces corps, en planant près de la terre, offrent l'apparence d'étoiles filantes ou aérolithes.

XXII.

Les phénomènes auxquels on a donné les noms d'étoiles filantes, de boules de feu et de pierres météoriques, sont donc très-probablement identiques; ces derniers corps n'appartiennent point à la terre, ce sont des masses de matière se mouvant comme les planètes dans les espaces célestes et soumises à l'attraction du soleil; la terre les rencontre quelquefois, vient les frapper directement ou s'en approche tellement qu'ils sont entraînés par l'attraction terrestre, d'abord dans l'atmosphère, ensuite vers la surface; les étoiles filantes qui sillonnent le ciel sans tomber sur la terre, sont des corps de la même catégorie qui ne frappent pas directement la terre, ou qui n'en viennent pas assez près pour être entraînés à sa surface par son attraction.

On a supposé que ces corps ne deviennent visibles qu'après avoir pénétré dans l'atmosphère, où la chaleur qu'ils développent en comprimant brusquement et violemment ce fluide les rend lumineux. Il est donc probable qu'ils peuvent passer en foule autour de nous, à côté de notre atmosphère, sans qu'on les puisse voir ni observer. On objectera peut-être qu'ils seraient alors éclairés par la lumière du soleil, comme la lune et les planètes, et qu'ils devraient dans ce cas devenir visibles. Mais leur extrême petitesse explique parfaitement pourquoi la lumière qu'ils réfléchissent ne les rend pas visibles. Comparées aux planètes, ainsi que l'observe sir J. Herschel, visibles dans nos plus puissants télescopes, des masses de roches et de pierres d'une grosseur et d'un poids considérable seraient comme la poussière impalpable à laquelle un rayon solaire, passant par une fente étroite dans une chambre obscure, donne l'apparence d'une feuille de lumière. Néanmoins, on assure qu'on a vu la lumière du soleil, à midi et par un ciel découvert, s'obscurcir d'une manière sensible pendant un certain temps, et l'on a expliqué ce fait en supposant qu'une multitude de pierres météoriques effectuait alors son passage entre le soleil et la terre, de façon à intercepter partiellement la lumière solaire.

Une masse de pierres qui pèserait cent *tons* (101 500 kilogrammes), quelque éclairée qu'elle fût par le soleil, ne serait pas visible à la distance de 800 ou 1 000 milles (266 à 333 lieues).

XXIII.

Sir John Herschel croit probable que le soleil est entouré, comme un grand nombre d'étoiles, d'une masse de matière nébuleuse d'une étendue plus ou moins grande, et que le phénomène auquel on a donné le nom de lumière zodiacale, les pierres météoriques et les étoiles filantes, sont des manifestations pures et simples de cette matière nébuleuse.

On explique la lumière zodiacale en supposant qu'un sphéroïde ovale de matière nébuleuse environne le soleil, le plus grand diamètre duquel coïncide avec l'équateur solaire.

Dans la figure ci-jointe, SS représentent l'équateur du soleil, et ABA'B' la masse ovale de matière nébuleuse ambiante indiquée par sa section

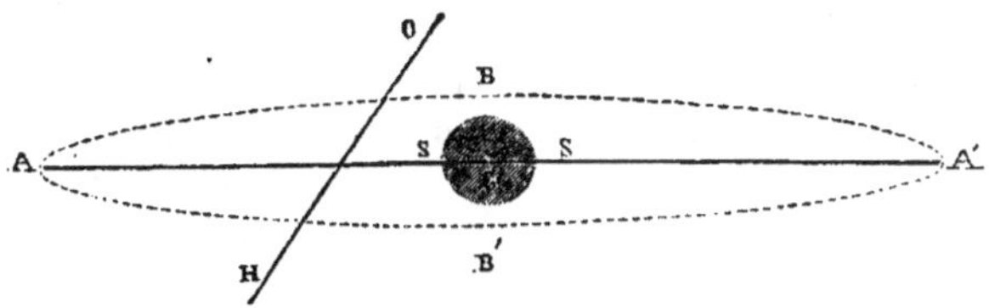

suivant un plan traversant l'axe du soleil; la section par un plan mené par l'équateur solaire est un cercle dont le diamètre est AA'.

Le demi-diamètre CA de cette masse est presque égal à celui de l'orbite terrestre; de sorte que, à certaines époques, la terre effleure de ses bords les points A et A' et traverse probablement une partie de la matière nébuleuse.

XXIV.

Si cette matière se compose sur une certaine étendue de masses solides de petites dimensions, ces masses peuvent traverser l'atmosphère de la terre, en produisant alors le phénomène des étoiles filantes, ou bien elles peuvent gagner la surface terrestre, attirées par la gravitation terrestre, et produire le phénomène des pierres météoriques.

On explique sans difficulté le fait de la lumière zodiacale. Supposons que HO représente la ligne suivant laquelle le plan de l'horizon coupe la matière nébuleuse après le coucher du soleil. Dans ce cas, OA'H sera au-dessous, et OAH au-dessus de l'horizon. La matière composant OAH étant éclairée par le soleil sera visible suivant l'étendue de son pouvoir réfléchissant. Elle a l'aspect d'une comète affaiblie, mal définie, et se voit d'ordinaire peu après le coucher du soleil vers les mois de mars, d'avril et de mai, et avant le lever du soleil vers les mois de septembre, d'octobre et de novembre. On dirait un cône lumineux s'étendant à partir de l'horizon et obliquant en haut dans la direction de l'équateur solaire, c'est-à-dire à peu près dans celle de l'écliptique ou du zodiaque; c'est pourquoi on l'a appelée *lumière zodiacale*. Le demi-diamètre AC forme avec la terre un angle qui varie, suivant la position de celle-ci, de 40 à 90 degrés.

Quelquefois, par conséquent, le sommet A est près du zénith, quand le soleil est sous l'horizon. La largeur BB' de la base du soleil sous-tend un angle qui varie de 8 à 30 degrés.

Sous les hautes latitudes, la lumière zodiacale est très-faible; elle est beaucoup plus brillante sous les tropiques.

La matière composant cette nébuleuse enveloppe du soleil, quelle est-elle? On peut, d'après sir John Herschel, conjecturer qu'elle n'est autre chose que la portion plus dense de ce milieu qui (on a quelques raisons de le croire) fait obstacle aux mouvements des comètes, et se compose peut-être des queues de plusieurs millions de ces corps, queues dont ils ont été dépouillés dans leurs visites successives au soleil. La lumière zodiacale ne saurait être une atmosphère du soleil dans le sens propre du mot, car l'existence d'une enveloppe gazeuse exerçant une pression de toutes parts, soumise à des frottements réciproques dans ses strates, et tournant, par conséquent, dans le même temps, ou à peu près, que le corps central, est complétement incompatible avec les lois dynamiques. Si ses parties sont inertes, elles doivent remplir au respect du soleil le rôle de petites planètes séparées et indépendantes, ayant chacune son orbite particulière, son plan de mouvement et sa périodicité. La masse totale n'étant à peu près rien, comparée à celle du soleil, des perturbations réciproques sont impossibles, quoique des collisions entre ses parties puissent amener, dans un laps de temps indéfini, une absorption d'au moins une fraction de cette masse par le corps du soleil ou par ceux des planètes. (Herschel's *Astronomy*, p. 616.)

XXV.

Y a-t-il des circonstances dans lesquelles la terre pourrait passer près de l'une de ces masses? Que s'ensuivrait-il? Cette masse deviendrait alors un satellite de la terre, qu'elle accompagnerait, comme la lune, dans sa marche autour du soleil; et si elle était suffisamment grosse, on la verrait, comme on voit la lune, par la lumière réfléchie. Mais comme ces corps, d'après ce qu'on en sait actuellement du moins, sont trop petits pour qu'on les voie ainsi à une distance à laquelle ils puissent se mouvoir sans que la résistance atmosphérique s'oppose promptement à leur marche, et sans être amenés à la surface de la terre par la gravitation de cette planète, il en résulte que la terre est vraisemblablement entourée par des centaines de ces lunes invisibles. Sir John Herschel croit qu'il en est ainsi; il va même jusqu'à penser que plusieurs d'entre elles sont assez grosses, d'une texture et d'une solidité assez considérables, pour briller par réflexion et devenir visibles (celles du moins qui sont très-près de la terre) pendant un court intervalle; suivant lui, elles disparaissent en se plongeant dans l'ombre de la terre, c'est-à-dire subissent une éclipse totale. (*Ibid.*, p. 521.) Sir John

Lubbock partage cette opinion ; il a donné des règles et des formules mathématiques pour calculer leurs distances. (*Philosophical Magazine*, 1848, p. 80.)

XXVI.

M. Petit, directeur de l'Observatoire de Toulouse, a tiré des observations et des calculs auxquels il s'est livré sur ce sujet cette conclusion, qu'il existe au moins une pierre météorique, d'une grosseur considérable, qui remplit vis-à-vis de la terre le rôle de satellite. Son orbite se trouve à environ 5 000 milles de la surface, ou à 9 000 milles du centre, c'est-à-dire environ vingt-six fois plus près de la terre que la lune. Elle achève une révolution en trois heures vingt minutes, c'est-à-dire fait sept fois par jour le tour de la terre. (Comptes rendus de l'Académie des sciences, 12 octobre 1846 et 9 août 1847.)

XXVII.

Dans l'énumération des hypothèses qu'on a proposées pour expliquer le phénomène des aérolithes, on a omis de parler d'une hypothèse qui, à raison de son antiquité, mérite une mention. De même qu'on a donné le nom de *pierres de la lune* aux aérolithes à cause de leur origine supposée lunaire, de même l'hypothèse à laquelle nous faisons allusion leur a valu le nom de *pierres du soleil*. Diogène de Laërce rapporte une opinion qui avait cours en Grèce, et d'après laquelle la masse météorique d'Ægos Potamos était tombée du soleil. Pline, tournant en dérision l'hypothèse, accuse Anaxagoras d'avoir prédit la chute d'aérolithes du soleil sur la terre. Humboldt regarde comme probable que la chute d'aérolithes pendant le jour, et lorsque la lune n'était pas visible, a donné lieu à l'opinion et au nom des pierres du soleil.

NOTES.

***

Note sur les §§ ii, iv et v du traité sur les *Influences de la lune*. — (C'est par inadvertance que cette note n'a pas été insérée dans les autres notes sur les influences de la lune.)

A l'époque où ce traité fut écrit, il eût été imprudent d'admettre la double influence calorifique et chimique de la lune. Aujourd'hui, il n'est plus possible de la nier.

En 1846, Melloni, pénétrant plus avant dans le champ de l'expérimentation, découvrit une action calorifique dans les rayons de la lune. « Ayant dirigé vers la lune une lentille à échelons d'un mètre de diamètre, et placé au foyer son petit appareil thermo-électrique, il vit l'aiguille de cet instrument marcher de 3 à 4 degrés dans le sens de l'échauffement. Les précautions dont le célèbre physicien s'entoura ne laissent aucun doute sur le résultat. Que représentent maintenant les 3 ou 4 degrés de l'instrument de Melloni en degrés du thermomètre ordinaire, c'est ce que j'ignore. Du reste, on ne s'étonnera pas, quelque considérables que soient les phénomènes thermométriques, lorsqu'une lentille réunit à son foyer les rayons du soleil, de trouver ces effets si petits quand on concentre au même foyer les rayons de la pleine lune; il suffit pour expliquer la différence de se rappeler que, d'après les expériences photométriques, la lumière de ces deux astres est au moins dans le rapport de 300 000 à 400 000 à 1. » (Arago, *Astronomie populaire*, t. III, p. 468.) Ajoutons que les expériences de Melloni ont été confirmées par Knox, Zantedeschi et autres. (*Voy.* aussi Humboldt, *Cosmos*, t. III, p. 522-524 et p. 708.)

Ainsi la lune possède un pouvoir calorifique. Mais quel est le degré d'influence qu'elle exerce sur les objets terrestres au moyen et par l'intermédiaire de ce pouvoir? Est-il tel qu'on doive s'en préoccuper? Jusqu'ici rien ne le prouve.

L'action chimique de la lune n'est pas moins incontestable que son action calorifique. « Depuis les études variées, délicates et très-ingénieuses, auxquelles la découverte de Niepce et de Daguerre a donné lieu, la question a totalement changé de face. Les photographes ont découvert bon nombre de composés chimiques très-sensibles, qui se laissent impressionner en peu d'instants par les rayons lunaires; aujourd'hui, il ne serait donc plus permis de dire que les rayons réfléchis par notre satellite sont entièrement sans effet sur les animaux et sur les plantes, puisqu'il est démontré que, dans la plupart des phénomènes photographiques, la durée de l'exposition supplée à la sensibilité. » (Arago, lieu cité.)

On a mis l'action chimique de la lune à profit pour photographier cet intéressant satellite. Au mois de juin 1850, M. Humphrey (des États-Unis) avait déjà pris cinq images daguerréotypiques de la surface de la lune. Au mois de septembre 1854, M. Nasmyth présentait à l'Association britannique les photographies du *Copernic* et du *Simpelius*, deux volcans lunaires qui se composent d'un plateau avec cône central entouré d'anneaux et de terrasses concentriques. Le père Secchi, de Rome, a plusieurs fois envoyé à l'Académie des sciences de Paris des épreuves qui laissent sans doute fort à désirer, mais qui promettent infiniment. MM. de l'Espine, Quinet, Bertsch, ont photographié l'éclipse du 13 octobre 1856 ; M. Bertsch a obtenu ses épreuves à l'Institut technomatique, au moyen de la grande lunette de M. Porro.

En résumé donc, s'il n'est pas permis de dire avec Dante que l'homme et les objets terrestres sont, par rapport aux astres et notamment par rapport à notre satellite, comme une cire molle dont ils font ce que bon leur semble (« mondana cera, cera mortal, » *del Paradiso*, cant. i et viii), on ne peut dire non plus sans témérité que la lune n'exerce sur les corps terrestres aucune espèce d'influence. Quelle est la mesure de cette influence ? On l'ignore. Tout semble prouver qu'elle est extrêmement bornée. (*Voy.* sur ce point Arago, lieu cité, et Foissac, *la Météorologie dans ses rapports avec la science de l'homme*, t. II, p. 131 à 170.)

Note 1. — « Les Grecs font grand bruit d'une prédiction d'Anaxagore de Clazomène, qui, par ses connaissances astronomiques, annonça, dans la seconde année de la 78ᵉ olympiade, qu'à tel jour une pierre tomberait du soleil. Au jour indiqué, cette pierre tomba dans un canton de la Thrace, près du fleuve Ægos. On la montre encore aujourd'hui. Elle ferait la charge d'une charrette ; elle est enfumée et noircie par le feu. A la même époque, une comète brilla pendant plusieurs nuits. Si l'on veut bien admettre cette prédiction, il faut avouer en même temps que la prescience d'Anaxagore est plus merveilleuse que le fait lui-même, et que toute notre science est en défaut, que tout est confondu, si l'on doit croire, en effet, ou que le soleil soit de pierre, ou qu'une pierre ait été dans le soleil. Au surplus, on ne peut disconvenir que des pierres ne tombent du ciel assez fréquemment. Aujourd'hui encore, on en révère une de ce genre dans le gymnase d'Abydos (sur l'Hellespont) : elle est peu volumineuse ; on prétend que le même Anaxagore avait prédit qu'elle tomberait au point central de la terre. Une autre est révérée à Cassandria (en Thrace), nommée aussi Potidée. Une colonie y a été conduite à cette occasion. J'ai vu moi-même une pierre pareille dans la campagne des Vocontiens (Gaule Narbonnaise), où elle était tombée peu de temps auparavant. » (Pline, *Histoire naturelle*, livre 2, LIX, 58, trad. par Guéroult.)

Note 2. — Ce fut le 26 avril 1803 que tomba, près de l'Aigle (département de l'Orne), la pluie de pierres météoriques dont il est parlé dans le chapitre Iᵉʳ. Biot fut envoyé sur les lieux par l'Académie des sciences. « Un grand bolide, dit Alex. de Humboldt, se mouvant du sud-est au nord-ouest, fut vu à Alençon, à Falaise et à Caen, par un ciel très-pur, vers une heure de l'après-midi. Quelques moments après, on entendit à l'Aigle, durant cinq à six minutes, une explosion partant d'un petit nuage noir presque immobile, qui fut suivie de trois ou quatre coups de canon et d'un bruit que l'on eût pu croire produit par des décharges de mousqueterie auxquelles se mêlerait le son d'un grand nombre de tambours. Chaque détonation détachait du nuage noir une partie des vapeurs qui le formaient. Beaucoup de pierres météoriques, dont la plus grande ne pesait pas plus de 17 livres et demie, tombèrent à la fois sur une surface elliptique dont le grand axe, dirigé du sud-est au nord-ouest, avait 11 kilomètres de longueur. Ces pierres étaient brûlantes sans être enflammées : elles fumaient, et, chose singulière ! elles étaient plus faciles à briser quelques jours après leur chute que plus tard... » (*Cosmos*, t. III, p. 621 et 622. — Rapport de Biot, Mémoires de l'Institut, 1806.) — M. Babinet estime à plusieurs milliers les pierres qui tombèrent dans cette circonstance. (*Journal des Débats*, 5 septembre 1856.)

NOTE 3. — La grosseur des grêlons est souvent très-notable, dit Kaemtz ; mais il faut toujours se demander si les masses qu'on trouve mentionnées dans les auteurs ne sont pas dues à l'agglomération d'un grand nombre de grêlons qui se sont réunis en tombant. Halley dit qu'on ramassa, le 29 avril 1697, dans le Flintshire, des grêlons pesant de 120 à 130 grammes. Parent assure qu'on trouva dans le Perche, le 15 mai 1703, des grêlons de la grosseur du poing. Pendant une grêle, le 5 octobre 1836, il tomba à Constantinople des masses de la grosseur du poing. Une demi-heure après, quelques-unes pesaient encore 500 grammes. Le 15 juin 1829, une grêle enfonça les toits des maisons à Cazorla, en Espagne ; les blocs de glace pesaient, dit-on, 2 kilogrammes. Il est probable que c'étaient des grêlons agglutinés ; on ne saurait en douter à l'égard d'une masse tombée en Hongrie, le 8 mai 1802, et qui avait 1 mètre en long et en large, et 7 décimètres de haut. — On a quelquefois trouvé dans l'intérieur des grêlons des débris de paille, et, en Islande, de la cendre volcanique. On a aussi beaucoup parlé de grêlons contenant du sulfure de fer et des oxydes de fer hydraté ; mais les renseignements recueillis à Orenbourg par M. Gustave Rose tendraient à faire croire que le fait est controuvé. (Kaemtz, p. 376 et suiv.) — Dernièrement, le *Moniteur* parlait d'une averse de grêle tombée sur Roquemaure et les environs. Les grêlons pesaient 250, 265 et 267 grammes ; ceux de 100 grammes étaient communs partout. Les accidents survenus aux personnes ont été nombreux, mais peu graves. Il n'en a pas été de même des animaux : « Plus de deux cents perdrix, cailles ou menus oiseaux ont été ramassés dans les champs, à ma connaissance, aussi bien qu'un lièvre et quelques lapins. Au domaine de Saint-Maurice, quarante-quatre animaux de basse-cour ont été tués sur place, et dans le village de Montfaucon il en a péri beaucoup plus. » (*Moniteur*, 10 septembre 1857.)

NOTE 4. *Composition des pierres météoriques.* — La composition de ces pierres est différente de celle de toutes les pierres qu'on trouve à la surface du globe. D'après les analyses faites par M. Gustave Rose, les unes sont composées d'une masse grise dans laquelle on ne trouve d'autre substance que du fer métallique ; les autres sont formées de substances diverses dont les unes, blanches, sont probablement du labrador (feldspath opalin) ; les autres, qui sont brunes, ressemblent au pyroxène. — Si on les réduit en poudre, on peut, avec un aimant, en retirer environ 80 pour 100 de fer et de nickel ; l'analyse chimique y démontre encore les principes suivants : de l'oxygène, de l'hydrogène, du soufre, du phosphore, du carbone, de la silice, du chrome, du potassium, du sodium, du calcium, du magnésium, de l'aluminium, du fer, du manganèse, du nickel, du cobalt, du cuivre et de l'étain. Suivant Berzélius, ces dix-huit substances élémentaires y forment les composés suivants :

1° *Fer métallique,* contenant un peu de nickel, de cobalt, de magnésium, de manganèse, d'étain, de cuivre, de soufre et de carbone.

2° *Sulfure de fer,* avec proportion égale de soufre et de fer.

3º *Fer magnétique.*

4º *Olivine météorique;* elle constitue la moitié du résidu qu'on obtient quand on a enlevé les métaux altérables à l'aimant; sa composition est la même que celle de l'olivine terrestre.

5º Des *silicates*, des combinaisons de *chaux*, de *magnésie*, d'*oxydes de fer*, de *manganèse*, d'*argile*, de *soude* et de *potasse* insolubles dans les acides, dans lesquelles l'acide silicique est en proportion double de tous les autres corps, et qui forment probablement deux minéraux, l'un *pyroxénique*, l'autre analogue à la *leucite.*

6º *Chromate de fer* en petite quantité, mais constant.

7º *Oxyde d'étain.*

Quelquefois l'aérolithe tout entier est uniquement composé de fer métallique: toutefois, ce cas est plus rare que celui où il n'en contient qu'une certaine quantité. Le 26 mai 1751, deux masses tombèrent dans le comitat d'Agra (Hongrie) : l'une pesait 35, l'autre 8 kilogrammes. On en a trouvé dans d'autres pays, qu'on n'a pas vues tomber du ciel, mais que leur forme et leur composition doivent faire considérer comme des aérolithes. Une des plus connues est celle que Pallas découvrit en Sibérie dans l'année 1771, et que les Tartares considéraient comme un objet sacré tombé du ciel; son poids était de 700 kilogrammes. On a trouvé des masses analogues en Hongrie, en Bohème, au cap de Bonne-Espérance, au Mexique, au Pérou, au Sénégal, dans la baie de Baffin, etc. Le fer est plein de cavités remplies de cristaux d'olivine plus ou moins parfaits; ces cristaux enlevés, le résidu contient encore 90 pour 100 de fer, quelques pour 100 de nickel, et le reste mérite à peine d'entrer en ligne de compte. (*Voy.* L.-F. Kaemtz, *Cours complet de météorologie*, traduit et annoté par Ch. Martins, p. 470-479.)

Note 5. — On ne connaît guère que trois exemples d'incendies allumés par des bolides. Le premier date du 13 juin 1759. Dans sa chute, le météore incendia une grange où un mendiant était venu se réfugier. Le malheureux fut arrêté comme auteur du fait et conduit à Bordeaux. Malgré ses dénégations, malgré les explications qu'il fournit (et surtout peut-être à cause de ces explications mêmes), il allait être puni du dernier supplice, quand l'abbé Nollet, dont la réputation de physicien était alors européenne, lui vint en aide. Nollet, frappé des réponses du mendiant, se rendit sur le théâtre de l'événement (Captieux, près de Bazas) et retrouva l'aérolithe dans les décombres de la grange. Le parlement de Bordeaux renvoya le mendiant. — Le second exemple est du 6 janvier 1846. Un bolide tomba dans un bâtiment d'hébergeage, à la Chaux, dépendant d'une ferme appartenant à une dame de Bergis, et y mit le feu. Le général de Thiard a communiqué ce fait à l'Académie des sciences de Paris en février 1846. — Enfin, le 10 avril 1851, un autre bolide est tombé sur une petite bergerie, à Larda, bourg de la Calabre, et l'a incendiée. L'Académie royale de Naples a eu connaissance du fait par le professeur Tosti. (*L'Époque*, 1er mars 1846; le *Journal des faits*, 21 mai 1851; Sigaud Delafond, *Dictionnaire des merveilles de la nature*, t. II, p. 451 et 452.)

Note 6. — Sur la lumière zodiacale, *voy.* Alex. de Humboldt, *Cosmos*, t. I, p. 91, 98, 153-160 et 482; t. II, p. 393 et suiv.; t. III, p. 592-598; Arago, *Annuaire pour 1836*, p. 296 et suiv., etc.; Herschel, § 897.

Note 7. — Auteurs à consulter : Humboldt, t. Ier, p. 59, 98 et 127; t. III,
p. 599-630; Kaemtz, p. 470-479; Guépin, *Philosophie du dix-neuvième siècle*,
p. 110-112; Descartes, *les Météores*, discours 7; Arago, *Annuaire pour 1836*,
p. 291-295, etc.; John Herschel, *Astronomie*, § 898 et suiv.; Coulvier-Gravier,
mémoires insérés dans les *Comptes rendus de l'Académie des sciences*, années 1845-
1857; Petit, dans les *Comptes rendus*; Arago, *Astronomie populaire*, t. IV, p. 181
à 322; etc.

LES PRONOSTICS DU TEMPS.

I. Erreurs populaires à propos des phénomènes météorologiques. — II. Almanachs; leurs prédictions et leurs absurdités; table du temps par Herschel; almanach de Murphy. — III. Influence de la lune sur le temps; théorie de Toaldo; observations de Pilgram; observations de Horsley; observations et calculs de Schübler; examen critique dû à Arago; observations de Flaugergues et Bouvard. — IV. Cycle de Méton; examen et observations d'Arago. — V. Spéculations et raisonnements des météorologistes. — VI. Les changements de lune n'ont aucune influence sur le temps.

I.

Les lois physiques qui régissent les phénomènes de notre atmosphère et qui règlent les changements du temps ont toujours été un thème de spéculation favori. Comme les principes de la science astronomique procuraient les moyens de prédire, avec la plus grande précision possible, les mouvements et les aspects des corps célestes, on crut naturellement que les phénomènes atmosphériques pouvaient se réduire également à des règles claires et certaines. La corrélation des mouvements lunaires avec les marées était évidente longtemps avant qu'on eût trouvé le mot de l'influence exercée par la lune sur le soulèvement et l'affaissement des eaux de l'océan; de là l'opinion, à une époque fort reculée, que ce corps avait sur l'atmosphère une influence, — sinon aussi régulière, aussi certaine que sur les eaux, — suffisante du moins pour permettre de lui attribuer certains changements de temps.

Mais avant même que des analogies de cette nature eussent fourni quelque base au raisonnement, et alors que les corps célestes devaient être considérés plutôt comme *signes* que comme *causes*, déjà l'observation populaire établissait entre eux et les phénomènes météorologiques une connexion. L'influence du climat sur les affaires d'un peuple, d'abord à l'état pastoral, puis agriculteur, est évidente; la pronostication du temps est donc un fait venu jusqu'à nous par tradition, après avoir franchi un grand nombre de siècles. Cependant, contrairement à ce qui se passe d'ordinaire dans les choses d'observation, la pronostication du temps, loin de progresser avec les lumières et la civilisation, a suivi une route inverse, et ce qui, d'abord, n'était qu'un simple système de *signes,* indiquant l'approche de certains changements atmosphériques, devint, grâce au mouvement irrésistible qui pousse l'homme à la recherche des causes dont il voit les effets, le système de *règles* le plus absurde, sans fondement dans la nature, jamais d'accord avec les phénomènes, sinon par hasard, et se maintenant en crédit grâce à la crédulité sans bornes de l'espèce humaine.

La vérité est que les pronostics qu'on tirait jadis de la lune, du soleil ou des étoiles, étaient purement et simplement des indications de l'état de l'atmosphère; les individus qui les tiraient étaient trop simples, trop peu savants, pour s'inquiéter beaucoup des relations de cause et d'effet; mais quand des savants daignèrent se préoccuper de ces faits, il n'en fut plus de même; tout d'abord, ils les élevèrent au rang de causes physiques, et leur puissance s'étendit en raison de l'importance qu'on leur attribuait. Tel fut l'état des choses sous le règne d'une philosophie qui faisait de la lune la limite entre la corruption, le changement et la passivité d'une part, et les forces actives de la nature de l'autre. — Aujourd'hui, si beaucoup de personnes font fi des prédictions qui donnent jour par jour l'état du temps, combien y en a-t-il peu qui ne s'attendent à un changement de temps avec un changement de lune?

II.

Dans quelques-uns des nombreux almanachs qu'on a mis en circulation, on voyait une table indiquant le rapport entre les changements du temps et les phases de la lune; cette table était intitulée : Table du temps, par Herschel. Est-elle vraiment l'œuvre de l'illustre astronome dont elle porte le nom? On peut être certain du contraire.

A une époque aussi éclairée que la nôtre, il est étonnant de voir l'esprit public s'échauffer à propos de choses qui n'en valent pas la peine. En **1832,** toute la France fut en alarme; on craignit que la comète de Biela, en traversant notre système solaire, ne vînt frapper la terre. Le gouvernement du pays, pour calmer le public, engagea M. Arago à publier un essai sur les comètes, écrit à la portée de tout le monde, pour démontrer l'impossibilité d'un pareil événement.

L'Angleterre, à notre connaissance, fut aussi prise de quelques paniques. Londres eut *peur de l'eau;* le public était convaincu que l'eau de la métropole était nuisible à la santé, et même mortelle. Pendant ce temps, les journaux regorgèrent d'annonces de filtres brevetés; des fabricants de microscopes solaires faisaient voir aux Londoniens épouvantés des milliers d'animaux dans leur boisson quotidienne; les éditeurs publièrent des traités populaires sur l'entomologie, et le public fut saisi d'une hydrophobie générale. Vainement Brande analysa-t-il l'eau à l'Institution royale; vainement Faraday essaya-t-il de remettre Londres dans son bon sens. La science cessa d'être une puissance; la philosophie perdit son autorité. Le temps eut plus de pouvoir. Quand le mal eut parcouru toutes ses phases, l'esprit public entra en convalescence. — A une autre époque, ce n'est pas l'eau, ce fut l'air atmosphérique qu'on redouta. Tant que dura cette panique, les habitants de la grande métropole osèrent à peine respirer. On incrimina le charbon de terre; on l'accusa de tout le mal. On se mit à calculer le nombre de pieds cubes de gaz sulfureux que prenaient par an les poumons de tout habitant adulte; on discuta derrière les comptoirs les propriétés de l'acide carbonique; on inventa et l'on mit en vente des fourneaux brevetés; et le parlement fut contraint de passer un bill sur la purification de l'atmosphère, et de mettre ceux qui se servaient de feu en demeure de brûler leur propre fumée.

En 1838, le public anglais, qui est spécialement impressionnable, se passionna pour la pronostication du temps; c'était l'effet probablement du froid exceptionnellement rigoureux et persistant qui régna pendant les mois de janvier et de février. Par une coïncidence fortuite, il se trouva que, dans l'un des nombreux almanachs pronostiqueurs du temps *(Weather Almanacks),* le jour le plus froid avait été prédit par un nommé Patrick Murphy. Aussitôt, et sans attendre l'avis des autorités scientifiques, les directeurs de quelques grands journaux se mettent à discourir gravement sur les avantages immenses que retireraient le fermier, le manufacturier, le navigateur et autres, d'une prédiction certaine du temps, semaine par semaine et jour par jour; ils admettent immédiatement la possibilité du fait. Matthieu Lænsberg redevenait un grand homme, *l'homme de la situation.*

Tel fut alors l'engouement du public que le livre où se trouvait publiée la *table du temps* se vendit, malgré son prix élevé, à des cent mille exemplaires! La boutique du libraire était assiégée par une foule impatiente, comme celle d'un boulanger dans une famine, et, pour empêcher l'encombrement du voisinage, la police dut faire des acheteurs dans l'attente une *queue* formidable qui s'étendait à perte de vue. Croira-t-on, cependant, que quand l'auteur de ces pages examina ensuite et compara cet almanach du temps avec les changements de temps qui avaient réellement eu lieu, il trouva que ses prétendues prédictions étaient, dans dix-sept cas, fausses de plus de vingt heures !

III.

L'influence attribuée à la lune sur le temps peut être considérée comme une question de théorie ou comme une question de fait.

Considérons-la un instant au point de vue théorique. Si la lune agit sur notre atmosphère par attraction, comme elle agit sur les eaux de l'Océan, elle produira des *marées atmosphériques.* La mobilité plus considérable de l'air sera cause que ces marées se formeront plus rapidement que les marées d'eau, et il est probable qu'elles seront toujours placées, soit exactement, soit à peu près sous la lune. Ainsi, comme il y a *haute mer* deux fois par jour, il y aurait de même deux fois par jour *haute atmo-sphère ;* et le temps de cette marée d'air correspondrait aux moments du passage de la lune au méridien au-dessus et au-dessous de l'horizon.

Les mêmes causes qui, à la nouvelle et à la pleine lune, produisent les grandes marées, et aux quadratures les mortes marées, produiraient des marées atmosphériques basses et hautes aux mêmes époques. A la nou-velle et à la pleine lune, l'air devrait donc être plus élevé chaque jour à minuit et à midi qu'en tout autre temps du mois ; et aux quartiers, il devrait, au contraire, être plus bas.

Alors, en observant le baromètre deux fois par jour, savoir : aux mo-ments du passage de la lune sur le méridien, au-dessus et au-dessous de l'horizon, le baromètre devrait avoir sa plus grande hauteur à la nouvelle et à la pleine lune, et sa plus faible aux quadratures. Or, comme l'élévation du baromètre indique en général du beau temps, et son abaissement du mauvais, la conclusion à tirer serait qu'aux époques de la nouvelle et de la pleine lune on a généralement du beau temps, et aux quadratures du mauvais.

Telle n'est pas, cependant, l'opinion populaire. La maxime tradition-nelle est qu'on doit s'attendre à un *changement* à la nouvelle et à la pleine lune ; en d'autres termes, si auparavant le temps est beau, il deviendra mauvais ; si mauvais, beau.

M. Arago soumit au plus rigoureux examen une suite d'observations barométriques faites à l'Observatoire de Paris et poursuivies pendant douze ans ; il en résulta pour lui que l'effet de l'attraction lunaire sur le baromètre, aux époques des hautes et des basses marées atmosphériques, ne pouvait excéder $^1/_{600}$ de pouce, — ce qui ne saurait produire aucun effet appréciable sur le temps.

Il est donc évident que si la lune exerce une influence sur notre atmosphère, cette influence a une cause différente de celle qui produit les marées de l'Océan.

Mais, peut-on dire, quoique la lune ne puisse affecter l'atmosphère par sa gravitation, encore peut-elle l'influencer par sa lumière, par des émanations électriques ou magnétiques, ou enfin par quelques causes physiques occultes non découvertes encore par les astronomes. — C'est là une objection qui, par son vague, par son indéfini, n'est pas facile à réfuter par les moyens que la théorie met à notre disposition. On sait que la lumière de la lune, concentrée en un point par une lentille des plus puissantes, ne saurait produire aucun effet appréciable sur le thermomètre le plus sensible; elle ne produit aucun effet d'une nature électrique ou magnétique. On peut dire en général que les effets communément attribués à la lune, relativement aux changements de temps lors de ses principales phases, sont si contradictoires qu'il n'est pas possible d'imaginer une cause physique qui en puisse rendre compte. Si la nouvelle, la pleine lune et les quadratures sont accompagnées de changements de temps, la cause qui produit cet effet doit, dans des circonstances identiques, exercer des influences incompatibles; si du beau temps précède la phase, il faut que la cause physique supposée puisse le convertir en mauvais temps, et si c'est du mauvais temps qui précède la phase, il faut que la même cause le puisse convertir en beau temps. On admettra qu'il est bien difficile d'inventer une cause physique qui, dans des circonstances mêmes, ait le pouvoir de produire sur le même corps des effets si opposés. (*Voy.* la note de la page 204 de ce volume.)

Mais quittons le point de vue théorique; examinons les faits. A-t-il été reconnu, comme un *fait* constant, que les époques qui marquent les principales phases de la lune se sont, dans la majorité des cas, accompagnées d'un changement de temps? Pour répondre d'une manière satisfaisante à cette question, il est bon, au préalable, de savoir nettement ce qu'on entend par les mots : *changement de temps*. Un observateur prédisposé à admettre l'influence de la lune croira pouvoir regarder comme un changement de temps toute transition du calme au vent, bien ou peu marquée; tout changement dans l'état du ciel, ainsi : un nuage qui envahit le ciel pur auparavant, ou un ciel pur qui remplace un ciel nuageux. S'il voit, après un jour où il n'aura pas plu du tout, tomber quelques gouttes d'eau, ce sera pour lui un changement de temps aussi notable que si une pluie incessante avait remplacé un temps magnifique. D'un autre côté, l'observateur incrédule ne tiendra aucun compte des légers changements de temps; il ne notera que les changements parfaitement décisifs. Ce sont là des difficultés auxquelles il est malaisé de se soustraire; mais cependant, à moins de s'y soustraire, comment est-il possible de comparer ensemble, pour arriver à la vérité, les relevés des différents observateurs? Quelle valeur, quelle importance attacher aux résultats de ces observations, si les préjugés de l'observateur ne sont pris en considération?

Toaldo a donné le résultat d'une comparaison d'observations poursuivies à Padoue pendant quarante-cinq ans; les changements de temps y sont mis en regard des phases lunaires. Sans entrer dans les détails des calculs du météorologiste, disons que Toaldo trouva que, sur sept nouvelles lunes, le temps changeait six fois; que, sur six pleines lunes, il changeait cinq, et que, sur trois quartiers, il y avait deux changements de temps. — Il examina aussi l'état du temps rapporté à la distance de la lune à la terre. La position de la lune, quand elle est le plus éloignée de la terre, s'appelle *apogée;* et quand elle en est le plus près, *périgée.* Toaldo trouva que, sur six passages de la lune au périgée, il y avait cinq changements de temps, et sur cinq à l'apogée, quatre changements de temps. Evidemment, si ces résultats reposaient sur une base solide, ils corroboreraient l'opinion populaire sur l'influence lunaire. Mais voyons comment Toaldo a dirigé son investigation.

Toaldo croyait fermement à l'influence de la lune, non-seulement sur l'atmosphère, mais encore sur le monde organique. Dans son mémoire, il ne dit pas quels changements atmosphériques il a considérés comme des changements de temps, et il est permis de penser qu'il a rangé dans cette catégorie les plus légères variations. Mais plus loin, Toaldo, en rapportant les changements de temps coïncidant avec les époques des phases, ne se borne pas aux changements qui ont eu lieu le jour particulier de la phase : sous prétexte qu'il faut donner aux causes physiques le temps de produire leur effet, il prit les résultats de plusieurs jours. Pour la nouvelle et pour la pleine lune, il comprenait dans son calcul tous les changements qui avaient eu lieu deux ou trois jours avant ou deux ou trois jours après celui de la nouvelle ou de la pleine lune; pour les quartiers, il comprenait seulement le jour qui précédait et le jour qui suivait les phases; pour les époques qui ne coïncident pas avec les phases lunaires, il ne comptait que les changements de temps qui s'étaient opérés le jour en question. — Ainsi, par les changements coïncidant avec une nouvelle et une pleine lune, Toaldo entend tous changements qui s'opèrent dans l'espace de quatre à six jours; dans les changements attribués aux quartiers, on doit entendre ceux qui ont lieu dans l'espace de trois jours, et dans les changements sans coïncidence avec les phases lunaires, ceux qui ont lieu dans un jour unique. Pas n'est besoin d'une grande sagacité mathématique pour voir que Toaldo devait, en effet, arriver aux résultats qu'il signale, et qu'il y serait parvenu, lors même qu'il eût pris, au lieu des époques des phases lunaires, n'importe quelles autres périodes. Cinq jours à la nouvelle et à la pleine lune embrassent un tiers de la totalité du mois lunaire; par conséquent, Toaldo attribuait à l'influence de la lune le tiers de tous les changements de temps qui s'opéraient dans cette période.

Le professeur Pilgram a examiné une série d'observations sur les phases lunaires rapportées aux changements de temps, et faites à Vienne, depuis 1763 jusqu'en 1787, c'est-à-dire embrassant une période de vingt-cinq ans. Il a trouvé que, sur cent phases, la proportion des changements de temps était à celle des non-changements comme il suit :

	Changements.	Non-changements.
Nouvelle lune	58	42
Pleine lune	63	37
Quartiers	63	37
Périgée	72	28
Apogée	64	36
Nouvelle lune périgée	80	20
Nouvelle lune apogée	64	36
Pleine lune périgée	81	49
Pleine lune apogée	68	32

Si l'on admet ces résultats, il s'ensuit, contrairement à l'opinion populaire et aux observations de Toaldo, que la nouvelle lune est la moins active des phases ; que la pleine lune et les quartiers sont d'une activité égale, et que l'influence de la lune au périgée, c'est-à-dire lorsqu'elle est le plus près de la terre, est plus grande que celle de toute autre phase, tandis que l'influence de la lune apogée, c'est-à-dire lorsqu'elle est à sa plus grande distance de la terre, est égale à celle des quartiers et de la pleine lune, et plus grande que celle de la nouvelle lune. — Mais on peut faire aux calculs de Pilgram les mêmes objections qu'à ceux de Toaldo. Comme Toaldo, Pilgram comprenait dans son énumération des changements correspondants aux phases, les changements qui arrivaient les jours qui précédaient et suivaient les phases : cela étant, on doit s'étonner que la proportion qu'il a trouvée, spécialement pour la nouvelle lune, ne soit pas plus favorable à son hypothèse. Mais indépendamment, les résultats offerts par Pilgram ne méritent aucune confiance ; ils ont été obtenus sans beaucoup de soins, et, en outre, les observations n'ont pas été poursuivies assez longtemps pour qu'on en puisse tirer une conclusion certaine.

Pendant les années 1774 et 1775, le docteur Horsley fixa son attention sur la question, et publia dans les *Philosophical Transactions* deux mémoires ayant pour but de détruire le préjugé populaire sur les influences lunaires. Mais les observations de Horsley s'étendaient sur une période de temps si limitée (deux ans) qu'il n'en pouvait résulter rien de satisfaisant. Il trouva que, pendant l'année 1774, il n'y eut que deux changements de temps coïncidant avec la nouvelle lune, et aucun avec la pleine lune; pendant l'année 1775, il n'y eut que quatre changements coïncidant avec la nouvelle lune, et trois avec la pleine lune.

Mais envisageons la question des influences lunaires d'un point de vue plus général, et recherchons si l'observation a fourni quelque base à l'hypothèse de la corrélation de périodicité entre la lune et le temps. M. Schübler s'est livré à l'examen de cette question en 1830 ; les résultats de ses observations, publiés par lui, furent peu après contrôlés par Arago.

Les calculs de Schübler sont fondés sur des observations météorologiques faites à Munich, à Stuttgard, à Augsbourg, pendant vingt-huit ans. Son but était de déterminer s'il existe quelque correspondance entre les phases de la lune et la quantité de pluie qui tombe pendant le mois. Il considère comme jour pluvieux celui où il tombe de la pluie ou de la neige, de manière à ce que l'udomètre soit affecté d'au moins la six-centième partie d'un pouce. — On doit répartir ainsi, entre les différentes phases lunaires, 10 000 jours de pluie.

Nouvelle lune.	306	Pleine lune	337
Premier octant	306	Troisième octant	313
Premier quartier	325	Dernier quartier	284
Second octant.	341	Quatrième octant	290

Or, comme il y a 29 jours $^1/_2$ dans le mois lunaire, si l'on répartit également entre chaque partie du mois la pluie tombée, on trouvera par une simple proportion le nombre total de ces 10 000 jours qui incombe aux 8 jours des phases ; puisqu'il est à 10 000 comme 8 est à 29 $^1/_2$, le nombre cherché est, par conséquent, 27.12.

Déjà, en 1788, Pilgram avait tenté de déterminer l'influence des phases lunaires sur la chute de la pluie, et il avait trouvé que, sur 100 cas, il y avait 29 jours de pluie à la pleine lune, 26 à la nouvelle, et 25 aux quartiers.

Les observations précédentes n'ont rapport qu'au nombre des jours pluvieux. Schübler a recherché aussi quelle est l'influence des phases lunaires sur la *quantité* de pluie et sur la sérénité de l'atmosphère. De ses observations poursuivies à Augsbourg pendant 16 ans, embrassant 199 lunaisons, il obtint les résultats suivants :

ÉPOQUES.	NOMBRE DES JOURS SEREINS en seize ans.	NOMBRE DES JOURS COUVERTS en seize ans.	QUANTITÉ DE PLUIE EN POUCES pendant seize ans.
Nouvelle lune	31	61	26.551
Premier quartier	38	57	24.597
Deuxième octant	25	65	26.728
Pleine lune	26	61	24.686
Dernier quartier	41	53	19.536

Par *jours sereins*, il faut entendre les jours où le ciel n'a pas été couvert de nuages à sept heures du matin et à deux et neuf heures de l'après-midi ; les jours couverts à ces heures-là ont été mis au nombre des jours nuageux. Ces résultats s'accordent avec les premiers. On voit que le nombre des jours sereins est plus considérable dans le dernier quartier, c'est-à-dire à une époque où, d'après la première méthode d'investigation, le nombre des jours pluvieux se trouve le moins considérable ; le nombre des jours couverts est le plus grand au deuxième octant, c'est-à-dire à une époque où le nombre des jours pluvieux se trouve le plus considérable ; la quantité de pluie est aussi en accord, car son maximum se trouve au deuxième octant et son maximum au dernier quartier. — Schübler a examiné encore quelle est l'influence de la distance de la lune sur la pluie ; il a trouvé que sur 371 passages de la lune à ses extrêmes limites de distance, pendant les sept jours où elle était le plus près du périgée, il pleuvait 1 169 fois, et pendant les jours où elle était le plus près de l'apogée, il pleuvait 1 096 fois. Ainsi, toutes choses égales d'ailleurs, plus la lune est voisine de la terre, plus les chances de pluie sont grandes.

On ne peut donc nier complétement l'existence d'une certaine correspondance entre la pluie et les phases de la lune. Cette correspondance, quel est son degré de précision ? Il est difficile de le dire ; d'autres observations plus étendues, plus minutieuses, sont indispensables. Cependant on peut affirmer qu'elle ne saurait constituer un pronostic dans le sens attaché à ce mot par l'opinion populaire. Qu'il tombe un peu plus d'eau pendant les quatre jours qui précèdent la pleine lune, qu'il en tombe un peu moins pendant les quatre jours qui précèdent la nouvelle, cela paraît assez probable. Mais, en somme, cette variation est si faible, en supposant qu'elle existe et soit générale, qu'on ne peut s'en apercevoir par des moyens à la portée de tout le monde ; par conséquent, on ne peut, en pratique, s'en servir comme d'un pronostic.

Y a-t-il une correspondance entre la direction du vent et les phases de la lune ? Schübler dit que les vents du sud et du sud-ouest sont plus fréquents aux périodes du mois où la pluie augmente, et que ces vents deviennent de plus en plus rares aux époques du mois où la pluie est le moins considérable ; à ces époques, ce sont les vents du nord et du nord-est qui soufflent. — Ces résultats s'accordent parfaitement avec les précédents, et la question du mode d'action par lequel sont produites les périodes de pluie se réduirait à savoir quelle est l'action physique qui permet à la lune d'affecter les courants atmosphériques.

La connexion des oscillations de la colonne barométrique et des phénomènes atmosphériques est si frappante qu'il devait venir à l'esprit des météorologistes de rechercher s'il existe une correspondance entre les phases lunaires et les variations du baromètre. C'est ce que fit M. Flaugergues. Ses observations ont eu lieu à Viviers (Ardèche) ; elles embrassent une période de vingt années (de 1808 à 1828). Afin que l'influence du soleil fût toujours la même, les observations furent faites à midi, et les hauteurs du baromètre réduites à ce qu'elles seraient à la température de la glace fondante. Voici les moyennes hauteurs du baromètre déduites de ces observations :

Nouvelle lune	29.743	Pleine lune	29.736
Premier octant	29.761	Troisième octant	29.751
Premier quartier	29.740	Dernier quartier	29.772
Second octant	29.716	Quatrième octant	29.744

Il résulte de là que la hauteur du baromètre est à son minimum environ quatre jours avant la pleine lune, et à son maximum six ou sept jours avant la nouvelle lune. Or, telles sont à peu près les époques que Schübler signalait comme celles du minimum et du maximum de pluie; et comme l'abaissement du baromètre indique en général une tendance à la pluie, ces résultats et ceux de Schübler sont d'accord. On peut dire, à la vérité, que la variation du baromètre est si faible qu'il est difficile d'en attendre un effet sensible; cependant, quelque faible qu'elle soit, elle est nette et parfaitement accusée. — M. Flaugergues a recherché, en outre, quelle était la hauteur moyenne du baromètre à sa plus grande et à sa plus petite distance de la terre; il a trouvé qu'au périgée le baromètre marquait 29.713, et à l'apogée 29.753. — Cette légère différence, si l'on suppose qu'elle indique quelque chose, indiquerait une plus grande quantité de pluie au périgée qu'à l'apogée, ce qui corrobore les observations de Schübler.

La théorie de l'attraction lunaire, admise pour expliquer des marées atmosphériques semblables à celles de l'océan, conduirait à cette conclusion, que la hauteur du baromètre observée à midi pendant les quartiers de la lune, est moins grande que sa hauteur à midi lors de la nouvelle et de la pleine lune. Cependant, c'est le contraire qui est vrai. M. Flaugergues dit que la hauteur moyenne du baromètre aux quadratures est 29.756, et à la nouvelle et à la pleine lune 29.739 ; la hauteur aux quadratures est donc 0.017 plus considérable. Ce résultat a été ultérieurement confirmé par M. Bouvard, de l'Observatoire de Paris ; il a trouvé que la hauteur moyenne du baromètre aux quartiers est 29.786, et à la nouvelle et à la pleine lune 29.759 ; différence aux quartiers, 0.027.

<h3 style="text-align:center">IV.</h3>

Quoiqu'on ne puisse donc nier l'existence d'une certaine relation entre la colonne barométrique et les phases de la lune, ce n'est pas, toutefois, la relation qu'indiquerait la théorie des marées atmosphériques ; quelle que soit l'influence physique qui produise l'effet dont s'agit, ce n'est cer-

tainement pas la gravitation de la lune agissant sur notre atmosphère
comme elle agit sur les eaux de l'océan.

Tout effet physique, dépendant des positions relatives du soleil et de la
lune vus de la terre, doit nécessairement se reproduire à des époques fixes
pendant l'année, c'est-à-dire lorsque ces deux astres reviennent eux-mêmes
à leurs positions correspondantes dans le ciel et aux mêmes jours de
l'année. — Dans l'antiquité, on n'ignorait pas qu'après un laps de dix-
neuf ans, le soleil et la lune reprennent leurs positions relatives. Ainsi, en
supposant que la lune fût tel jour de tel mois de l'année 1800 à 90 degrés
du soleil, elle devait être à 90 degrés du soleil le même jour du même
mois en l'année 1819, puis encore en 1838, et ainsi de suite; mais le
même jour du même mois dans les années intermédiaires, elle devait occuper une position relative différente par rapport au soleil. Ce cycle de
dix-neuf ans était connu des Grecs, et avait reçu le nom de *Cycle métonique,* de Méton, son inventeur supposé. On s'en est toujours servi comme
d'une méthode convenable pour calculer les éclipses et autres phénomènes
dépendant des positions relatives du soleil et de la lune. Dans les éclipses
de soleil, le soleil et la lune doivent occuper dans les cieux à peu près la
même position, et dans les éclipses de lune des positions presque opposées;
il s'ensuit donc que, si une éclipse a lieu tel jour de telle année, une
éclipse pareille aura lieu le même jour de toute dix-neuvième année qui
suivra. Comme les marées dépendent des positions relatives du soleil et de
la lune, on peut les calculer facilement au moyen du même cycle; les météorologistes, qui croient que les variations atmosphériques dépendent exclusivement ou principalement des aspects relatifs du soleil et de la lune,
disent qu'il existe un cycle général du temps, dont la période correspond
à celle dont on vient de parler. Ainsi, ils admettent que les changements
généraux du temps se succèdent dans le même ordre, ou à peu près, tous
les dix-neuf ans.

Nous n'objecterons point ici à cette doctrine que le cycle métonique
n'embrasse pas exactement dix-neuf années. Une objection plus forte peut
lui être faite, basée sur les principes mêmes que ses adhérents reconnais-
sent. L'attraction des corps, en vertu de leur gravitation, s'accroît en
raison directe de la diminution du carré de la distance; la distance de la
lune à la terre varie considérablement; partant, on doit s'attendre à ce
que son influence sur l'atmosphère dépende beaucoup plus de cette variation de distance que de sa position par rapport au soleil. Or, quoique
le cycle de dix-neuf ans corresponde aux changements de position de
la lune par rapport au soleil, il n'a, toutefois, aucune espèce de relation
avec la variation de sa distance; et quoique la lune occupe la même
position apparente relativement au soleil chaque jour de chaque période
successive de dix-neuf années, elle ne se trouve pas à la même distance

de la terre et n'exerce pas, par conséquent, la même attraction sur notre atmosphère. M. Arago, qui s'est livré avec tout le soin possible à l'examen de cette question, a péremptoirement démontré que l'observation n'apporte aucun appui à cette hypothèse. — La variation des distances de la lune à la terre est occasionnée par ce fait, que sa route autour de la terre n'est pas circulaire, mais ovale; la terre se trouve plus près de l'une de ses extrémités que de l'autre. A mesure donc que la lune gagne la partie de son orbite la plus extrême, sa distance à la terre augmente incessamment jusqu'à ce que, parvenue à l'extrémité même, elle soit à son maximum d'éloignement; à mesure qu'elle revient de cette extrémité de l'orbite à l'autre extrémité, sa distance diminue continuellement jusqu'à ce que, arrivée à cette extrémité, elle soit à son minimum d'éloignement. Ces variations de distance ont lieu à chaque révolution de la lune autour de la terre. Or, à cause d'un certain changement de position auquel l'orbite de la lune est soumise, les points indiquant les plus grandes et les plus faibles distances sont sujets à un changement lent, graduel et régulier; de sorte que les points du ciel où elle atteint son maximum et son minimum d'éloignement sont différents à chaque révolution. Après un intervalle de huit ans et dix mois, cependant, ces points, ayant franchi toute la circonférence du ciel, reprennent à peu près leur position première; il s'ensuit qu'en réalité les temps où la lune se voit aux mêmes distances de la terre reviennent dans un cycle dont la longueur est d'environ huit ans et dix mois.

Si l'on suppose donc que les variations du temps sont influencées par cette cause, leur période doit être telle, qu'après un laps de neuf ans environ, les états du temps correspondants soient avancés de deux mois : ainsi, l'effet produit en décembre 1800 se produirait de nouveau en octobre 1809, en août 1818, et ainsi de suite.

Si l'on voulait déterminer le cycle dans lequel l'influence lunaire, en tant que dépendant de la distance, produirait les mêmes effets sur les mêmes jours de l'année, la durée du cycle serait six fois huit ans et dix mois, car dans six intervalles successifs de cette période, il y a exactement cinquante-trois ans, et un nombre inférieur de périodes de huit ans dix mois ne fait pas un nombre d'années complet. Par conséquent, après un cycle de cinquante-trois ans, la lune se trouvant le même jour de chaque année successive à la même distance de la terre, son influence, en tant que dépendant des distances, sera la même et produira un effet identique sur le temps.

V.

On ne saurait mieux démontrer avec quelle négligence certains météorologistes appliquent les principes scientifiques, qu'en disant que ce cycle de huit ans dix mois a fait la base d'une période de neuf ans réputée météorologique. On a soutenu que tous les neuf ans les changements de temps redevenaient les mêmes; qu'ainsi, en examinant l'état du temps pendant l'année 1800, on trouverait qu'il correspond au temps qui régnait en 1809, en 1818, en 1827, etc.

VI.

De ce qu'on a dit, il résulte donc que l'opinion populaire relative à l'influence des phases lunaires sur le temps n'a aucun fondement en théorie, et se trouve en désaccord avec les faits observés. Que, par sa gravitation, la lune exerce une attraction sur notre atmosphère, on n'en saurait douter ; mais les effets que cette attraction peut produire sur le temps ne sont point en rapport avec les phénomènes observés. Ces effets sont trop faibles pour impressionner nos instruments météorologiques actuels, ou sont neutralisés par d'autres causes plus puissantes dont on n'a pu les séparer jusqu'ici. Il semble, toutefois, résulter d'observations récentes, mais incomplètes encore, qu'il existe entre les périodes de pluie et les phases lunaires une légère correspondance, qui indiquerait une très-faible influence dépendant de la position de cet astre par rapport au soleil, mais non de l'attraction lunaire. Pour les savants, cette question d'influence est digne d'intérêt ; elle appelle l'attention des météorologistes, mais ne peut servir à la pronostication du temps. On peut donc poser en principe que toute pronostication du temps, basée sur l'influence du soleil et de la lune, est fausse. Jusqu'ici, du moins, tout conduit à cette conclusion.

NOTES.

« L'astronome, dit Arago (*Astron. populaire*. t. IV, p. 527 et suiv.), est dans l'impuissance absolue d'annoncer avec quelque certitude le temps qu'il fera une année, un mois, une semaine, je dirai même un seul jour d'avance. »

Un tel langage dans la bouche d'un homme aussi compétent qu'Arago devrait enfin dessiller les yeux des derniers partisans de Michel de Nostredame et de ses descendants. C'est la meilleure oraison funèbre qu'on ait faite des almanachs où l'on prétend révéler tous les changements de temps de l'année.

Est-ce à dire, toutefois, qu'il est complétement impossible de prévoir le matin quel temps il fera le soir? N'a-t-on, pour connaître le temps, d'autres données que des données astronomiques? N'existe-t-il pas quelques signes indicateurs du temps, sinon certains, du moins *un peu probables?*

Dès la plus haute antiquité, on a signalé l'existence de ces signes.

« L'oiseau consulté, dit Aristophane, répondra au navigateur : Ne t'embarque pas, le temps sera contraire; Embarque-toi, le temps est sûr. » (*Les Oiseaux*, trad. Artaud, t. IV, p. 71.) — « Les mortels tirent de nous les plus grands services. Nous leur indiquons les saisons, le printemps, l'hiver, l'automne; ils apprennent à semer quand la grue, traversant les airs, émigre vers la Lybie. Elle avertit le nocher de suspendre le gouvernail et de se livrer au sommeil; puis de tisser un manteau pour Oreste, de peur que le froid ne le porte à dépouiller les passants. » (*Ibid.*, p. 80.)

A la vérité, ce sont les oiseaux qui parlent ainsi d'eux-mêmes dans le poëte grec. Pouvaient-ils parler autrement? Mais Hésiode, qui vivait 800 ans avant l'ère chrétienne, c'est-à-dire près de 400 ans avant Aristophane, disait déjà dans *les Travaux et les Jours :* « La journée est souvent une marâtre et souvent une mère; heureux, heureux le mortel qui, instruit de toutes ces vérités, travaille sans cesse, irréprochable envers les dieux, *observant le vol des oiseaux* et fuyant les actions impies. » (*Les petits Poëmes grecs,* p. 81.)

Clément Marot n'avait, pas plus qu'Hésiode, intérêt à écrire dans son *Églogue au roy soubz les noms de Pan et de Robin :*

> J'apprins les noms des quatre parts du monde,
> J'apprins les noms des *ventz,* qui de là sortent,
> Leurs qualitez, et *quels temps ilz apportent :*
> Dont *les oyseaux, sages devins* des champs,
> M'advertissoyent par leurs volz et leurs chantz.

(Édit. Després, p. 97.)

Enfin, dans l'Évangile selon saint Matthieu, on lit, chap. XVI, v. 2 et 3 :

« Quand le soir est venu, vous dites : Il fera beau temps, car le ciel est rouge; et le matin : Il y aura aujourd'hui de l'orage, car le ciel est rouge et sombre. »

De nos jours, la liste des signes du temps a des proportions formidables. Il faudrait toute la patience d'un Leporello pour la dérouler. Voici, cependant, quelques-uns de ces signes :

Lorsque les hirondelles volent bas; lorsque la fumée s'élève difficilement dans la cheminée et tend à envahir l'appartement; lorsque les portes se gonflent, que des odeurs désagréables se répandent en plus grande abondance qu'à l'ordinaire; lorsque les chevaux allongent le cou, hennissent, ouvrent démesurément les naseaux; lorsque les corbeaux croassent, que le hibou crie, que la grenouille coasse, que le pivert gémit; lorsque l'oie et le canard s'agitent, s'inquiètent, s'appellent; lorsque soufflent les vents d'ouest et de sud-ouest; lorsque les chandelles et les lampes petillent et crachent; lorsque le mouton bêle et lorsque l'âne brait d'une manière insolite; lorsque les fleurs jettent des odeurs plus intenses, plus pénétrantes; enfin, lorsque l'homme éprouve un sentiment de tristesse et d'abattement prononcé, inexplicable, sans cause plausible : autant, peut-on dire souvent, autant de signes de mauvais temps.

La raison de ces phénomènes, quelle est-elle? C'est, en général, la raréfaction de l'air et l'abondance de l'humidité dans l'atmosphère.

Au contraire, si l'hirondelle vole haut; si la flamme des bougies est brillante; si les portes se contractent; si, le matin, de légers nuages d'une blancheur transparente s'étendent au ciel, etc. : on peut pronostiquer du beau temps.

Ces signes, en effet, sont généralement le produit d'une cause toute différente de la précédente : l'absence ou la rareté de l'humidité dans l'atmosphère; la condensation, l'abondance de l'air atmosphérique.....

Mais il existe des signes *plus scientifiques* que ceux dont on vient de parler. On les doit au baromètre et à l'hygromètre.

Il est plus difficile qu'on ne pense de lire convenablement les indications de ces deux instruments. Quand on voit le baromètre baisser, on dit ordinairement : *mauvais signe*, et quand il monte : *bon signe!* On a raison et l'on a tort. Le baromètre peut indiquer du beau temps lorsqu'il monte, comme il peut aussi n'en indiquer pas; de même lorsqu'il baisse... Si l'on observait moins superficiellement, on ne tarderait pas à reconnaître qu'en effet le baromètre monte et descend régulièrement chaque jour sans indiquer rien qui ait trait au temps; il subit ce qu'on appelle des *variations diurnes*. . . . .

Pour consulter avec fruit le baromètre, on doit examiner : 1° quelle est la hauteur du mercure; 2° s'il monte ou descend; 3° de quelle quantité il monte et baisse; 4° enfin, si la marche ascendante ou descendante du mercure a persisté longtemps. — Lorsque le baromètre monte lentement et plusieurs jours consécutifs, il indique que le temps est au fixe; lorsqu'il descend constamment, opiniâtrément, il indique une série de mauvais temps.

On doit consulter le baromètre à certaines heures; car toutes ne sont pas également favorables à l'observation. Lorsqu'on peut observer le baromètre trois fois par jour, c'est à neuf heures du matin, à midi et à trois heures du soir qu'il est bon de le faire. A neuf heures, on a son maximum de hauteur; à midi, sa hauteur moyenne; et à trois heures, son minimum de hauteur. Si l'on ne peut observer le baromètre que deux fois, que ce soit à neuf heures du matin et à neuf heures du soir. Si une fois seulement, qu'on choisisse l'heure de midi. — Si de neuf heures du matin à trois heures du soir le mercure monte, c'est signe de beau temps; s'il baisse de trois à neuf heures du soir, c'est signe de pluie. Ces irrégularités dans la marche du mercure indiquent un changement important dans la pression atmosphérique.

Lorsqu'on voit descendre subitement et d'une manière notable le mercure du baromètre, c'est signe de pluie. Cet abaissement soudain indique qu'il s'est opéré dans l'atmosphère ou un déplacement d'air ou un vide, et que des masses d'air environnantes se précipiteront pour le combler. Lorsque le mercure monte brusquement, c'est signe qu'il y a accumulation d'air; il s'ensuivra dans toutes les directions une sorte d'expansion d'air qui causera une tempête sur un point ou sur un autre. Lorsque le mercure monte ou descend lentement, c'est qu'il est impressionné par une cause lointaine ou permanente : on peut donc conclure que cette cause, quels qu'en soient les résultats, agira pendant un certain temps. — Toutes les fois que le baromètre se maintient élevé, on a rarement à craindre d'être envahi par des vents; c'est donc souvent une garantie contre l'invasion de l'humidité, et l'on peut, non sans quelque fondement, pronostiquer un temps superbe et sec.....

Pour être plus certain de ne pas se tromper, il importe de consulter simultanément le baromètre et l'hygromètre. Si le baromètre baisse et qu'en même temps le point de rosée de l'hygromètre s'élève, c'est que l'air est saturé d'humidité, et l'on doit s'attendre à de fortes pluies. Si le baromètre baisse et que le point de rosée reste bas, c'est que, sur un point éloigné, l'atmosphère s'est raréfiée; il en résultera du vent, sans pluie. Si le point de rosée baisse et que le baromètre reste haut, cela indique que l'abaissement de température qui s'est produit est un phénomène tout local et passager.

Tels sont les principaux signes dont la pronostication peut aujourd'hui faire son profit. Cet art, comme on voit, n'est pas fort avancé. Il n'est pas possible, dans l'état de choses présent, de prédire le temps qu'il fera plusieurs jours d'avance.

Cependant, l'art dont il s'agit vient d'entrer dans une nouvelle phase. La télégraphie électrique s'est mise à son service. Par l'intermédiaire de cet agent, on ne tardera pas à connaître jour par jour un grand nombre des phénomènes météorologiques qui se seront manifestés sur les points du globe les plus distants. On connaîtra « la marche des courants de l'air et la quantité totale de déplacement des masses atmosphériques, avec toutes les circonstances de transparence ou de brouillard, de chaud ou de froid, de sécheresse et d'humidité, et avec les retours de ces mêmes courants; on saura à chaque date où en est de position cette grande mer aérienne sans rivages qui enveloppe le globe entier; on saura d'où vient chaque partie et où elle va, ce qu'elle a pris dans sa source d'influences météorologiques, et ce qu'elle va porter dans les régions qu'elle va aborder; on pourra donc prévoir d'avance l'effet qu'elle y produira, et se guider là-dessus pour les soins de la santé publique et privée, pour l'élève des bestiaux et les semis ou plantations agricoles d'hiver, d'été ou d'automne, et pour la culture des plantes qui exigent tel ou tel degré de chaleur. C'est ainsi que, dans la présente année (1854), si l'on eût pu prévoir la chaleur de l'été qui vient de finir, on eût pu cultiver le maïs dans les environs de Paris, où rarement l'été est assez chaud pour mener cette plante à parfaite maturité. Cela n'arrive guère qu'une fois sur trois ou quatre ans, de même à peu près qu'à Hambourg, dans les meilleures expositions, le raisin ne mûrit qu'une fois tous les sept ans. » (Babinet, t. II, p. 280.)

Mais ce n'est là qu'une prophétie. Quand doit-elle s'accomplir? L'instrument est trouvé qui la peut mener à bien. Mais n'a-t-on pas lieu de craindre, malgré cette importante découverte, que « les générations futures, en accumulant les travaux de la pensée et ceux de l'expérience, ne soient encore bien des siècles à résoudre la question? » Jusqu'ici tout ce que permet d'espérer l'intervention du fluide électrique dans les affaires météorologiques, c'est la connaissance du temps, non pas plusieurs mois, non pas même plusieurs semaines, mais quelques jours d'avance. Demander plus aujourd'hui serait demander trop. (Ach. Genty, *l'Homme et la Science,* chap. XXXIII, inédit.)

INFLUENCE ET PROGRÈS

DES VOIES DE COMMUNICATION.

CHAPITRE PREMIER.

II.

I.

L'art par l'intermédiaire duquel les produits du travail et de la pensée,
par l'intermédiaire duquel les hommes qui travaillent et qui pensent sont
transportés d'un lieu à un autre, est, plus qu'aucun, essentiel à l'avancement social. Sans cet art, quel art peut progresser? Un peuple qui ne le
possède pas est-il sorti de la barbarie? Un peuple qui n'y a fait aucun progrès peut-il n'être pas encore dans les bas-fonds de la civilisation? Néanmoins cet art a été le dernier à atteindre un certain degré de perfection, et
l'historien futur du progrès social dira, sans violer la vérité, que sa création est l'un des événements qui ont le plus éminemment signalé la génération et le siècle présents. Car, quoique nos ancêtres eussent des voies de
terre et d'eau, l'art du transport était tellement au-dessous de ce qu'il est
aujourd'hui qu'on doit plutôt le considérer comme un art nouveau que
comme une amélioration d'un ancien art.

II.

Mais si l'esprit humain a tardé longtemps à diriger sur cet objet son
attention créatrice, on doit admettre que ce retard a été largement compensé par l'incomparable rapidité de ses progrès, lorsqu'une fois il s'est
mis à l'œuvre. Dans un espace de cent ans, il a plus été fait pour faciliter
les communications que depuis la création du monde jusqu'au milieu du
dernier siècle. Cette affirmation paraîtra sans doute étrange, exagérée;
mais elle supportera l'épreuve de l'examen.

III.

Les conditions géographiques du globe, la distribution des peuples qui
l'habitent, la répartition de ses productions naturelles destinées aux différentes contrées dont il se compose, ont imposé au genre humain la nécessité du commerce et des communications. Le commerce n'est autre chose
que l'échange des produits de l'industrie des peuples entre eux. Cet
échange suppose l'existence de voies de transport par terre et par eau.
Plus ces voies sont parfaites, plus le commerce a d'extension.

Un peuple qui ne peut communiquer avec d'autres peuples ne saurait
subsister que des produits de son travail et de son sol. Mais la nature a mis
en nous le désir des produits des autres sols et des autres climats. En
outre, les produits de chaque sol ou contrée particulière se trouvent en
trop grande quantité; il y a du superflu. Tel peuple a plus qu'il ne lui faut
d'un article de consommation, et pas assez d'un autre; cet autre article
est en abondance chez tel peuple qui manque du premier. La Caroline du
Sud et la Georgie ont un superflu de coton; les îles des Indes occidentales,
un superflu de café et de tabac; la Louisiane, un superflu de sucre; la

grande vallée du Mississipi supérieur et du Missouri, un superflu de céréales et de bétail. L'Europe civilisée a un superflu de produits industriels et mécaniques : la France a trop de soieries, et l'Angleterre trop de coton manufacturé, de poteries et de quincaillerie. Chacune de ces contrées peut fournir et souhaite de fournir aux autres les produits dont elle abonde, et recevoir en échange les produits dont elle manque, et qui abondent ailleurs.

IV.

Mais, pour pratiquer ces échanges, il faut des moyens de transport ; et ces moyens de transport doivent être assez peu coûteux, assez rapides, assez sûrs, assez réguliers, pour que les produits parviennent aux consommateurs et soient livrés à des termes et des conditions qui engagent à les acheter.

V.

Au nombre des avantages dus à l'amélioration des voies de transport, un des plus frappants est l'abaissement du prix des marchandises sur le marché, et, par suite, la stimulation de la production. Le prix payé pour un article par le consommateur se compose de deux éléments : 1° le prix payé pour l'article à son producteur au lieu de provenance, et 2° le prix de transport de cet endroit à celui du consommateur. Dans ce dernier élément se trouvent compris le coût du transport et les frais commerciaux qui se rattachent à ce transport. Les frais commerciaux comprennent un certain nombre d'articles qui contribuent largement au prix de l'objet ; tels sont : le coût du transport proprement dit ; l'intérêt du prix payé au producteur proportionné au temps qui s'écoule avant que l'objet soit pris par le consommateur ; l'assurance contre la détérioration ou la perte de l'objet pendant son transport. Cette assurance est payée directement ou indirectement par le consommateur. Si elle ne l'est pas par ceux qui rendent l'objet au consommateur, la valeur des marchandises perdues ou endommagées pendant le transport s'ajoutera nécessairement au prix de celles qui arriveront intactes. Dans les deux cas, c'est le consommateur qui paye l'assurance. Il y a encore les frais de magasinage, d'emballage, de transbordement, et d'autres opérations, dont le total forme, en définitive, une grande partie du prix.

Dans beaucoup de cas, les frais qu'entraîne le transport s'élèvent à beaucoup plus de moitié du prix réel de l'article ; dans plusieurs cas, ils montent aux $^5/_4$, aux $^4/_5$, et même au delà.

VI.

Prenons pour exemple le coton brut produit dans les plaines de la Caroline du Sud ou de la Georgie. Cet article est mis en balles sur le lieu de la production. Ces balles sont ensuite transportées à Charleston ou à Savannah, d'où ont les exporte pour Liverpool. Arrivées à Liverpool, on les met au chemin de fer, qui les transporte à Manchester, à Stockport, à Preston, ou à quelque autre ville manufacturière. Le manufacturier s'empare de la matière à l'état brut, la fait filer, tisser, blanchir, imprimer, lustrer, finir. On la remet ensuite en ballots ; on la confie derechef au chemin de fer, qui la transporte encore une fois à Liverpool, et là, on la réembarque pour Charleston ou Savannah, par exemple. A son arrivée, on la place sur un chemin de fer ou sur un bateau à vapeur ; elle est transportée dans l'intérieur du pays, retourne finalement au lieu même d'où elle est venue, et est rachetée par son propre producteur. Sans entrer dans des détails arithmétiques, on verra sans difficulté quelle grande proportion du prix ainsi payé pour l'article manufacturé doit être mise sur le compte des frais commerciaux et de transport. L'article a presque parcouru la moitié du globe avant de revenir à son point de départ à l'état manufacturé.

VII.

Les produits du travail agricole ont généralement un gros volume et une valeur relativement faible. Le coût du transport a, par conséquent, une grande influence sur le prix de ces produits au lieu de la consommation. A moins donc que ce transport ne se fasse avec une économie considérable, les produits agricoles doivent être consommés sur le lieu même de la production.

Un grand nombre de productions animales et végétales exigent, en outre, une grande célérité de transport ; elles se détérioreraient ou se perdraient même sous l'action exclusive du temps. Si donc l'art du transport n'est pas arrivé à un haut degré de perfection, les articles de cette catégorie doivent nécessairement se consommer aux environs du lieu ou sur le lieu qui les a produits. Tels sont les produits des laiteries, des cours de ferme et des jardins.

VIII.

Dans les pays où le transport est coûteux et lent, il y a donc non-seulement pour les populations rurales, mais aussi pour la population urbaine, un grand désavantage. Tandis que les produits dont on vient de parler sont à un bas prix ruineux pour les districts ruraux, ils sont à un haut prix également ruineux pour les grandes et les petites villes. Dans la contrée où ils abondent, ils ne rapportent en quelque sorte rien ; dans les villes, où l'offre est infiniment au-dessous de la demande, ils ne suffisent pas pour tous les amateurs.

Mais qu'il s'établisse des moyens de transport peu coûteux et prompts, ces produits se font aisément chemin jusqu'aux grands centres de population, et la population rurale qui les envoie reçoit en échange d'innombrables objets d'utilité et de luxe dont elle avait été privée jusqu'alors.

IX.

La France, un des États les plus civilisés de l'Europe, fournit un déplorable exemple de ce qui précède. Son sol est fertile ; sa population nombreuse, industrieuse, intelligente ; ses productions animales et végétales abondantes. Eh bien, par suite de l'insuffisance de voies de communication, ces avantages ont été jusqu'ici presque annihilés. Toutes ces productions s'obtiennent, au lieu de provenance, pour un prix plus bas que dans la plupart des autres pays; et cependant, eu égard aux frais de transport, elles atteignent, quand elles sont arrivées au lieu où on les demande, un prix qui en arrête la consommation. L'industrie française a, pour cette raison, été longtemps et à peu près complétement paralysée.

X.

Quelquefois le prix d'un article sur le lieu de la consommation consiste exclusivement dans les frais de transport. Souvent un article n'a aucune valeur sur le lieu de provenance ; il en aurait une considérable s'il était transporté ailleurs. Les engrais dont l'agriculture fait usage offrent de nombreux exemples de ce fait. Toute réduction qui peut donc se faire sur les frais de transport de ces engrais tend à diminuer, dans une proportion plus grande encore, leur prix pour ceux qui les emploient.

Il arrive même que les frais de transport sont réellement plus considérables que le prix payé pour un objet par le consommateur. Cela peut paraître un paradoxe; mais il est aisé de s'en rendre compte. Un objet, dans tel lieu donné, peut constituer un dommage, et celui qui le possède ira jusqu'à payer pour qu'on l'enlève. Cependant ce même objet, transporté ailleurs, peut trouver son utilité, et même donner lieu à un profit. Le curage des égouts d'une ville en est un exemple frappant. Les dessertes et les ordures constituent plus qu'un préjudice là où elles se trouvent ; elles sont même une cause de pestilence et de mort. Mais si on les transporte dans les champs, elles deviennent une source de fertilité. On peut citer des cas où la totalité des frais de transport est couverte, et au delà, par la somme payée pour enlever l'objet nuisible. (A Aberdeen, les rues étaient balayées tous les jours, moyennant une dépense annuelle de 35 000 francs, et les ordures rapportaient 50 000 francs par an. A Perth, le balayage coûtait 32 500 francs par an, et l'engrais se vendait 43 250 francs.)

XI.

Toute amélioration dans l'art du transport tend à diminuer le chiffre des frais, à augmenter la vitesse et la sûreté des objets transportés. Il s'ensuit qu'elle stimule de différentes manières la consommation et la production, et par là fait progresser la richesse et la prospérité nationales. Quand le prix d'un article, sur le lieu de la consommation, est réduit par cette cause, on le demande davantage : 1° parce que les anciens consommateurs peuvent en user plus librement et plus largement ; 2° parce qu'il est mis à la portée des nouvelles classes de consommateurs qui, auparavant, devaient s'en abstenir, à raison de sa cherté. L'augmentation de la consommation, résultant de cette cause, est, en général, dans une proportion plus grande que la diminution de prix. Le nombre des consommateurs qui peuvent ou qui veulent donner 1 franc d'un article est plus que deux fois le nombre de ceux qui ont le moyen de payer ou qui consentent à payer 2 francs pour le même article.

Mais la consommation est encore augmentée d'une autre manière par cette diminution de prix. Le bénéfice réalisé par les consommateurs qui, avant la réduction, achetaient au prix supérieur, sera consacré maintenant à l'achat d'autres objets d'utilité ou de luxe ; il en résultera, pour d'autres branches d'industrie, un stimulant nouveau.

XII.

Les perfectionnements auxquels on doit la diminution du coût des transports impliquent nécessairement une diminution de travail. De prime abord, il semblerait donc que l'industrie du transport dût souffrir elle-même du nouvel état de choses, puisqu'il lui enlève une partie de son travail. Mais l'expérience prouve qu'il est loin d'en être ainsi. La diminution des frais de transport augmente invariablement le chiffre des affaires commerciales, et dans une proportion beaucoup plus grande que la réduction de ces frais ; ainsi, quoique en réalité une moindre somme de travail soit dépensée pour le transport d'un total donné de marchandises, une somme de travail beaucoup plus considérable est nécessaire, à raison de l'augmentation énorme des marchandises à transporter. L'histoire des arts abonde en exemples analogues. Lorsqu'on établit des chemins de fer, les opposants (car il y eut des opposants, et d'énergiques), les opposants déclaraient que non-seulement une branche importante de l'industrie humaine, l'industrie des transports par terre, périrait faute d'emploi, mais qu'un grand nombre de chevaux deviendraient inutiles. L'expérience ne tarda pas à donner à cette prévision le plus éclatant démenti.

XIII.

Au moment où fut ouverte la première grande ligne de chemin de fer entre Liverpool et Manchester, le trafic entre ces deux villes fut quadruplé. On sait maintenant que la somme de travail, tant de l'homme que des chevaux, exigée pour les transports par terre là où se trouvent des chemins de fer, a pris des proportions plus vastes, au lieu de diminuer.

En 1846, il y avait 63 voitures publiques ou lignes d'omnibus destinées au transport des voyageurs se rendant aux différentes stations du *North of France railway* ou les quittant. Ces voitures fournissaient 176 arrivées et départs, avaient 5776 places pour voyageurs, et employaient par jour 979 chevaux. Dans les six mois finissant au 31 décembre 1846, ces voitures publiques ont transporté 486 948 voyageurs.

Les perfectionnements qui augmentent la célérité des transports, sans trop augmenter la dépense ou diminuer la sûreté, amènent des résultats semblables à ceux qui procèdent de la réduction de prix.

XIV.

Une partie des frais de transport se compose de l'intérêt du prix de production depuis le temps qui s'écoule entre le départ de l'article de chez le producteur et sa livraison au consommateur. Cet élément de prix diminue en raison directe de l'augmentation de vitesse du transport.

Mais cette augmentation de vitesse entraîne un autre avantage. Le temps détériore un grand nombre d'objets ; beaucoup même sont complétement détruits, si la consommation n'a pas lieu dans un certain temps. Ces objets, évidemment, ne sont transportables que lorsqu'ils peuvent parvenir au consommateur dans un état convenable ; divers articles alimentaires exigent cette condition.

Pendant que les chambres du Parlement s'occupaient des actes de chemins de fer qui leur étaient soumis, on eut maintes preuves des avantages résultant pour le producteur et le consommateur de la réduction de prix et de la célérité qu'apporteraient dans le transport les voies ferrées. Il fut démontré que les obstacles qui entourent le transport sur les routes ordinaires causaient un préjudice énorme à l'éleveur qui approvisionnait le marché de veaux et d'agneaux. Les agneaux et les veaux étaient en général envoyés par les routes ordinaires, et quand ils étaient trop jeunes pour laisser leurs mères pendant tout le temps que nécessitait le voyage, il fallait que le producteur expédiât les brebis et les vaches avec eux pendant une grande partie du trajet. On ne pouvait plus les envoyer au marché suffisamment jeunes, ce qui eût été avantageux, puisque les mères se seraient refaites plus promptement.

XV.

Mais, en outre, il fut prouvé que les animaux, envoyés sur le marché par les routes ordinaires, souffraient tellement des fatigues du voyage que, lorsqu'ils arrivaient à destination, leur viande n'était pas dans un état satisfaisant. On les faisait marcher jusqu'à ce qu'ils n'en pussent mais.

On voyait souvent des moutons dont les pieds étaient littéralement détruits, usés, et il fallait les vendre en route à n'importe quel prix. De riches éleveurs déclarèrent qu'ils gagneraient à l'établissement d'un mode de transport sûr et prompt pour les animaux, « payassent-ils le double de ce qu'ils donnaient aux conducteurs de leurs bestiaux. »

Des bouchers notables de Londres prouvèrent que le bétail amené sur ce marché, de contrées éloignées, souffrait tellement que sa valeur s'en trouvait extrêmement diminuée, car il donnait une viande de qualité inférieure, l'animal étant tué malade; ils déclarèrent que l'animal fatigué, courbatu, « tombait dans un état fébrile, perdait de sa mine et de son poids. »

<h2 style="text-align:center">XVI.</h2>

On prouva aussi que les bateaux à vapeur n'étaient pas tout à fait exempts du même reproche. On vit des bestiaux qui arrivaient d'Écosse à Londres dans un état peu satisfaisant : « Ils semblaient frappés de stupeur; on eût dit qu'ils souffraient de la fatigue. »

Ce n'est pas seulement la fatigue du voyage qui fait tort à l'animal, c'est aussi l'absence de sa nourriture accoutumée. Le préjudice résultant de cette cause est plus ou moins grand, suivant les circonstances, mais mérite toujours d'être pris en considération. Pour y parer, on faisait tuer sur place une grande partie de la viande dont s'approvisionnait le marché de Londres, et on l'expédiait ainsi d'un rayon de plus de trente lieues. Dans les temps chauds, une quantité considérable se gâtait. Le transport des veaux et des agneaux, à une distance de plus de dix lieues, est complétement impraticable par les routes ordinaires, et même à cette distance il n'est pas sans difficulté ni préjudice.

Pour transporter vivants ces animaux et les autres bestiaux à une grande distance, il faut, en outre de la célérité, une égalité de mouvement incessante. Or, ces deux conditions, l'application des machines à vapeur aux chemins de fer peut exclusivement les remplir.

Des documents présentés aux deux chambres il résultait que les substances alimentaires animales qu'on expédiait à la métropole étaient défectueuses quant à la quantité et non moins quant à la qualité, — comparativement du moins à ce qu'elles pourraient être, si le rayon d'approvisionnement était plus étendu.

<h2 style="text-align:center">XVII.</h2>

Mais s'il fut démontré combien les chemins de fer étaient utiles pour le transport des produits agricoles, la preuve fut plus complète encore pour les produits des laiteries et des jardins. Le lait, la crème, le beurre frais, les végétaux de toutes sortes et certaines espèces de fruits, étaient fournis par les lieux les plus rapprochés des grandes villes. On recourait à tous les artifices possibles pour augmenter la production trop bornée. Le lait était tellement artificiel qu'on ne sait vraiment si le nom de lait lui est bien applicable. La nourriture des animaux qui le produisaient se composait le plus souvent de grains et de substances analogues. On ne peut supposer que le lait ainsi produit soit identique par ses qualités nutritives avec celui qu'une vaste étendue de pays, riche en pâturages, peut fournir. Ajoutez que, malgré l'infériorité que doit avoir le lait produit dans ces conditions, il existe chez le marchand qui le vend en détail une propension des plus fortes à le falsifier davantage encore avant qu'il se fasse jour jusqu'à la table du consommateur.

Depuis l'établissement des chemins de fer, on voit à la suite des trains de grande vitesse, matin et après-midi, de nombreux wagons chargés d'une multitude de pots à lait destinés aux populations des villes. Le lait consommé par celles-ci vient ainsi de fort loin. A Paris, les avantages de cette innovation ont été des plus remarquables.

<h2 style="text-align:center">XVIII.</h2>

Pour les fermiers, pour les propriétaires, pour les habitants des villes, il y a toujours avantage à ce que de longues lignes de chemins de fer relient les districts populeux aux lieux d'où l'on peut tirer des approvisionnements. La valeur factice que les terrains voisins de la métropole et des grandes villes acquièrent à raison de la proximité des marchés se trouve ainsi modifiée, et une partie des avantages dont ils jouissent est transférée aux districts plus éloignés. La valeur des terres est donc égalisée et ne dépend plus, pour ainsi parler, de circonstances locales. Le profit du fermier et le revenu du propriétaire augmentent par la réduction des frais de transport, et le prix que paye le consommateur est moins élevé. On a tous les bénéfices de la centralisation sans l'inconvénient d'agglomération qu'elle produit d'ordinaire, et tout le pays prend part aux avantages des grandes villes.

<h2 style="text-align:center">XIX.</h2>

La navigation à vapeur n'est pas moins utile que les chemins de fer.

On vend aujourd'hui sur les marchés d'Angleterre des ananas qui viennent des Indes occidentales. On reçoit des fruits que la lenteur des bâtiments à voiles ne permettrait pas de transporter ; ils se gâteraient pendant le voyage. On expédie de grandes quantités d'oranges de la Havane à la Nouvelle-Orléans et au Mobile (États-Unis) : quand elles viennent par les bateaux à voiles, la cargaison est perdue en partie ; quand elles viennent par les vapeurs, elles sont intactes.

L'utilité d'un objet dépend souvent du lieu où il se trouve. Tel objet

qui, dans telle partie du monde, est sans valeur, en acquiert une grande
lorsqu'il est transporté dans une autre. On en a déjà vu un exemple dans
les engrais. Il en est d'autres encore. A Boston, à Halifax, à Saint-Jean,
la glace en hiver n'a aucun prix ; mais cette glace, convenablement em-
paquetée, embarquée et transportée à la Havane ou à Calcutta, se vend un
prix qui dédommage amplement des frais de transport.

Voilà l'un des résultats du transport perfectionné ; mais il produit d'autres bénéfices. Les bâtiments qui peuvent aller ainsi à Calcutta avec un
chargement qui ne coûte rien et donne un profit considérable, au lieu de
naviguer sur lest, ce qui serait loin d'être avantageux, reviennent avec de
riches chargements au port d'où ils sont partis ; ces chargements, ils ne
les eussent point transportés avec profit sans la circonstance dont on vient
de parler.

XX.

Quelque importants que soient les perfectionnements apportés dans le
transport des produits de l'industrie, ils sont moins considérables que ceux
qui facilitent le transport des personnes. Ici la vitesse joue un rôle souve-
rain. Quand il s'agit des produits de l'industrie, le temps du transport est
représenté seulement par l'intérêt du prix de production de l'objet transporté. Mais quand il s'agit du transport des personnes, le temps du transport est représenté par la valeur du travail des voyageurs et leurs dépenses
en route ; or, comme les voyageurs appartiennent en général aux classes
supérieures et intelligentes, leur temps a une valeur considérable.

XXI.

Lorsque le bas prix et la vitesse du transport sont combinés, il en résulte un grand avantage pour les classes laborieuses.

Dans les grands centres de population, la demande du travail varie de
temps en temps ; tantôt on n'a pas assez de bras, tantôt on en a trop. Dans
le dernier cas, l'ouvrier qui n'a d'autre capital que sa force corporelle est
réduit à une extrême détresse, souvent même à la mendicité. Dans le premier cas, le producteur est forcé de payer un salaire excessif, d'élever le
prix de ses produits, et la consommation est paralysée.

Mais quoique l'équilibre entre l'offre et la demande de travail soit susceptible de subir ainsi des ruptures, il arrive rarement, il n'arrive jamais
que ces ruptures d'équilibre se produisent à la fois dans tous les centres
de population. L'excès ni la disette de bras ne se font sentir partout en
même temps. Tous perfectionnements dans l'art du transport qui ren-
dront les voyages assez peu coûteux, assez faciles, assez prompts, pour
que l'ouvrier industrieux et économe puisse voyager, permettront au travail de changer de lieu et d'aller là où il est le plus demandé. De cette

façon, dans les lieux où l'offre est surabondante, des ouvriers s'en iront ; dans ceux, au contraire, où c'est la demande qui surabonde, des ouvriers viendront.

XXII.

L'étendue de pays qui fournit aux grandes villes des objets alimentaires susceptibles de se gâter a pour limite nécessaire la vitesse du transport. Autour de chaque grande ville, il y a une ceinture de terres, où l'on voit des jardins et d'autres établissements destinés à approvisionner la grande population de la ville de ce dont elle a besoin. L'étendue de cette ceinture sera déterminée par la vitesse suivant laquelle les objets en question peuvent être transportés. Il faut que ces objets arrivent en bon état. S'ils partent d'un point tellement éloigné, ou si le transport se fait si lentement, qu'ils se trouvent gâtés en arrivant, ce point devra être effacé de la liste des fournisseurs de la ville. Le rayon d'approvisionnement d'une ville dépend donc, quant à son étendue, de la célérité du transport.

Évidemment, tout perfectionnement qui doublera la vitesse du transport doublera le rayon du cercle d'approvisionnement ; s'il triple la vitesse, il triplera le rayon de ce cercle. Or, comme la surface réelle ou la quantité de terres comprise dans un pareil rayon s'augmente, non en raison du rayon seulement, mais dans la proportion de son carré, il s'ensuit qu'une vitesse double donnera une surface d'approvisionnement quatre fois plus grande, une vitesse triple neuf fois plus grande, et ainsi de suite. On voit de reste quels sont les avantages résultant, dans ce cas, de l'augmentation de vitesse.

XXIII.

En ce qui concerne le transport des personnes, les avantages de l'augmentation de vitesse sont également remarquables. La population d'une grande capitale est resserrée dans une étroite enceinte, et, pour ainsi dire, entassée pêle-mêle, tant il y a d'inconvénients à demeurer trop loin du centre. De là ces agglomérations de population qu'on remarque dans les grandes villes, comme Londres et Paris. Avec des voies de locomotion peu coûteuses, faciles et promptes, cet état de choses, si contraire au bien-être physique et si nuisible à la santé de l'homme, est proportionnellement neutralisé. Les distances diminuent dans le même rapport que la vitesse de la locomotion personnelle augmente. Ici s'applique la même proportion arithmétique que dessus. Si la vitesse suivant laquelle les personnes peuvent être transportées d'un lieu à un autre est doublée, la même population peut, sans inconvénient, se répandre sur un espace quatre fois plus grand ; si la vitesse est triplée, la même population peut occuper une surface neuf fois plus considérable qu'auparavant, et ainsi de suite.

Quiconque est au courant de ce qui se passe actuellement à Londres et de ce qui s'y passait avant l'établissement des chemins de fer reconnaîtra la justesse de l'observation précédente. Aujourd'hui beaucoup de personnes, que leurs affaires appellent au centre de la capitale, habitent avec leur famille à 6 ou 7 lieues de ce centre. Néanmoins, il leur est possible d'arriver à leurs boutiques, à leurs comptoirs ou à leurs bureaux de bonne heure le matin, et de s'en retourner le soir à l'heure ordinaire. Aussi voit-on s'élever incessamment de nouvelles habitations dans les environs de la métropole où s'établissent des chemins de fer, habitations dont s'empare une partie de l'ancienne population de Londres. Il en est de même pour les environs de toutes les grandes villes. Ainsi pour les environs de Paris, de Bruxelles, de Berlin, de Dresde, de Vienne, et de toutes les autres capitales de l'Europe. Plus les communications avec la capitale sont faciles, plus l'état de choses signalé ci-dessus prend de développement.

Mais ce principe ou cette loi de diffusion ne frappe pas les villes seulement ; il régit toute une contrée lorsqu'elle est coupée par des lignes de communication faciles, rapides et à bon marché.

La population, au lieu d'être condensée, entassée par masses, s'étend plus uniformément. Plus les lignes sillonnant une contrée seront nombreuses, plus cette diffusion sera considérable ; elle sera, pour employer une phrase arithmétique, dans la proportion directe du carré de la vitesse de locomotion.

XXIV.

La moyenne ordinaire de la vitesse des diligences, en France et dans les autres parties du continent, est de 2 lieues, ou 5 milles à l'heure. La vitesse des *stage-coaches* (voitures publiques) en Angleterre n'était pas, avant l'établissement des chemins de fer, de plus de 8 milles (environ 3 lieues) à l'heure en moyenne. Du principe dont on vient de parler, il suivrait que l'étendue d'intercommunication qui, en Angleterre, couvrait un espace de 64 milles carrés, ne couvrait, en France, qu'un espace de 35 milles carrés. Depuis l'établissement des chemins de fer, la vitesse moyenne sur ces voies de communication, dans la plus grande partie du continent comme en Amérique, est de 15 milles (6 lieues) à l'heure. D'où suit que la surface de communication, ou, ce qui revient au même, la surface de diffusion de la population, s'est accrue dans le rapport du carré de 5 au carré de 15, ou dans le rapport de 25 à 225. En d'autres termes, la même étendue d'intercommunication peut être maintenue, avec les chemins de fer actuels, dans une surface de 225 milles carrés (90 lieues), comme antérieurement, avec les diligences, dans une surface de 25 milles carrés (10 lieues carrées).

Mais en Angleterre, où la vitesse moyenne des chemins de fer est beaucoup plus grande, cette faculté de diffusion est également plus grande. En portant la vitesse moyenne sur les chemins de fer anglais à 25 milles (10 lieues) à l'heure (elle est supérieure), la somme d'intercommunication ainsi obtenue sera à celle obtenue sur le continent européen dans le rapport du carré de 25 au carré de 15, c'est-à-dire dans le rapport de 625 à 225, ou de 25 à 9.

Ainsi les chemins de fer anglais procurent, sur une surface de 25 milles carrés, les mêmes facilités de communication que celles procurées par les chemins de fer du continent sur une surface de 9 milles carrés. On voit qu'en portant la vitesse de 15 à 25 milles à l'heure, le public en retire un avantage qui grossit dans le rapport de 25 à 9, ou d'environ 3 à 1.

XXV.

L'importance de bonnes voies de communication intérieures, au point de vue militaire, est depuis longtemps reconnue. Avec de bonnes voies de communication, qui permettent de transporter rapidement un corps de troupes, avec armes et bagages, d'un point à l'autre du pays, l'armée permanente, retenue soit pour maintenir la tranquillité publique, soit pour défendre les frontières, peut être diminuée à proportion de la facilité de ces voies de communication.

Au lieu de placer des garnisons et des postes dans le pays, à de petites distances l'un de l'autre, il suffira d'en établir sur des points d'où ils puissent, au besoin, se transporter rapidement là où leur présence sera nécessaire. En cas d'invasion ou d'attaque contre la frontière, avec de bonnes voies de communication, les troupes cantonnées dans l'intérieur seront portées promptement et concentrées sur le point attaqué.

Si d'un côté, cependant, ces progrès dans l'art du transport augmentent les moyens de défense contre l'ennemi, d'un autre côté, ils diminuent heureusement les chances de guerre. « L'effet naturel du commerce, dit Montesquieu, est de porter à la paix. Deux nations qui négocient ensemble se rendent réciproquement dépendantes. Si l'une a intérêt d'acheter, l'autre a intérêt de vendre. » (*Esprit des lois,* liv. XX, chap. II.) Une multitude de liens, commerciaux et sociaux, naissent de leurs besoins réciproques.

XXVI.

Rien ne favorise, rien ne développe mieux les relations commerciales que les moyens d'intercommunication rapides et à bon marché. Par conséquent, lorsque les nations se trouveront plus intimement reliées par ces moyens les unes aux autres, leurs échanges se multiplieront inévitablement; le commerce général prendra plus d'extension, l'intérêt mutuel éveillera des sympathies morales et fera naître des alliances politiques.

Après s'être, pendant des siècles, rapprochés l'un de l'autre pour se faire la guerre, les peuples se visiteront désormais pour se donner une main fraternelle, et les vieilles antipathies nationales et politiques, qui si long-temps divisèrent et ruinèrent des États voisins, s'évanouiront incontinent.

Mais si, malgré cette tendance générale vers la paix et le progrès paci-fique du monde, la guerre renaissait quelquefois encore, grâce aux voies de communication perfectionnées, elle ne tarderait pas à prendre fin. Une seule bataille décidera du sort d'un pays, et la guerre la plus longue ne durera probablement pas au delà de quelques mois.

XXVII.

Les avantages résultant de bonnes voies de communication ne sont pas moins importantes pour la diffusion des connaissances et les progrès de la civilisation par les moyens intellectuels. Lorsque les communications sont lentes, difficiles et coûteuses, les grandes villes tendent à monopoliser l'intelligence, la civilisation, la politesse. Là sont naturellement attirés les talents et le génie, et les districts ruraux demeurent dans un état compa-rativement grossier et quasi barbare. Avec des voies de locomotion faciles et promptes, cependant, la meilleure partie de la population urbaine cir-cule librement à travers le pays. Cette fusion momentanée qui s'opère entre la population urbaine et la population rurale améliore et civilise celle-ci. On verra parfois les hommes les plus distingués répandre, soit en public, soit en particulier, les connaissances et la science dans les villages les plus éloignés. On ne peut lire un journal de Londres, aujourd'hui, sans y trouver annoncée la présence de quelque personnage éminent, artiste ou savant, dans telle ville ou tel village de la province. *Délivrer* des lectures sur les sciences, faire quelques cours sur les beaux-arts, tel est leur but. Les communications sont tellement rapides, qu'on voit souvent dans le journal que tel professeur ou tel artiste *délivrera* une lecture ou un entre-tien à Liverpool le lundi soir, à Manchester le mardi, à Preston le mer-credi, le jeudi à Halifax, le vendredi à Leeds, etc.

XXVIII.

Ce n'est pas tout. La génération présente, non satisfaite, dans son amour pour la science et les choses de l'esprit, de la célérité des chemins de fer, qui pourtant égale littéralement celle des vents, a mis l'esprit humain en demeure de lui fournir des merveilles plus grandes encore. Le télégraphe électrique annihile à la fois l'espace et le temps. L'intervalle de temps qui s'écoule entre la transmission d'un message expédié de Londres et son arrivée à Paris, à Bruxelles et à Berlin, si la ligne est ininterrompue, n'est en aucune façon appréciable.

Ce système se répand actuellement sur tout l'univers civilisé. Les États-

Unis d'Amérique sont couverts d'un réseau d'électricité. Le message du président de la république, lu à Washington, fut transmis de là à Saint-Louis, sur les confins de l'État du Missouri, en une heure. La distance parcourue est d'environ 400 lieues. Les nouvelles d'Europe arrivant à Boston par les steamers sont souvent transmises à la Nouvelle-Orléans, sur l'étendue presque totale des États-Unis, du nord au sud, c'est-à-dire en franchissant une distance d'environ 700 lieues, en moins de temps qu'il n'en faudrait pour les confier au papier. Et même le léger retard qui a lieu aujourd'hui procède, non d'une imperfection de l'instrument de transmission, mais uniquement de l'interruption de la ligne de communication sur un certain nombre de points. Une dépêche se trouve ainsi plusieurs fois transmise avant d'arriver à destination. De là le retard dont il s'agit. Encore un pas, que cette cause de retard soit enlevée, et l'on verra probablement une nouvelle se répandre *en un clin d'œil* sur le *quart du globe.*

XXIX.

Mais si l'on veut une preuve éclatante des effets de la transmission prompte des nouvelles par la combinaison de tous les moyens divers que la science fournit à l'art, c'est dans la pratique du journalisme qu'il faut la chercher, et spécialement dans les grandes entreprises de feuilles publiques à Londres. Les propriétaires de journaux du matin ont des agences, pour la transmission des nouvelles au bureau central de Londres, dans toutes les principales villes de l'Europe, sans compter des correspondants qui se portent partout où il y a guerre, révolution, ou quelque autre événement public qui offre un intérêt local. Ces différents agents ou *correspondants,* comme on les appelle, envoient au bureau central de Londres des dépêches régulières, non-seulement par les malles-postes, mais encore, suivant les circonstances, par des courriers spéciaux.

Ces dépêches sont reçues d'abord à Douvres, par un agent qui les fait parvenir à Londres par un messager spécial. Mais lorsqu'une nouvelle a une certaine importance, on la transmet des principales villes du continent directement à Londres, en abrégé, par le télégraphe électrique, ce qui lui donne une avance de plusieurs jours sur les dépêches détaillées. Dans les deux heures de son arrivée, la nouvelle est entre les mains des habitants de Londres.

La partie du journal destinée à la province est envoyée à l'imprimerie à trois heures du matin ; et telle est l'activité des éditeurs, des compositeurs, metteurs en pages, correcteurs, etc., que cette partie du journal comprend non-seulement le compte rendu détaillé des chambres du Parlement, qui souvent tiennent leurs séances à une heure avancée le matin, mais encore les nouvelles étrangères apportées, comme on l'a dit, par le télégraphe électrique. La première édition est imprimée et livrée aux commissionnaires pour les journaux assez à temps pour être envoyée à la province par les premiers trains ; elle est distribuée à toutes les stations le long du chemin.

L'édition destinée pour Londres se tire ensuite, et on la distribue plus tard.

On voit donc que, grâce à ces combinaisons matérielles et intellectuelles, la nouvelle qui parvient à Londres à trois heures du matin est écrite, composée, imprimée et distribuée dans un rayon de trente et quelques lieues autour de Londres et dans Londres, avant l'heure du déjeuner.

On doit dire ici que, même avant l'établissement des chemins de fer et du télégraphe électrique, ces prodiges de célérité s'accomplissaient déjà.

Ainsi, lorsque des débats d'un haut intérêt public avaient lieu le soir au Parlement, les malles du soir (car on n'avait pas alors d'autres voies) transportaient dans les provinces la première partie d'un discours important, sténographiée, puis imprimée avant que l'autre partie fût prononcée. On rapporte que le commencement du célèbre discours de M. Brougham (depuis Lord) sur la réforme des lois fut lu en prenant le thé, à 8 lieues de Londres, avant que l'orateur eût abordé la péroraison.

Parmi les nombreux lecteurs de journaux, il en est peu qui aient la plus légère idée de l'immense force commerciale, sociale, intellectuelle, dont disposent ces publications quotidiennes, et des avantages publics ou particuliers qu'elles répandent. Une partie de leur puissance résulte de leur bon marché, de la promptitude, de la rapidité avec laquelle elles sont portées de la capitale à tous les points du pays.

Il est bien établi que le tirage du journal de Londres le plus en vogue s'élève chaque jour, en moyenne, à plus de 40 000 exemplaires. Chacun de ces 40 000 exemplaires, d'après l'estimation commune, passe sous les yeux d'une moyenne de dix personnes au moins. Voilà donc 400 000 lecteurs pour un seul organe de la presse anglaise. Mais là ne s'arrête pas le résultat. Ces 400 000 *lecteurs,* bien avant que le globe ait fait un tour sur son axe, sont devenus 400 000 *causeurs,* qui, bien certainement, ont eu beaucoup plus de 400 000 *auditeurs.* Ainsi, les nouvelles, les renseignements, les opinions d'un journal se répandent infiniment plus encore par l'oreille que par l'œil. Irait-on au delà de la vérité, en disant que l'action d'un journal, directe ou indirecte, porte chaque jour sur un million de personnes ? Ne resterait-on pas plutôt en deçà ?

CHAPITRE II.

I.

Lors des premières tentatives qui sont faites pour échanger les produits de l'industrie, et qui signalent la naissance du commerce chez un peuple sortant de la barbarie, le travail de l'homme et la force des animaux inférieurs, appliqués directement et le plus grossièrement possible au transport, sont les seuls moyens auxquels on ait recours. Le colporteur et le cheval de bât exécutent toutes les opérations commerciales dans une société qui sort des langes. Les chemins sont établis à la surface naturelle du sol, plus ou moins directement, d'un village à l'autre. Les lits des rivières, suivant, en vertu des lois physiques, les terrains les plus bas, indiquent tout d'abord au voyageur comment il peut éviter les montées rapides, et lui apprennent comment, en abandonnant la ligne la plus directe et la moins longue, il parviendra à son but avec la moindre somme de travail.

À mesure que l'industrie prend plus d'extension et devient plus lucrative, le génie de l'invention se développe et l'on met de côté ces moyens grossiers. On invente les voitures à roues, mais elles ne circulent encore que sur la surface immédiate du sol où croissent les produits de l'agriculture. On les emploie à ramasser et à transporter les récoltes dans le lieu où elles trouvent abri et sûreté.

Mais pour que les voitures à roues puissent servir comme moyens de transport entre des endroits plus ou moins distants, les voies primitives sont insuffisantes. Une surface plus uniforme, plus unie, un sous-sol plus dur, sont indispensables. En un mot, une *route,* construite avec plus ou moins de perfection, est nécessaire.

Ces routes, dans le principe extrêmement grossières et sans art, à peine assez solides et assez unies pour le peu de trafic d'un peuple enfant, s'améliorent peu à peu. Les voitures, de leur côté, subissent des modifications, et finalement, après plusieurs siècles, on voit ce merveilleux instrument de commerce, la route moderne, établie sur une chaussée artificielle et offrant, non sans de grands frais, une surface à peu près unie, grâce aux vastes déblais, aux immenses remblais, aux ponts, viaducs, tunnels et autres œuvres d'art dus au talent, à l'habileté de l'ingénieur.

Entre le cheval de bât, employé dans l'enfance du commerce, et une route de cette sorte avec ses voitures artificielles, il y a une distance prodigieuse. La distance qui sépare le cheval de bât de la charrette à deux roues était déjà elle-même assez grande et constituait un progrès considérable.

On a calculé qu'un cheval d'une force moyenne, travaillant huit ou dix heures par jour, ne peut porter sur son dos plus de 203 livres pesant (101^k,564), et les transporter au delà de neuf lieues par jour sur un pays moyennement plat. Le même cheval, attelé à une charrette à deux roues, transportera à la même distance et par jour 2 031 livres pesant (1 015^k,640), sans compter le poids de la charrette. Par ce moyen seul, l'art du transport s'est donc amélioré dans le rapport de 1 à 10; en d'autres termes, le transport qui se faisait auparavant moyennant une dépense de 10 francs, fut réduit, par cet expédient, à ne plus coûter que 1 franc.

II.

Quand on considère l'utilité commerciale des routes, il semble que tout peuple sorti de l'état de barbarie dut songer à en établir. Néanmoins, on remarque que non-seulement la construction de bonnes routes pour le commerce est d'une date comparativement récente, mais que, même à notre époque, une grande partie du monde *civilisé* en est dépourvue. Sauf certaines contrées de l'Europe, la colonie française d'Afrique (l'Algérie) et les États-Unis, la surface entière du globe n'a pas de routes.

On a calculé que les *deux septièmes* du globe habité, pas davantage, en possédaient; si l'on excepte une ou deux grandes voies de communication, comme celle d'entre Saint-Pétersbourg et Moscou, le vaste empire de Russie n'a rien qui ressemble à des routes. En général, les seules communications praticables sur ce grand territoire se font en hiver, à la surface de la neige glacée et dans des traîneaux. Au retour de l'été, quand la neige a disparu, les communications deviennent extrêmement difficiles, lentes et dispendieuses. L'Espagne n'est guère mieux pourvue de routes que la Russie, et l'art du transport n'a pas fait de grands progrès en Italie. Il y a peu de temps, la Corse était sans routes; commerce et voyages s'y faisaient au moyen de chevaux et de mulets, avant que le gouvernement français y eût établi des routes.

III.

On dira probablement que les routes construites par les Égyptiens et les Romains indiquent que l'art du transport atteignit autrefois un certain degré de perfection. Mais ces grands monuments de l'antiquité, quoique servant accessoirement au commerce, étaient avant tout des routes militaires.

IV.

Les plus anciennes routes dont l'histoire fasse mention sont celles que fit établir Sémiramis dans son empire. Il semble cependant que le commerce de cette époque les trouvait peu appropriées à ses besoins; car il est certain que, au moment où Tyr et Carthage florissaient, leur commerce se faisait à peu près exclusivement par les navires côtiers (le cabotage) de la Méditerranée.

V.

Malgré son état de civilisation, la Grèce n'eut que des voies de communication intérieures fort imparfaites. Ce qu'on peut expliquer en partie par la multitude de petits États qui formaient cette confédération, par leurs intérêts opposés et leur manque de sympathies morales ou sociales.

Le sentiment national sommeillait en eux ; il n'était réveillé, que lorsque l'étranger franchissait la frontière. Les relations commerciales entre les différents centres de populations étaient donc fort restreintes, et, quoique les chemins publics fussent mis sous la protection des dieux, quoique leur administration fût confiée aux hommes les plus considérables de chacun des États, on les abandonnait à eux-mêmes. Les exigences du commerce intérieur n'étaient pas assez impérieuses pour pousser les Grecs à entretenir en bon état leurs voies de communication.

VI.

Les plus anciennes routes appropriées réellement aux besoins du commerce, sur une échelle assez vaste, étaient les routes phéniciennes et carthaginoises. Aux Carthaginois, d'après Isidore, appartient l'invention des routes pavées.

VII.

Quand la Rome impériale fut au plus haut degré de sa puissance, quand son empire s'étendit sur une grande partie de l'Europe et de l'Asie, un système de voies de communication fut projeté, qui embrassait l'immensité de son territoire. Mais ces routes, pas plus que celles des Égyptiens, n'avaient le commerce en vue. Elles concernaient Rome seulement, et l'on ne songeait pas à faciliter des relations commerciales ou sociales entre les provinces. Ce que voulait Rome impériale, c'était la faculté de transporter rapidement ses troupes d'une extrémité à l'autre de ses possessions. C'est dans ce but unique qu'elle employa ses immenses ressources à construire ces routes dont les vestiges inspirent encore aujourd'hui l'admiration.

Les premiers de ces grands monuments du génie romain sont la voie Appienne, la voie Aurélienne et la voie Flaminienne. Sous Jules César, on établit des routes pavées conduisant de la capitale de l'empire à toutes les principales villes. Pendant la dernière guerre d'Afrique, on fit une route pavée qui s'étendait de l'Espagne aux Alpes, en traversant la Gaule. Des voies de communication semblables furent établies ensuite dans la Savoie, le Dauphiné, la Provence, l'Allemagne, une partie de l'Espagne, la Gaule, et même jusqu'à Constantinople.

L'Asie Mineure, la Hongrie et la Macédoine se couvrirent de routes pareilles : elles allaient gagner les bouches du Danube. Les mers n'étaient pas un obstacle. On continuait les grandes lignes qui aboutissaient aux rivages de l'Europe continentale, sur les points les plus rapprochés des îles et des continents voisins. Ainsi la Sicile, la Corse, la Sardaigne et l'Angleterre, l'Asie et l'Afrique même, étaient coupées et envahies par des routes formant la continuation du grand système européen.

Ces travaux immenses n'étaient pas des routes grossières, pratiquées

simplement en enlevant au sol ses aspérités naturelles : elles étaient construites, au contraire, d'après des principes que l'ingénieur des temps
modernes ne répudie pas toujours. Où besoin était, on abattait des forêts,
on creusait des montagnes, on nivelait des collines, on comblait des vallées, on établissait des ponts sur les abîmes et les fleuves, on desséchait
des marais; en un mot, les travaux exécutés par les Romains peuvent
subir sans trop de désavantage la comparaison avec ceux de nos ingénieurs
des ponts et chaussées.

Lorsque l'empire romain s'écroula, toutes ces voies de communication, au lieu de servir au commerce des peuples dont elles sillonnaient le
territoire, furent en grande partie détruites. Après la conquête de Rome
par les barbares, et lorsque de ses lambeaux il se fut formé une multitude
d'États, les vainqueurs s'enfermèrent et se fortifièrent dans ces États,
comme une armée dans une citadelle; au lieu de construire des routes
nouvelles, ils détruisirent les anciennes, comme une ville menacée d'un
siége rompt les communications par où l'ennemi peut s'approcher d'elle.

VIII.

Depuis cette époque, et pendant une longue suite de siècles, les nations
d'Europe, animées seulement par un esprit d'antagonisme réciproque, ne
songèrent qu'à la guerre et ne pénétrèrent sur le territoire l'une de l'autre
que pour se combattre. Pendant le moyen âge, l'histoire des rapports des
peuples entre eux est l'histoire de leurs guerres.

Quand l'Europe sortit de cet état et que le commerce naquit à la vie,
des marchands juifs et lombards furent, non sans courir de grands risques
et périls, à peu près ses seuls intermédiaires.

Les nobles des provinces et les seigneurs du territoire que devait traverser ou parcourir le marchand n'étaient ni plus ni moins que des
voleurs de grand chemin. Ils sortaient de leurs châteaux avec leurs bandes,
et faisaient main basse sur le marchand voyageur et sur les marchandises
qu'il transportait pour vendre.

Les rois de France essayaient en vain, par leurs édits, de réprimer ces
monstruosités. Dagobert Ier fit une sorte de code pour régler les communications publiques dans ses domaines, et décréta de fortes amendes contre
les seigneurs provinciaux qui mettaient obstacle à la libre circulation, en
arrêtant et en pillant les voyageurs. Mais ce fut lettre-morte; aucun pouvoir n'était assez fort dans l'État pour refréner le désordre.

Sous les successeurs de Charlemagne, on songea, vu l'impuissance où
l'on était de faire autrement, non pas à réprimer, mais à régulariser les
abus. On autorisa les propriétaires locaux à prélever des taxes déterminées
sur les marchands passants, à la condition de ne leur pas faire subir
d'autres avanies.

Tous ces empêchements, toutes ces vexations rendirent bientôt, on le pense bien, les communications par terre à peu près impraticables. Les routes devinrent désertes et on les laissa tomber en désuétude. Pendant une suite de siècles, communications et commerce intérieurs furent presque suspendus ; un voyage de quelques lieues seulement était considéré comme une affaire des plus graves et des plus dangereuses.

Le moyen âge a, dit-on, un beau côté : serait-ce celui-là?

IX.

Les croisades exercèrent sur l'art du transport une influence heureuse. Les peuples de l'Europe occidentale et septentrionale leur durent la connaissance des produits et des arts de l'Orient. De nouveaux désirs furent excités, de nouveaux besoins créés. Le commerce fut ainsi stimulé, et, une plus grande facilité dans les relations devenant nécessaire, les gouvernements se trouvèrent mis en demeure d'adopter des moyens de sécurité pour les voyageurs.

Cependant les mêmes obstacles et les mêmes dangers n'accompagnaient pas la navigation : aussi le commerce maritime avait-il plus de développement que le commerce terrestre. De là l'opulence commerciale des peuples voisins de la mer. Les Bretons (les Anglais), les Hollandais et les Portugais prenaient une importance commerciale immense, comme aussi les Génois, les Toscans et les Vénitiens.

X.

Au milieu du dix-septième siècle, pas plus tard, les routes du continent étaient dans une telle situation que les voyages n'étaient pas, en quelque sorte, possibles.

Des écrivains du temps les décrivent comme étant de véritables fondrières. Mme de Sévigné écrivait en 1672 qu'un voyage de Paris à Marseille (qui ne demande aujourd'hui, 1854, que soixante heures) exigeait tout un mois.

En outre des obstacles matériels que présentaient au développement du commerce intérieur sur le continent et le manque de routes et la misérable situation de celles qui existaient, il en était d'autres résultant des innombrables exactions fiscales auxquelles était exposé le commerçant, non-seulement quand il avait à franchir les frontières d'États différents, mais quand il lui fallait aller d'une province à l'autre dans le même État, et même en traversant chaque ville ou village. De là l'élévation excessive du prix de chaque marchandise, à quelque distance qu'elle se trouvât du lieu de provenance.

XI.

La désorganisation de la société et le renversement des institutions féodales par la révolution française de 1789 produisirent quelque amélioration dans les voies de communication intérieures en Europe ; mais leur développement fut arrêté par les guerres qui suivirent immédiatement ce grand événement politique et qui n'eurent fin qu'à la bataille de Waterloo.

Napoléon, à qui l'importance énorme résultant d'un système de routes plus complet n'avait point échappé, en avait conçu un qui devait embrasser l'Europe. Sa chute empêcha la réalisation de ce projet grandiose, et le *Simplon* reste comme l'unique monument de sa gloire dans l'art du transport.

Après le rétablissement de la paix, les nations européennes, portant leur activité vers le commerce et l'industrie, ne tardèrent pas à sentir la nécessité de bonnes voies de communication intérieures. L'Europe occidentale fut bientôt couverte de routes et de canaux. Les obstacles résultant de causes fiscales furent, sinon anéantis, du moins considérablement aplanis.

Les progrès faits par la France dans l'art du transport doivent fixer un instant l'attention. Ce pays possède aujourd'hui quatre ou cinq fois plus de routes que sous l'empire. Une somme de près de 100 millions était consacrée annuellement, jusque dans ces derniers temps, à l'achèvement et à l'entretien de ces grandes lignes de communication.

Les routes françaises sont réparties en trois classes : celles de la première portèrent, jusqu'en 1848, le titre de *routes royales*, et portent actuellement celui de *routes impériales*. Ce sont les grandes artères de communication qui vont d'une grande ville à une autre, et qui, étant d'une utilité générale, sont construites et entretenues aux frais de toute la nation. Les *routes départementales* forment la seconde classe ; elles répondent à ce qu'on appelle en Angleterre les *county roads* (routes de comté). Ce sont les branches qui vont gagner les routes nationales, et qui, servant aux intérêts locaux des départements, sont entretenues par le budget des départements. Enfin, la troisième classe se compose des *routes vicinales ;* elles correspondent, en Angleterre, aux *parish roads* (routes communales ou paroissiales).

On peut jusqu'à certain point évaluer, à l'aide des statistiques publiées, la somme d'influence exercée par ces voies de communication sur la richesse et le commerce français. En 1807, les différents établissements de voitures publiques, à Paris, transportaient chaque jour de la capitale dans les départements 220 voyageurs et 21 tonnes de marchandises (21 315 kilogrammes). Avant l'établissement des chemins de fer, ils transportaient environ 1 000 voyageurs et 45 tonnes (45 675 kilogrammes). Ainsi la proportion des voyageurs s'était quadruplée, et celle des marchandises doublée.

XII.

En 1815, les routes de France avaient l'étendue suivante : on comptait 3 000 lieues de routes royales et 2 000 lieues de routes départementales. En 1829, on comptait 4 205 lieues de routes royales et 3 000 lieues de routes départementales. En 1844, il y avait 8 628 lieues de routes royales et 9 146 lieues de routes départementales, indépendamment de 12 000 lieues de chemins vicinaux. Ainsi l'on voit que, de 1815 à 1844, l'étendue totale des routes de première et de seconde classe fut portée de 5 000 lieues à près de 18 000, et s'augmenta, par conséquent, dans la proportion de 3 à 1 $\frac{1}{2}$.

XIII.

Quoique la construction des routes ait atteint, en Angleterre, un certain degré de perfection à une époque beaucoup plus ancienne que dans les autres parties de l'Europe ; quoique le Royaume-Uni possédât un magnifique ensemble de voies de communication, lorsque l'Europe continentale était encore dans une condition relativement barbare, l'art du transport néanmoins, même en Angleterre, resta pendant fort longtemps infiniment en arrière du point où semblaient devoir l'amener les besoins commerciaux de la population.

Les premières routes anglaises furent celles que firent les Romains, quand l'Angleterre était une province de leur empire. L'île était alors coupée par deux grandes routes qui se croisaient à angles droits ; l'une se dirigeait du nord au sud, l'autre de l'est à l'ouest. De ces deux troncs principaux partaient des rameaux, suivant toutes les directions que les conquérants croyaient utiles pour faciliter la marche et l'approche de leurs armées.

XIV.

La route romaine appelée *Watling-Street* partait de Richborough, dans le comté de Kent, traversait Londres, et se rendait au nord-ouest, vers Chester. La route appelée *Ermine-Street* partait de Londres, traversait Lincoln, et gagnait Carlisle en Écosse. La route dite *Fosse-Way* traversait Bath, se portait au nord-est, et aboutissait à Ermine-Street. La route nommée *Ikenald* s'étendait de Norwich jusqu'au comté de Dorset.

Mais tous ces travaux, au moment de leur exécution, excédaient les besoins de la population, qui, ignorant les avantages qu'on en pouvait tirer, ne songea pas à les entretenir. Elle ne pensa pas davantage à construire de nouvelles routes dans des directions autres ou meilleures. Pen-

dant plusieurs siècles, le peu de commerce qui se faisait entre les différentes parties de la Grande-Bretagne n'avait d'autre intermédiaire que des
colporteurs, ou tout au plus des chevaux de bât ; les routes suivies par
eux n'étaient que des sentiers.

Ces sentiers, établis à la surface naturelle du sol, s'étendaient en lignes
droites d'un lieu à un autre. On franchissait les collines, on traversait les
vallées, on passait les rivières à gué ; en un mot, on faisait comme font
aujourd'hui les sauvages et les colons des arrière-bois de l'Amérique ou des
montagnes Rocheuses.

XV.

La première tentative importante pour améliorer les communications
de la Grande-Bretagne eut lieu sous le règne de Charles II. Dans la seizième
année du règne de ce prince, on établit la première route à barrières de
péage ; elle coupait les comtés de Hertford, de Cambridge et d'Huntingdon.
Mais cette ligne demeura longtemps unique, et ce ne fut qu'un peu plus
d'un siècle après qu'on tenta d'établir dans le pays un ensemble complet
de voies de communication.

XVI

Jusqu'au milieu du dix-huitième siècle, la plus grande partie des marchandises qu'on colportait en Écosse se transportaient à dos de cheval. La
farine d'avoine, le charbon, la tourbe, le foin même et la paille, étaient
transportés ainsi à de petites distances. Mais lorsqu'il fallait transporter la
marchandise sur des points éloignés, on recourait à la charrette, car un
cheval n'en eût pu porter sur son dos une quantité suffisante pour payer
les frais du voyage.

XVII.

Le temps qu'il fallait alors aux voitures pour achever leur voyage paraît,
quand on examine ce qui se passe aujourd'hui, vraiment incroyable. On
rapporte que le voiturier d'entre Selkirk et Édimbourg, — distance,
13 lieues, — mettait quinze jours à faire le trajet, aller et retour. La route
se trouvait dans la vallée du district nommé *Gala-Water*, et le lit de la ri-
vière, quand elle était à sec, constituait la route ; on le préférait, du reste,
parce qu'il offrait une surface plus unie et plus facile.

En 1678, une entreprise se forma pour établir une voiture à voyageurs
entre Édimbourg et Glascow, — distance, 15 lieues. — Cette voiture avait
six chevaux, et le trajet d'une ville à l'autre se faisait, aller et retour, en
six jours. Il y a cent ans, en 1750, la diligence d'Édimbourg à Glascow
mettait encore trente-six heures à faire le voyage. En 1849, le trajet se
faisait, par une route d'une lieue plus longue, en une heure et demie !

En 1763, il n'y avait qu'une diligence entre Édimbourg et Londres. Elle partait une fois par mois de chacune de ces deux villes. Il lui fallait quinze jours pour faire le voyage. A la même époque, le trajet de Londres à York exigeait quatre jours.

En 1835, sept diligences allaient tous les jours de Londres à Édimbourg; il leur fallait moins de quarante-huit heures. En 1848, le même trajet se faisait, par chemin de fer, en douze heures !

En 1763, le nombre des voyageurs par diligences de Londres à Édimbourg n'était pas supérieur à 25 par mois, et, en y comprenant ceux qui prenaient d'autres voies que les diligences, il n'excédait pas 50. En 1835, les diligences seules transportaient de ces deux capitales environ 140 personnes *par jour*, soit 4 000 par mois. Mais, en outre, plusieurs bateaux à vapeur, d'une grandeur colossale, partaient toutes les semaines de ces deux villes, offrant aux voyageurs toutes les commodités des hôtels et achevant le voyage dans le même temps que les diligences, en moins de quarante-huit heures.

Comme ces vapeurs transportaient au moins autant de personnes que les diligences, on peut estimer le chiffre des voyageurs transportés entre ces deux villes à 8 000 par mois. Ainsi, les relations entre Londres et Édimbourg, en 1835, étaient 160 fois plus grandes qu'en 1763.

Actuellement, ces rapports commerciaux sont beaucoup plus importants encore, grâce aux facilités et au bon marché introduits dans le transport par les chemins de fer.

XVIII.

Arthur Young, qui voyageait dans le Lancashire (le comté de Lancastre) vers l'an 1770, fait, dans sa relation de voyage, la description suivante des routes du temps : « Je ne sais dans aucune langue, dit-il, de termes assez expressifs pour décrire cette route infernale. Il est de mon devoir d'avertir les voyageurs qui voudraient par hasard visiter le pays de l'éviter avec autant de soin que le diable, car il y a mille chances pour une qu'ils s'y casseront le cou ou les membres, soit en tombant, soit en versant. Ils y trouveront des ornières de 4 pieds de profondeur (je les ai mesurées) et remplies de boue. Tel est l'état des choses après un été humide. Qu'est-ce donc après un hiver? Pour réparer ce chemin, on y jette quelques pierres à tort et à travers ; elles vous procurent des cahots sans nombre, et c'est là le plus clair des services qu'elles rendent. En résumé, j'ai eu trois charrettes brisées dans ces six lieues d'exécrable mémoire. »

Young dit encore (à propos d'une route à barrière de péage près de Warrington, aujourd'hui remplacée par le *Grand Junction Railway*) : « C'est une route pavée, oui ; mais elle est horriblement mauvaise. On dirait que les gens du pays ne l'ont faite que pour avoir à portée un instrument de suicide. Sa largeur est à peine suffisante pour une voiture : aussi ne tarde-t-il pas à s'y établir des ornières, et l'on peut se figurer aisément quel bouleversement, quel amas de fondrières elle présente. »

L'état des routes sur les autres points du nord de l'Angleterre n'était pas meilleur. Young dit d'une route près de Newcastle, aujourd'hui remplacée par un chemin de fer : « Quelle route épouvantable! J'ai été obligé de louer deux hommes pour empêcher ma chaise de verser. J'engage fort les voyageurs à fuir cette affreuse contrée, qui disloquerait leurs os sur ses pavés brisés, ou qui les engloutirait dans ses sables fangeux. C'est pitié de voir tant de mauvaises routes dans une contrée où il y a tant de villes, tant de manufactures; c'est aussi un mauvais calcul. »

Le sol où M. Young voyageait de la sorte, il y a moins de quatre-vingts ans, est aujourd'hui précisément couvert d'un réseau de chemins de fer qui transporte journellement des millions de voyageurs, avec une vitesse de 11 à 12 lieues à l'heure et dans des voitures aussi agréables, aussi douces que le fauteuil à bras où s'étendait, en 1770, M. Young dans son salon.

<h2 style="text-align:center">XIX.</h2>

Jusqu'à la fin du dernier siècle, le transport des marchandises à l'intérieur se faisait, en Angleterre, par le roulage; il était d'une lenteur intolérable, et si dispendieux qu'on n'y pouvait recourir que pour les objets manufacturés et pour ceux qui, d'un poids médiocre et d'un petit volume par rapport à leur valeur, pouvaient sans grand inconvénient payer un port élevé. Ainsi, de Londres à Leeds, on payait 325 francs pour 1 015 kilogrammes, ou 1 fr. 35 c. pour 1 015 kilogrammes par mille (1 609 mètres). De Liverpool à Manchester, on payait 50 francs pour 1 015 kilogrammes, ou 1 fr. 50 c. des 1 015 kilogrammes par mille. Les marchandises de poids, telles que le charbon, etc., ne pouvaient entrer dans le commerce que là où leur transport était possible par mer; il en résultait qu'un grand nombre des districts les plus riches ne produisaient rien. Présentement les charbons sont transportés par les chemins de fer moyennant 10 centimes pour 1 015 kilogrammes par mille, et, dans quelques endroits, moyennant un prix moins élevé. Les marchandises qui en 1763 coûtaient 1 fr. 40c. à 1 fr. 50c. par mille pour transport, coûtent aujourd'hui de 30 à 40 centimes; les marchandises de poids sont transportées moyennant un prix de 25 centimes pour 1 015 kilogrammes par mille.

Mais ce n'est pas tout. Par le roulage on n'avait qu'une vitesse de 8 lieues par jour, tandis que par les chemins de fer les marchandises font un trajet de 4 à 5 lieues à l'heure.

XX.

Quand on considère la situation où se trouvait le monde civilisé, par rapport aux voies de communication, dans la première année du siècle présent; lorsque ensuite on examine la condition actuelle et de l'Angleterre, et de l'Europe, et de l'Amérique septentrionale, on est frappé des avantages incalculables que l'espèce humaine a retirés de l'intervention de la science dans l'art du transport.

En 1830, le premier chemin de fer pour voyageurs et marchandises fut ouvert entre Liverpool et Manchester; immédiatement, des trente voitures publiques qui faisaient le service journalier de Liverpool et de Manchester, une seule le continua; encore n'eut-elle pour voyageurs que les personnes dont les affaires étaient dans des endroits écartés de la ligne.

XXI.

L'abaissement relatif du prix de transport, la vitesse extraordinaire qu'offrait le chemin de fer, eurent l'effet qu'on en devait attendre. Auparavant, le nombre des voyageurs s'élevait par jour à environ 500; immédiatement, il s'éleva au-delà de 1 500.

Il en fut autrement, toutefois, quant aux marchandises. Le canal abaissa son tarif jusqu'à celui du chemin de fer, accrut sa vitesse, et se mit à la disposition absolue de ses clients. Le canal, d'ailleurs, traversant Manchester, mouillait les murs des fabriques des marchands et des manufacturiers. Par son autre extrémité, il communiquait directement avec les docks de Liverpool. Les marchandises se trouvaient donc reçues directement du bateau et rendues de même à la fabrique, et réciproquement : pas de retard, pas de frais, aucun des inconvénients du transbordement et du charriage intermédiaire. Ces avantages étaient loin de contre-balancer la vitesse supérieure du transport des marchandises par le chemin de fer; cependant, malgré cet inconvénient, la compagnie du canal eut bientôt à transporter 1 000 tonnes (1 015 000 kilogrammes) de marchandises par jour.

Ainsi le problème du transport rapide des voyageurs en chemin de fer et au moyen de la vapeur fut résolu en 1830, et l'on sut bientôt à quoi s'en tenir sur les avantages de cette innovation. Des dividendes de 10 pour 100 furent déclarés, et les actions se vendirent sans peine à 120 pour 100 de prime. Incontinent on projeta d'autres lignes de chemin de fer, pour relier entre eux et avec la métropole les grands centres de population et d'industrie. Dans l'espace de quatre ans, c'est-à-dire de 1832 à 1836, environ 450 milles de chemin de fer furent terminés, et 350 milles étaient en voie d'exécution.

XXII.

Depuis 1836 jusqu'aujourd'hui, la construction de ces grandes lignes

d'intercommunication a pris dans le Royaume-Uni un développement
dont l'histoire des arts industriels n'offre aucun exemple dans le passé.
D'après les comptes rendus officiels présentés au parlement, l'étendue
totale des chemins de fer en Angleterre était, à la fin de 1852, de
7 336 milles (2 450 lieues), qui se répartissaient ainsi entre les différents
districts du royaume :

```
Dans l'Angleterre et le pays de Galles. . . . . . . . .   5 650 milles.
En Écosse. . . . . . . . . . . . . . . . . . . . . . . .     978
En Irlande . . . . . . . . . . . . . . . . . . . . . . .     708
                                                          ________
        Total des chemins de fer ouverts au trafic. . .   7 336 milles.
```

On voit ensuite qu'à la fin de 1852, la législature avait autorisé l'exécution d'une longueur totale de chemins de fer qui, en y comprenant les
7 336 milles précédents, montait à 12 561 milles, sur lesquels 676 milles
avaient été abandonnés par les compagnies qui les avaient primitivement
entrepris. Ainsi toute l'étendue des voies ferrées autorisées par le parlement, à la fin de l'année 1852, se résumait comme il suit :

```
Voies terminées et ouvertes à la circulation. . . . . .   7 336 milles.
      en cours d'exécution. . . . . . . . . . . . . .     4 549
      abandonnées . . . . . . . . . . . . . . . . . .       676
                                                          ________
                    Total. . . . . .   12 561 milles.
```

XXIII.

Le tableau suivant, emprunté au rapport du comité du Conseil privé, en
date du mois d'août 1853, indique le nombre des chemins de fer autorisés par le parlement et celui des chemins de fer achevés jusqu'à la fin
de 1852. (*Voy.* p. 254.)

XXIV.

Rien, dans l'exécution de cette grande entreprise nationale, n'est plus
surprenant que la somme des capitaux dépensés, et la rapidité, la facilité
avec laquelle on l'a obtenue.

L'état suivant, emprunté pareillement aux rapports officiels, en donnera la preuve :

```
Total du capital produit par actions et emprunts
    jusqu'à la fin de 1848. . . . . . . . . . . . . . . .   L. 200 473 058
Idem en 1849. . . . . . . . . . . . . . . . . . . . . .    L.  29 574 720
Idem en 1850. . . . . . . . . . . . . . . . . . . . . .    L.  10 522 967
Idem en 1851 . . . . . . . . . . . . . . . . . . . . .     L.   7 970 151
                                                          ____________
    Total du capital fourni jusqu'à la fin de 1851.       L. 248 240 896
                                                          (6 206 022 400 fr.)
```

Tableau indiquant la proportion des chemins de fer autorisés avant la fin de 1843, et pendant chaque année suivante, ouverts au trafic pendant chaque année, et la proportion restant à terminer à la fin de 1852; il indique aussi la longueur totale des chemins ouverts chaque année depuis 1843.

LONGUEUR	Avant décembre 1843.	En 1844.	En 1845.	En 1846.	En 1847.	En 1848.	En 1849.	En 1850.	En 1851.	En 1852.	LONGUEUR TOTALE DES lignes ouvertes en décembre 1852.	LONGUEUR DES LIGNES autorisées à la fin de 1843, et pendant chaque année suivante.	RÉDUCTIONS POUR abandonnement, changements, etc.	LONGUEUR DES LIGNES après réduction pour abandonnement, changements, etc.	LONGUEUR DES LIGNES restant à construire.
			LONGUEUR DES LIGNES OUVERTES												
Des lignes autorisées avant le mois de décembre 1843.....	2 036	204	131	16	2	1	»	»	»	»	2 390	2 390	»	2 390	»
1844	»	»	159	366	142	118	3	4	»	»	792	805	»	805	13
1845	»	»	6	224	573	604	311	213	65	106	2 102	2 700	33	2 667	565
1846	»	»	»	»	84	403	501	379	122	288	1 777	4 538	478	4 060	2 283
1847	»	»	»	»	2	56	45	26	71	10	210	1 354	160	1 194	984
Des lignes autorisées en.. 1848	»	»	»	»	»	»	7	»	7	16	30	371	5	366	336
1849	»	»	»	»	»	»	2	1	»	»	3	16	»	16	13
1850	»	»	»	»	»	»	»	2	4	»	6	8	»	8	2
1851	»	»	»	»	»	»	»	»	»	15	15	135	»	135	120
1852	»	»	»	»	»	»	»	»	»	11	11	244	»	244	233
Total.............	2 036	204	296	606	803	1 182	869	625	269	446	7 336	12 561	676	11 885	4 549

Sur la somme de 248 millions de livres sterling, qui avait été employée avant le 1er janvier 1852, une partie avait été absorbée par les lignes en voie d'exécution, mais non ouvertes encore. D'autres capitaux étaient en outre exigés par les lignes déjà ouvertes. Sur la plupart des chemins de fer les plus nouveaux, les stations n'étaient pas encore terminées; sur quelques-uns, les ateliers, les dépôts et autres constructions permanentes n'avaient pas même été commencés. Le matériel était incomplet. En l'absence de données exactes, si l'on ajoute ces dernières dépenses aux premières, on peut attribuer la totalité des 248 millions aux 7 336 milles livrés au trafic; ce qui donne une dépense moyenne de construction, en y comprenant le matériel, les ateliers, dépôts, etc., de 33 840 livres (971 000 francs) par mille ouvert au trafic.

XXV.

On peut se figurer, d'après les résultats suivants, le nombre des bras employés par ces entreprises.

En 1848, les chemins de fer du Royaume-Uni employaient 250 000 personnes; et si l'on considère que chacune doit avoir contribué à l'entretien d'une ou de plusieurs autres personnes, en moyenne, on trouvera que les chemins de fer doivent avoir, à cette époque, procuré des moyens d'existence à deux pour cent au moins de toute la population du pays.

Au 30 juin 1852, les personnes employées étaient au nombre de :

Sur les chemins de fer ouverts à la circulation.	67 601
Sur les chemins de fer en voie d'exécution.	35 935
Total.	103 536

Il résulte de là que, depuis 1848 jusqu'au mois de juin 1852, les compagnies de chemins de fer ont cessé d'employer environ 150 000 personnes, qui ont actuellement à chercher dans d'autres occupations des moyens d'existence. Cependant il est positif que les chemins de fer ont augmenté considérablement la demande du travail en nécessitant l'établissement d'un plus grand nombre de fonderies, des fabriques de machines, de voitures, etc., objets que réclament non-seulement le Royaume-Uni, mais aussi les autres pays qu'approvisionne en grande partie l'industrie britannique.

Dans un autre traité, on parlera du progrès de locomotion par voies ferrées dans les autres pays.

NOTES.

———

Note sur le § XXVI, chap. Iᵉʳ. — ..... En présence d'un tel fait, unique jusqu'ici dans les annales du monde (chemins de fer, presse, télégraphe électrique, etc.), il est une question qu'on ne peut pas ne pas s'adresser : La guerre est-elle encore possible ?

Quelle est la raison d'être de la guerre ?

Voltaire a dit : « Un généalogiste prouve à un prince qu'il descend en droite ligne d'un comte dont les parents avaient fait un pacte de famille, il y a trois ou quatre cents ans, avec une maison dont la mémoire même ne subsiste plus. Cette maison avait des prétentions éloignées sur une province dont le dernier possesseur est mort d'apoplexie. Le prince et son conseil voient son droit évident. Cette province, qui est à quelques centaines de lieues de lui, a beau protester qu'elle ne le connaît pas, qu'elle n'a nulle envie d'être gouvernée par lui ; que pour donner des lois aux gens, il faut au moins avoir leur consentement, ces discours ne parviennent pas seulement aux oreilles du prince, dont le droit est incontestable. Il trouve incontinent un grand nombre d'hommes qui n'ont rien à perdre ; il les habille d'un gros drap bleu à 110 sous l'aune, borde leurs chapeaux avec du gros fil blanc, les fait tourner à droite et à gauche, et marche à la gloire. — Des peuples assez éloignés entendent dire qu'on va se battre, et qu'il y a cinq ou six sous par jour à gagner pour eux, s'ils veulent être de la partie ; ils se divisent aussitôt en deux bandes comme des moissonneurs, et vont vendre leurs services à quiconque veut les employer. Ces multitudes s'acharnent les unes contre les autres, non-seulement sans avoir aucun intérêt au procès, mais sans savoir même de quoi il s'agit. — On voit à la fois cinq ou six puissances belligérantes, tantôt trois contre trois, tantôt deux contre quatre, tantôt une contre cinq, se détestant toutes également les unes les autres, s'unissant et s'attaquant tour à tour ; toutes d'accord sur un seul point, celui de faire tout le mal possible. » (*Dictionnaire philosophique*, au mot Guerre.)

Montesquieu, de son côté, a écrit : « Sitôt que les hommes sont en société, ils perdent le sentiment de leur faiblesse ; l'égalité qui était entre eux cesse, et l'état de guerre commence... » (*Esprit des lois*, liv. Iᵉʳ, chap. iii.)

Ainsi, pour Voltaire comme pour Montesquieu, l'ambition des princes ou des peuples, telle est la cause de la guerre, exclusivement.

Pufendorf, il semble, est moins éloigné de la vérité : « La guerre se fait, dit-il, ou pour nous conserver et nous défendre contre les insultes de ceux qui tâchent de nous faire du mal en notre personne, de nous enlever ou détruire ce qui nous appartient, ou pour contraindre les autres à nous rendre ce qu'ils nous doivent en vertu d'un droit parfait qu'on a de l'exiger d'eux, ou enfin pour obtenir réparation du dommage qu'ils nous ont injustement causé, et pour leur faire donner des sûretés qui permettent de n'avoir plus rien à craindre de leur part. » (*Le Droit de la nature et des gens,* ou Système général des principes, etc., traduit du latin par Jean Barbeyrac, liv. VIII, chap vi, édit. de 1734.)

Soyons plus clair, s'il se peut. — La guerre, dirons-nous, a deux causes. On entre en guerre, ou pour acquérir ce qu'on n'a pas et dont on a besoin, ou pour conserver ce qu'on a. Toute autre cause n'est qu'un prétexte. Toute autre cause se rattache, au fond, à l'une ou à l'autre de ces deux-là.

Ainsi, le peuple A cultive un sol qui suffit à ses besoins, tandis que le peuple B, son voisin, ne tire du sien qu'une nourriture insuffisante : cas de guerre. — Le peuple C possède de riches manufactures dont les produits sont en grande partie vendus au peuple D ; le peuple E a chez lui des manufactures semblables ; il en voudrait transporter les produits chez le peuple D, et faire ainsi concurrence au peuple C : cas de guerre ; etc.

La guerre se fait donc parce que les uns veulent acquérir ce que possèdent les autres, et parce que ceux-ci tiennent à conserver ce que tiennent à acquérir ceux-là.

Mais avec les chemins de fer, mais avec la presse et le télégraphe électrique, mais avec les bateaux à vapeur, quel peuple possédera ce qu'un autre ne possédera pas ? Richesses physiques, richesses intellectuelles, tout ne devient-il pas commun ? Si, par exemple, les vins de France ou d'Espagne, rendus en Russie, ne sont pas, eu égard aux frais de transport, etc., à la portée de toutes les bourses et de tous les gosiers russes, qui empêche les Russes de venir boire sur place les vins de France et d'Espagne ? Si le soleil du Midi de l'Europe se fraye rarement une route vers les peuples du Nord, qui empêche les peuples du Nord de se frayer une route vers le soleil du Midi ? Pas n'est besoin, aujourd'hui, pour envahir un pays fertile ou salubre, de s'avancer le sabre au poing et mèche allumée ; il suffit de quelques centaines de *francs,* de *shillings,* de *reales* ou de *scudi ;* il suffit d'avoir un passe-port en règle, des bras vigoureux à défaut d'argent, de monter dans un wagon ou sur un vapeur, et, qu'on nous passe l'expression, le tour est fait. Ce n'est pas à coups de canon, selon toute apparence, que les cinquante mille Chinois qui encombrent aujourd'hui l'Australie se sont fait place dans ce riche pays...

Sans doute, les rivalités commerciales arrêteront quelque temps encore l'élan fraternel des peuples les uns vers les autres ; sans doute, ceux qui possèdent un débouché pour leurs produits nationaux feront tout, quelque temps encore, pour les posséder exclusivement ; sans doute, ceux dont l'industrie nationale produit cher, moins vite et moins bien, empêcheront les produits similaires, mais à meilleur marché, des peuples voisins, de pénétrer sur leur territoire ; mais la futilité du *système protecteur* ne peut tarder à se révéler tout entière. On peut presque dire déjà qu'elle est percée à jour. On ne saurait donc ne pas comprendre bientôt que le meilleur moyen de l'emporter sur ses rivaux, ce n'est pas d'agir à la façon des eunuques de Montesquieu, lesquels, ne pouvant faire, ne voulaient pas que les autres fissent, — mais de produire, de produire meilleur, plus beau, à plus bas prix et plus vite. . . . . , ...

Or, quand on en sera venu à parfaitement voir (ce qui ne peut tarder, on le répète) que soutenir et protéger quand même les industries nationales, c'est, comme dit L. Wolowski, « ralentir les progrès du travail, octroyer une prime à la routine, couvrir le pays d'industries chétives, languissantes, qui chancellent au moindre souffle, et font aux ouvriers une condition déplorable ; taxer la masse des consommateurs au profit de quelques producteurs, en repoussant d'autant plus un produit que ce produit est moins cher et mieux fabriqué ; mettre, enfin, tous les travailleurs au pas avec les moins avancés, les moins intelligents ; » quand on aura saisi tout ce vaste ensemble d'inconvénients, pour ne pas dire plus, quel peuple, quel gouvernement ne croira devoir renverser les barrières élevées devant les produits de l'étranger, et dire, contrebandier d'un genre nouveau :

> Aux échanges l'homme s'exerce,
> Mais l'impôt barre les chemins.
> Passons : c'est nous qui du commerce
> Tiendrons la balance en nos mains.
>   Partout la Providence
>   Veut, en nous protégeant,
>   *Niveler l'abondance ,*
>   *Éparpiller l'argent ?*   (BÉRANGER.)

Mais les barrières élevées devant les produits de l'étranger une fois renversées, mais l'accès de tous les pays du monde une fois permis à tous sans exception, quelle sérieuse cause de guerre peut désormais se produire?..... (Ach. Genty, *l'Homme et la Science*, chap. VI et IX, inédit. — *Voy.* l'abbé de Saint-Pierre, *Projet de paix perpétuelle;* Thomas Upham, *Manual of peace;* Grotius, *De Jure belli et pacis;* P. Larroque, *De la Guerre et des armées permanentes;* etc.)

2. NOTE SUR LE § XXIX, CHAP. Ier. — Telle est aujourd'hui l'importance du rôle que remplit le journal qu'il n'est pas possible de passer outre, sans au préalable dire quelques mots de ses commencements et de ses progrès.

Le journal est-il d'origine romaine? Doit-on voir dans les *Acta diurna*, ou *diaria*, dont parle Suétone (*Cœs.*, chap. XX), les ancêtres du journal moderne? Qu'était-ce que les *Acta diurna?*

Les *Acta diurna*, ou *diaria*, étaient des publications destinées à faire connaître les nouvelles de la ville, les jugements, les accidents, les décès, etc. Pétrone donne une idée de ces journaux dans un passage où il semble se moquer des matières qui en faisaient l'objet et du style dont ils étaient écrits :

« Le 26 juillet, dit-il, il est né à Cumes trente garçons et quarante filles, appartenant à Trimalchio.

» Le même jour, l'esclave Mithridate a été mis en croix, pour avoir mal parlé du génie tutélaire de notre maître.

» Le même jour, un incendie a éclaté dans les jardins de Pompée; il a pris, pendant la nuit, dans la demeure de l'intendant. » (Pétrone, *Satyric.*, chap. XXVII, p. 136; *Gentleman's Magazine*, 1740.)

Voilà bien le genre de nouvelles que les journaux modernes accumulent sous la rubrique *Faits divers*. Mais les journaux modernes contiennent autre chose dans leurs colonnes : articles d'économie politique, articles littéraires, beaux-arts, annonces, etc. Si donc le journal romain peut, à la rigueur, passer pour le précurseur du journal contemporain, c'est un précurseur très-humble et des plus modestes. Paraissait-il tous les jours, plusieurs fois par semaine, ou chaque semaine seulement? On l'ignore. On ne sait pas davantage si, pour en prendre lecture, on était, comme il y a près de trois cents ans à Venise, et comme aujourd'hui à Paris, sous les galeries de l'Odéon ou dans les cabinets de lecture, obligé de payer un impôt au propriétaire du journal.

Quoi qu'il en soit, la profession de journaliste n'avait, à Rome, rien de déshonorant. Cette profession et celle de logographe (sorte de sténographe) étaient considérées comme des professions libérales, et donnaient accès aux curies. (De Grattier, *Commentaire sur les lois de la presse*, t. II, p. 6 et suiv.)

La plus ancienne trace de journal qu'on rencontre, après la précédente, c'est en Chine.

D'après J.-F. Davis, le papier fut inventé en Chine dans le premier siècle de l'ère chrétienne. L'imprimerie y fut connue vers le dixième siècle. (*La Chine*, t. II, chap. xvii.) Donc, quoiqu'on ne puisse admettre avec Voltaire que « des journaux étaient établis en Chine de temps immémorial, » il est très-vraisemblable, cependant, que l'origine des journaux chinois remonte à une date fort ancienne.

La Chine possède aujourd'hui quatre journaux seulement. Mais, en revanche, elle a une superficie de 400 000 lieues carrées et une population de 200 millions d'hommes... De ces quatre journaux, deux sont indigènes : la *Gazette de Pékin*, journal officiel, et le *Moniteur de Pékin*. Celui-ci a été fondé le 1er janvier 1850; il s'imprime aux frais des hauts mandarins, qui le font parvenir gratis aux fonctionnaires inférieurs.

La *Gazette* paraît avoir un singulier rapport avec les journaux romains. Comme ceux-ci, elle ne renferme, au dire de Dobel, que les décrets de l'empereur, le récit des exécutions sanglantes, des incendies, des tremblements de terre, etc. (*Voyage en Chine*, 1842.) Elle paraît tous les jours, et on la placarde sur les murs de la capitale. — Les deux autres journaux de la Chine sont publiés par les Anglais. L'un est la *Gazette de Hong-Kong*; l'autre, *l'Ami de la Chine*.

Les premiers journaux de l'Europe moderne n'ont vu le jour qu'au seizième siècle. « Dans plusieurs villes d'Allemagne, dit Mitchell, des *Erzahlungen*, ou relations, parurent dans les premières années du seizième siècle. Elles étaient en forme de lettres, sans date, sans indication de lieu, et non numérotées. Augsbourg et Vienne en eurent en 1524; Ratisbonne, en 1568; Dillingen, en 1569, et Nuremberg, en 1571. Les premières feuilles allemandes portant un numéro parurent en 1612. »

Pendant la guerre qu'elle eut à soutenir contre les Turcs en Dalmatie, vers 1563, Venise publia une espèce de journal, où se trouvaient consignés les événements du temps. Il était manuscrit, paraissait une fois par semaine, et l'on payait, pour le lire ou pour en entendre la lecture, une *gazetta*, petite pièce de monnaie de la valeur de 3 centimes. De là le nom de *gazette* qu'on a longtemps donné aux journaux. (Voltaire, *Dictionnaire philosophique*, au mot GAZETTE; Ménage, *Origini della lingua italiana*, au mot GAZETTA.)

La Hollande, puis l'Angleterre, paraissent avoir, les premières, suivi l'exemple des villes qui précèdent. Le 23 mai 1622, Nicolas Bourne et Thomas Archer commencèrent en Angleterre la publication d'un véritable journal : *the Weekly News* (les Nouvelles hebdomadaires). Les *Weekly News* paraissaient une fois la semaine, et n'étaient le plus souvent que la traduction des journaux hollandais; la plupart des articles portent, en effet, la mention suivante : *Translated out of the Low Dutch copie* (traduit de l'original hollandais).

On aurait une idée fausse de la situation et du rôle des journaux anglais à cette époque, c'est-à-dire vers 1622, si l'on se figurait qu'ils étaient ce que sont les journaux anglais du dix-neuvième siècle. « Un seul numéro du *Times*, dit Cucheval-Clarigny, ou du *Chronicle*, contient plus de matière que les *Weekly News* n'en donnaient en une année. C'était une petite feuille in-4°, imprimée sur un papier très-grossier, qui contenait à la file les uns des autres, et sans aucune liaison, les événements importants ou singuliers arrivés sur le continent : une victoire du comte de Mansfeld en Allemagne, un sacrilége à Bologne, un assassinat ou un empoisonnement à Venise, un grand incendie à Paris. Jamais la moindre allusion à ce qui se passe en Angleterre, et les événements du continent sont l'objet d'un simple récit, sans aucune réflexion. Sous ce rapport, les *Weekly News* ne diffèrent en rien des feuilles volantes qui les avaient précédées; mais c'était déjà une grande nouveauté que cet intérêt qui s'attachait aux nouvelles du dehors. »

A peine nés, les journaux anglais eurent à subir des persécutions. Ils n'avaient pas tardé à s'immiscer dans les affaires publiques et à prendre le ton des circonstances :

> Tout faiseur de journaux doit tribut au Malin.
>
> (La Fontaine, *Œuvr. div.*, t. II, p. 94.)

Mais la chambre étoilée n'entendait pas raillerie, et prit à tâche de refréner la liberté de penser tout haut. Ce fut peine perdue. La chambre étoilée, après avoir tracassé les journaux sans avoir pu les détruire, finit par succomber.

Le 3 novembre 1641, les séances du parlement sont publiées ; elles le sont régulièrement à partir de ce jour, sous le titre de : *Diurnal Occurrences in Parliament*. Le journal envahit tout. John Milton, l'auteur du *Paradis perdu*, publie ses célèbres pamphlets en faveur de la presse. Pendant les dix-neuf ans qui s'écoulent depuis 1641 jusqu'à la restauration des Stuarts, plus de deux cents journaux naissent et meurent. De 1622 à 1665, dit Nicholl dans ses *Literary Anecdotes*, il en parut au delà de trois cent cinquante.

Voici venir le moment où les annonces et les réclames, cette source de bénéfices énormes pour les journaux modernes, vont s'emparer du journal. La première annonce qu'on trouve dans un journal anglais est du 12 avril 1649. Un propriétaire, à qui l'on a volé deux chevaux, juge convenable d'initier le public à sa mésaventure. C'est dans les annonces d'un journal qu'on entend pour la première fois parler du thé : « Cette boisson excellente et approuvée par tous les médecins, que les Chinois appellent *tcha*, et d'autres nations *tea* ou *tee*, se vend à Londres, au café de la *Tête de la Sultane*, dans les Sweeting's Rents, près la Bourse. » (*Mercurius politicus*, 30 septembre 1658.) Aujourd'hui, Londres seul consomme de 5 à 6 millions de livres de l'*excellente* boisson, et l'Angleterre entière, de 62 à 63 millions de livres. (G. Dodd, *the Food of London*, et A. Husson, *les Consommations de Paris*.) Qui eût prévu, d'après la brièveté de l'annonce ci-dessus, les futurs succès du thé dans le monde anglais ?

La révolution de 1688 mit le gouvernement sous le contrôle de la presse. Aussi les journaux se multiplièrent-ils en peu de temps. De 1688 à 1692, on vit paraître 26 feuilles nouvelles, tandis que les vingt-six années de la restauration, de 1661 à 1688, n'en avaient vu naître que 70, qui presque toutes étaient mortes dès le berceau.

Le 11 mars 1702, le libraire Mallet publie le *Daily Courant ;* ce fut le premier journal quotidien. On voit, à cette époque, les hommes les plus éminents prendre part à la rédaction des journaux. Daniel de Foë, Bolingbroke, lord Cooper, Steele, Swift, Addison, sont entrés dans la lice. Le parlement attaqué rend blessure pour blessure. Steele, membre du parlement, en est expulsé, en 1713, pour trois articles publiés dans l'*Englishman*. On propose le rétablissement de la censure ; mais la proposition est rejetée. On propose d'exiger au bas de chaque article la signature de son auteur ; mais ce moyen est aussi repoussé « comme profondément ridicule ». Enfin le parlement vote un droit de timbre d'un sou sur toute demi-feuille imprimée, de 2 sous sur chaque feuille entière, et de 24 sous sur toute annonce insérée dans un journal. Ces droits existaient encore, il y a trois ans, tels qu'ils avaient été votés en 1712 ; seulement, sous Georges Ier, en 1726, on avait dû modifier la rédaction de la loi. Depuis, on ajouta encore un impôt sur le papier. *Grub-Street*, comme on appelait collectivement et par ironie les journaux, se ressentit profondément du coup. Il fut mortel pour un grand nombre.

Rien ne distingue plus les journaux de cette époque des journaux de la nôtre. Signatures, timbre, etc., tout est semblable. La seule différence est dans l'organisation commerciale de la presse. Les journaux n'étaient point encore des entreprises isolées, indépendantes de toute autre spéculation. Ils appartenaient tous à des libraires, sauf un seul, le *Craftsman*, qui avait été fondé des deniers de Bolingbroke.

On n'ira pas plus loin dans l'histoire générale du journalisme anglais. On en a signalé les points les plus saillants. Quelques mots maintenant sur les principaux journaux publiés à Londres.

Les journaux quotidiens de Londres sont au nombre de 47. 10 paraissent le matin et 7 le soir. Un seul journal paraît deux fois par semaine, c'est la *London Gazette,* feuille officielle. 5 paraissent trois fois par semaine. Les journaux qui se publient deux fois par mois sont au nombre de 10 ou 12. Il y a 22 journaux mensuels et 102 hebdomadaires.

Le doyen des journaux quotidiens du matin est le *Public Ledger*. Il a été fondé en 1759. Après lui vient le *Morning Chronicle,* fondé en 1770 ; puis le *Morning Post,* fondé en 1772 ; le *Morning Herald,* fondé en 1781. Le *Times,* « ce journal, comme dit Emerson, dans ses *English Traits,* qui, par l'étendue de ses correspondances et de ses relations, semble avoir fait du reste du monde une machine à son service, » le *Times* a été fondé en 1788. Enfin, le *Morning Advertiser* date de 1794; le *Shipping Advertiser,* de 1845 ; les *Daily News,* de 1846 ; le *Daily Telegraph,* de 1855 ; le *Morning Star* et les *Morning News,* de 1856 l'un et l'autre. — Parmi les journaux quotidiens du soir, on distingue le *Sun* et le *Globe,* fondés, le premier en 1792 et le second en 1803. Ce sont les plus anciens.

Quels sont les frais qu'ont à supporter ces journaux ? Quels sont les bénéfices qu'ils produisent ?

Les frais sont considérables. C'est d'abord le droit sur le papier. Pour le *Times,* il constitue une charge de 1 500 francs par jour, ou de 400 000 francs par an. C'est ensuite le timbre qui fait office de droit de poste, et qui s'élève à un *penny* (10 centimes) par numéro. Puis viennent les frais de composition, d'impression, de tirage, qui reviennent, en moyenne, à 5 000 francs par semaine, ou à plus de 250 000 francs par an. Ce sont aussi les frais de poste pour les lettres et les missives des correspondants, les frais de dépêches télégraphiques, qui s'élèvent à un chiffre important. Les frais de rédaction sont plus grands encore. L'*editor* du *Times* a un traitement de 25 à 40 000 francs; celui du sous-éditeur est de 12 à 15 000 francs. Pour les comptes rendus du parlement, il faut un chef de la sténographie, aux appointements de 12 000 francs par an, et quinze sténographes qu'on paye 8 000 francs. Le traitement du rédacteur de la Bourse est d'au moins 10 000 francs. Le *Times* a des correspondants sédentaires à Paris, à Vienne, à Berlin, etc., qui lui coûtent 150 000 francs par an. Ainsi, et indépendamment du droit sur le papier et du timbre, les frais d'un journal anglais ne vont guère, annuellement, à moins de 700 000 francs.

Quant aux bénéfices, l'extrait suivant du livre de M. Cucheval-Clarigny sur la presse anglaise et américaine en donnera une idée précise : « Les dix années qui s'écoulèrent de 1815 à 1825, dit-il, ont été l'époque la plus prospère des journaux anglais. On portait alors à 10 millions le capital engagé dans les treize feuilles quotidiennes, savoir : 7 millions dans celles du matin et 3 millions dans celles du soir ; mais il aurait fallu doubler ce chiffre pour avoir la valeur réelle des actions. La propriété du *Times* était déjà évaluée à elle seule à près de 3 millions : celle du *Courrier,* à 2 millions ; celle du *Globe,* à 1 250 000 francs. Aucun journal ne se vendait, à cette époque, à plus de 7 ou 8 000 exemplaires ; la plupart ne dépassaient pas 3 000, et quelques-uns n'atteignaient même pas ce chiffre, puisque le tirage total de la presse quotidienne n'était que de 40 000. Leur revenu était cependant beaucoup plus considérable qu'aujourd'hui. Le *Herald* valait alors

200 000 francs à son propriétaire, et le *Times* 500 000 francs ; le *Star*, journal du soir, rapportait 150 000 francs, et le *Courier* presque le double. En 1820, Perry retira du *Chronicle* 300 000 francs nets. Aucun journal, le *Times* excepté, ne donne aujourd'hui un revenu semblable, malgré le développement qu'a pris la publicité. Les frais des journaux se sont, en effet, accrus dans une proportion bien plus considérable que la vente et le produit des annonces. »

La France n'eut de journaux que plusieurs années après l'Angleterre.

En 1631, le médecin Théophraste Renaudot fonde, avec privilége du roi Louis XIII, qui crée pour cette feuille une imprimerie spéciale, la *Gazette de France*. Elle paraît d'abord une ou deux fois par semaine ; en 1792, elle devient quotidienne. — Sous Louis XIV, la *Gazette de France* avait son imprimerie dans les entresols du Louvre.

La gazette de Loret, écrite en vers burlesques, et intitulée *la Muse historique*, parut en 1650. On la peut considérer comme l'ancêtre directe, mais *indigne* de notre *Charivari*, du *John Bull* anglais, etc.

En 1665 paraît le *Journal des savants*, sous la direction du sieur d'Hédouville, pseudonyme de Denis de Sallo, conseiller au Parlement de Paris. En 1672, Jean Donneau de Visé publie le *Mercure galant*, qui plus tard prit le titre de *Mercure de France*, et se continua jusqu'en 1818.

Pendant le dix-huitième siècle, le nombre des journaux s'accrut considérablement. La médecine, la physique, l'agriculture, le commerce, la littérature, le barreau, chaque profession, chaque industrie, eut, en quelque sorte, un organe spécial. On voit paraître le *Journal de Trévoux* (1701), l'*Année littéraire* de Fréron (1754), le *Journal des causes célèbres* (1773), les *Affiches de Paris*, etc. Les journaux politiques sont plus nombreux encore ; mais la plupart n'eurent qu'une existence éphémère. Il n'est resté des journaux politiques de cette époque que la *Gazette de France*, le *Journal des débats*, fondé en 1789, et le *Moniteur universel*, aussi fondé en 1789, et devenu l'organe officiel des différents gouvernements de la France.

Les principales feuilles politiques de notre temps ont été, sauf la *Gazette de France*, les *Débats* et le *Moniteur*, fondées récemment. L'*Estafette* a vingt-cinq années d'existence ; le *Constitutionnel*, quarante-deux ; le *Siècle* et la *Presse*, vingt-deux ; le *Pays*, neuf.

On compte actuellement, en France, environ 1 000 publications périodiques quotidiennes, hebdomadaires et mensuelles. La moitié se publie à Paris ; le reste dans les départements.

Depuis quelques années, la France a vu naître un certain nombre de petits journaux scientifiques spécialement destinés au peuple. C'est là un fait dont les heureux résultats ne tarderont pas à se faire sentir. Les principaux de ces journaux sont : l'*Ami des sciences*, fondé en 1855 par M. Victor Meunier, ancien rédacteur du feuilleton scientifique de *la Presse* ; la *Science pour tous*, fondée en 1856, et rédigée par M. Rambosson, etc. L'Angleterre, depuis longtemps, avait devancé la France dans cette voie modeste, mais utile ; elle avait compris la première que le meilleur moyen d'assurer au peuple son pain de chaque jour, c'est de lui donner une instruction solide ; car *savoir, c'est pouvoir*. . . . .

L'Italie, qui posséda l'une des premières, on l'a vu, une feuille publique, n'eut qu'un petit nombre de journaux politiques jusqu'à la fin du dix-huitième siècle. Lors de l'invasion des Français, il en parut une multitude. En 1799, le *Moniteur républicain* fut publié, à Naples, par Éléonore Pimentel ; mais la réaction subite qui mit fin à la république parthénopéenne abolit toutes les feuilles démocratiques, et conduisit Pimentel à l'échafaud.

L'Italie compte aujourd'hui 200 journaux politiques ou littéraires.

La Belgique avait, en 1851, environ 180 publications périodiques; l'Allemagne, 800; l'Espagne et le Portugal, 200; le Danemark, 100; la Suède, 100; la Russie, 150; la Turquie, 150, et l'Égypte, 2.

En Algérie, depuis que cette contrée est devenue province française, il se publie plusieurs journaux : le *Moniteur algérien*, l'*Akbar*, l'*Africain*, le *Zéramna*, l'*Écho d'Oran*, etc. — Parmi les journaux qui s'occupent spécialement de l'Algérie et qui se publient à Paris, on remarque les *Annales de la colonisation algérienne*, la *Revue de l'Orient, de l'Algérie et des colonies*, etc.

L'Océanie a bon nombre de journaux. Il y en a aujourd'hui dans les îles Sandwich. M. Bruat, lorsqu'il commandait le protectorat de France à Taïti, fonda aussi dans cette île un journal auquel la reine Pomaré s'empressa de s'abonner. (Dupont.)

L'Amérique du Sud, comprenant le Brésil, les colonies européennes et les divers États indépendants, a une centaine de journaux seulement. L'Amérique du Nord en a bien davantage. Seuls, les États-Unis comptent 350 journaux quotidiens, 2 000 hebdomadaires, et 450 semi-mensuels et mensuels; total, 2 800.

Il y en a 500 rédigés en allemand, une trentaine en français; presque tout le reste est en anglais. On y traite de politique, de sciences, et même de littérature ; mais surtout d'agriculture, d'industrie, de commerce et de navigation. La dimension des journaux américains est encore plus grande que celle des feuilles anglaises. Un journal quotidien, aux États-Unis et dans la Grande-Bretagne, équivaut à un volume in-8° ordinaire. (Dupont.)

L'origine du journal remonte, aux États-Unis, à l'année 1704. Ce fut le 24 avril de cette année que parut le *Boston News Letter* (Lettre de nouvelles de Boston); son fondateur était John Campbell. Pendant près de seize ans, ce fut le seul journal américain. Le 19 décembre 1719, André Bradfort publia à Philadelphie l'*American Weekly Mercury*. Le 18 décembre 1720 parut à Boston une feuille nouvelle, la *Gazette de Boston*, et le 17 juillet, une autre encore, le *New England Courant* (le Courrier de la Nouvelle-Angleterre).

Le fondateur de ce dernier journal était un fabricant de chandelles de Boston, nommé Josiah Franklin. Fils d'un cultivateur aisé du comté d'Oxford, en Angleterre, Josiah devint presbytérien vers les dernières années du règne de Charles II ; et, en 1682, lorsqu'on crut au renouvellement des persécutions contre les nonconformistes, il passa en Amérique. Parvenu à l'aisance par son industrie, Josiah Franklin envoya James, l'aîné de ses fils, faire dans la mère patrie l'apprentissage du métier d'imprimeur. James revint d'Angleterre, en 1714, avec une presse, des caractères, un matériel complet, et s'établit à Boston. A la fin de 1720, il fut chargé d'imprimer la *Gazette de Boston;* mais ce travail lui fut ôté presque aussitôt pour être donné à un autre. Il fut dès lors arrêté entre Josiah Franklin et James, son fils, qu'ils publieraient un journal. — La feuille nouvelle ne tarda pas à se distinguer de ses devancières; elle fut exclusivement composée d'articles originaux, de courtes dissertations sur la morale et la littérature. Benjamin Franklin, le plus jeune des frères de James, qu'on avait d'abord destiné à la profession de coutelier, et qui n'avait obtenu qu'à force d'instances d'être employé dans l'imprimerie de son frère; Benjamin Franklin, l'un des plus grands hommes du nouveau monde, y fit ses premières armes.

Les autres provinces des colonies anglaises d'Amérique eurent bientôt, elles aussi, leurs journaux. La *Gazette de Pensylvanie* fut fondée par Benjamin Franklin en 1729. En 1740, quatorze feuilles périodiques se publiaient en Amérique. Depuis lors, le nombre de ces feuilles a toujours suivi une marche ascendante. Aujourd'hui, on le répète, il ne se publie pas, aux États-Unis, moins de 2 800 ouvrages périodiques, tirant annuellement 422 600 000 feuilles.

Leur situation financière est, cependant, loin d'être aussi brillante que celle des journaux anglais. Cela tient aux dépenses énormes que nécessitent les correspondances et au bas prix relatif de chaque journal. Ainsi, le *Sun*, qui a quatre pages d'impression, se vend 1 *cent* (un peu plus de 5 centimes) le numéro. Le *Herald* et la *Tribune*, qui ont huit pages, se vendent 2 *cents*. On a calculé que le *Sun*, pour faire ses frais, devait vendre régulièrement 40 000 numéros. Aussi le *Sun*, comme la plupart des autres journaux ses confrères, n'aurait-il aucun bénéfice, si les annonces ne venaient à son secours. Mais les annonces sont nombreuses aux États-Unis; elles rapportent au *Sun*, entre autres, 500 000 francs par an. . . . .

Une des conditions essentielles de l'existence d'un journal à notre époque, c'est la rapidité de son tirage. Le *Times*, en 1814, substitua le premier la vapeur aux bras des pressiers. A partir du 29 novembre 1814, ce journal fut imprimé à la vapeur. On tira d'abord de 1 200 à 1 300 feuilles à l'heure, puis 2 000 et 2 500. Les presses actuelles du *Times*, dues à M. Applegath, tirent 10 000 feuilles à l'heure, et au besoin 12 000; elles sont sans rivales en Angleterre. Aux États-Unis, c'est autre chose. « La *Tribune* et le *Herald*, dit Clarigny, se servent de presses à cylindres horizontaux, qui impriment régulièrement 10 000 exemplaires à l'heure; mais les presses du *Sun*, qui paraissent jusqu'ici le dernier mot de la mécanique, peuvent tirer jusqu'à 20 000 feuilles à l'heure, et le tirage moyen de ces presses n'est jamais au-dessous de 18 000 feuilles. Elles impriment donc 5 à 6 feuilles par seconde. On n'obtient de pareils résultats qu'avec des machines puissantes, d'un établissement et d'un entretien très-coûteux, et qu'au prix d'une usure très-rapide du caractère. » . . . .

Voilà, fort en abrégé, quelle est l'histoire du journalisme... (Ach. Genty, *l'Homme et la Science*, chap. XXVII. — *Voy.* J.-V. Leclerc, *Des Journaux chez les Romains;* Dion Cassius, XLIV, 11; XLVII, 11; LVII, 12, 23, et LX, 33. Cucheval-Clarigny, *Histoire de la presse en Angleterre et aux États-Unis;* Mitchell, *The Newspaper Press Directory;* Paul Dupont, *Histoire de l'imprimerie*, t. II, etc.).

TABLE DES MATIÈRES.

LES INFLUENCES DES COMÈTES.

LES INFLUENCES DE LA LUNE.

ÉTOILES FILANTES; PIERRES MÉTÉORIQUES.

LES PRONOSTICS DU TEMPS.

INFLUENCE ET PROGRÈS DES VOIES DE COMMUNICATION.

LISTE DES AUTEURS CITÉS.

FIN DE LA TABLE.

9 782329 569925